广州城市更新十年：
探索与实践

TEN YEARS OF URBAN REGENERATION IN GUANGZHOU: EXPLORATION AND PRACTICE

邓堪强 邓兴栋 陈丙秋 陈志敏 编著

中国建筑工业出版社

图书在版编目（CIP）数据

广州城市更新十年：探索与实践 = TEN YEARS OF
URBAN REGENERATION IN GUANGZHOU：EXPLORATION AND
PRACTICE / 邓堪强等编著. —北京：中国建筑工业出
版社，2023.9
ISBN 978-7-112-29052-9

Ⅰ. ①广…　Ⅱ. ①邓…　Ⅲ. ①城市规划 — 研究 — 广州
Ⅳ. ① TU984.265.1

中国国家版本馆CIP数据核字（2023）第155235号

本书由广州市城市规划勘测设计研究院科技基金资助出版。

责任编辑：唐　旭　吴　绫
文字编辑：孙　硕　李东禧
责任校对：王　烨

广州城市更新十年：探索与实践
TEN YEARS OF URBAN REGENERATION IN GUANGZIIOU：EXPLORATION AND PRACTICE

邓堪强　邓兴栋　陈丙秋　陈志敏　编著

*

中国建筑工业出版社出版、发行（北京海淀三里河路9号）
各地新华书店、建筑书店经销
北京点击世代文化传媒有限公司制版
天津图文方嘉印刷有限公司印刷

*

开本：880毫米×1230毫米　1/16　印张：14¼　字数：445千字
2023年9月第一版　2023年9月第一次印刷
定价：149.00元
ISBN 978-7-112-29052-9
　　　（41755）

编委会

序一

改革开放以来，我国经历了波澜壮阔的快速城镇化过程，目前我国居住在城镇的人口已超 9 亿，成为全球城市发展史上的重要事件。在经历上一阶段增量扩张为主的城市开发模式后，我国城市建设已逐渐从粗放型外延式发展转向集约型内涵式发展，这一发展趋势在特大城市与大城市上表现得尤为明显。过去几十年城镇化过程中所积累的规划技术、规划管理的知识储备，随着城市发展趋势的转变而亟需迭代更新。如何以存量土地资源撬动新一轮更高质量、更有效率、更加公平、更具人情的经济增长，是新时代为我们出的新试卷。

2018 年习近平总书记在广州考察时，明确要求广州要实现"老城市新活力"，指出"要突出地方特色，注重人居环境改善，更多采用微改造这种'绣花'功夫，注重文明传承、文化延续，让城市留下记忆，让人们记住乡愁"，这为广州城市更新指明了方向。广州是一座拥有 2200 多年建城史的历史名城，也是中国改革开放的前沿阵地，还是中国对外贸易与交流的重要窗口。其城市特质决定了广州需要更加精细、精致地处理城市发展过程中"新与旧""快与慢""发展与保护"的关系。广州的城市更新工作应该以点带面，既要保持具有岭南特色的城市文化脊梁，又要注入新要素焕发城市活力，重振千年商都底蕴，持续提高城市吸引力，以新时代的城市魅力与社会温情，让"老广"更加热爱，让"新广"更快融入，让其他城市的人更深了解。

广州一直在城市更新领域进行探索。从 20 世纪 80 年代末开始，广州通过土地有偿使用制度改革，开展了旧城更新改造的先行先试。2009 年，原国土资源部赋予广东省"三旧"改造一揽子政策，广州借此契机针对性地在城市更新改造模式、土地利用和补偿安置等政策制度和规划管理方面开展了一系列探索，掀开了广州系统性开展城市更新的序幕。2019 年，在国家探索国土空间规划体系的背景下，广州强调以国土空间规划统筹引领高质量的城市更新，突出规划引领、优化功能布局、坚守生态底线、延续历史文脉、强调公共治理，在城市更新制度设计、规划管理、更新方式等方面积累了较多经验。

该书可看作是对广州开展城市更新工作的一次系统的总结与梳理，从五个维度系统阐述了在城市更新历史脉络、政策制度和行政管理等多方面的探索与实践。一是注重城市更新政策制度的顶层设计，对比了不同时期广州在改造模式、补偿安置方式和土地整备过程中的效果与差异，总结各时期政策的积极意义与优化方向；二是关注城市更新的规划传导落实，介绍了广州在国土空间规划体系下城市更新所构建的一套涵盖规划统筹、土地整备和规划实施管理的系统性机制；三是梳理城市更新与历史文化保护的协同关系，总结了广州历史文脉保护导向下的政策经验和改善方向；四是分析了城市更新如何促进城市经济高质量发展，深入介绍城市更新中的"三园"整治提升、职住平衡改善、工业用地提质增效等做法；五是总结了深度融合有机更新理念的城市治理模式，阐释了政府主导、市场介入和公众参与的空间资源配置手段。

在新时代的城市建设背景下，该书对广州城市更新的探讨具有以下特点：一是提供了理解城市更新的历史演化视角，基于城市发展战略、城市发展背景解释城市更新的变迁；二是呈现了更为丰富的城市更新内涵，对于高质量城市更新需要构建多维度政策体系，不断创新技术方法，协调多方主体利益，达成多元目标的综合治理；三是全书多视角展示了广州城市更新概貌，既有学术的讨论，又有一线管理的总结，还有丰盈案例的展示。

不同城市之间在发展规模、历史文化、经济水平等方面存在差异性，广州的经验不一定适用于其他城市，期待有更多介绍城市更新探索的高水平专著，为以中国式现代化全面推进中华民族伟大复兴的征程贡献智慧。

潘安

广州市城市规划协会会长

2023 年 1 月

序二

随着城市的不断发展，我国很多城市都已经从增量扩张进入了存量更新时代，各类更新需求不断涌现，城市更新成为存量发展阶段城市发展的常态。城市更新于20世纪60年代在西方国家兴起时称作"Urban Renewal"，注重老城衰败区的物质性、推倒性更新，即我们所说的拆除重建、旧城改造。到今天，在我国存量发展阶段，我们所说的城市更新被称为"Urban Regeneration"，意在避免旧城改造大拆大建，保持城市价值要素本底，统筹优化生产、生活、生态空间布局，整体提升城市竞争力，增进民生福祉。有人说城市更新都是在找问题，但比找问题更重要的是找到地方的特色和价值。城市面临的问题往往是相似的，如交通拥挤、房屋破旧、基础设施不完善等，但经过长期的积累形成的城市历史文脉、社区结构、业态等特色是一个城市的资源和生命力所在，不能在城市更新中被抹掉。这是一种对城市发展价值观的转变。

相比增量发展时代的城市开发，存量发展时代的城市更新具有空间环境多样、权利人和实施主体多元等特点。城市更新面对的是一个既有的建成环境，更新对象的空间状况千差万别，更新对象的复杂性使我们无法完全采用同一套规划和建设规则去应对不同的既有空间状态。同时更新对象的空间权利关系复杂交错，需要我们充分考虑更新对象的既有物业权利人以及利害相关人的更新意愿和对更新的诉求。

高质量的城市更新需要从规划、政策、机制三方面三管齐下。在规划保障方面，城市更新要求规划研究更具针对性，规划方法更有适应性。各级各类国土空间规划的编制应适应存量时代城市更新的要求，突出更新特点、充实更新内容、优化规划传导、完善规划编制和实施管理。在政策保障方面，更新对象的多样性和相关主体的多元性要求我们探索差异化的规划和土地政策以及适应城市更新特点的相关技术规

范予以支撑，因地制宜、一地一策。在监督机制保障方面，要发挥国土空间规划"一张图"实施监督信息系统的基础性作用，将城市更新活动融入城市国土空间监测和国土空间规划体检评估工作。同时在参与机制方面，需要健全多方参与机制，发挥市场力量，推动城市更新的多元合作。

广州城市更新十年，坚持民生保障、公益优先导向，以实现城市发展战略定位为目标，充分发挥规划统筹作用，积极发挥政府在城市更新中的推动作用，积极引导多方共同参与城市更新行动，在城市更新的组织机制、实施模式、土地政策、规划管理等各个方面都进行了积极的创新和探索。

本书作者基于长期以来广州城市更新在规划管理、技术研究和项目实施方面的实践，站在城市整体角度，站在推进城市发展战略意图、保护传承历史文化遗产、保持城市自然山水格局特征的高度，回顾了广州城市发展和城市更新的历程，审视当下城市更新的历史使命与任务，立足于国土空间规划体系，从政策体系、有机更新、"三园"整治、城市更新与历史文化保护协同、城市更新促进产城融合、城市更新推动空间治理等方面，系统介绍了广州城市更新的制度设计、规划编制与管理机制的经验。

本书同时基于公共治理的视角，通过系统性、关联性的思维方法，系统地介绍了广州城市更新政策的重点与发展路径，对与城市更新紧密相关的历史文化保护、产业空间再造、公共服务提升、城市治理等内容进行了深入的阐释。书中还引用了大量案例，介绍城市更新规划与实施的情况，展示了不同类型的城市更新项目的成效。

一直以来我非常期待看到根植于地方发展实际、基于地方特点的城市更新实践探索。本书是作者对广州过去十年城市更新的系统思考与总结，相信本书的出版能为各地城市更新的规划和实践工作提供参考和借鉴、带来思考和启发。

周俭

同济大学建筑与城市规划学院教授

全国工程勘察设计大师

2023年9月

前言

城市的生命在于其不断更新并持续迸发的活力，城市更新是城市永恒的状态和不变的主题。近些年来，我国城市发展方式正由外延扩张式向内涵提升式转变，城市更新成为践行新发展理念的重要举措和构建新发展格局的重要支点。党的二十大报告强调，"坚持人民城市人民建、人民城市为人民，提高城市规划、建设、治理水平，加快转变超大特大城市发展方式，实施城市更新行动，加强城市基础设施建设，打造宜居、韧性、智慧城市"。国家战略指引下，多样化的地方实践方兴未艾，广州作为我国较早开展城市更新的城市，进行了较长时间的实践，积累了较为丰富的经验。

广州有着 2200 多年的建城史，长期是岭南地区的政治、经济、文化中心，千年城脉亘古亘今、千年文脉底蕴深厚、千年商脉繁荣兴盛，不断绽放新活力。作为超大城市，广州始终着力加强城市规划建设治理，以"敢为天下先"的勇气担当，在率先转变超大城市发展方式上走在前列、当好示范。从 1990 年代初步推进城市更新，到 2009 年实施"三旧"改造拉开城市更新序幕，再到 2016 年形成系统性政策常态化有序推进更新，以及 2019 年至今面向高质量发展、以国土空间规划引领城市更新，广州以孜孜不倦的探索精神，力争为其他城市提供参考经验。

在广州继续在高质量发展方面发挥领头羊和火车头作用的重要节点上，回顾梳理城市更新发展历程，有利于我们更好地了解来处、把握当下、看清未来。本书较为全面地展示了广州城市更新在规划、政策、实践方面的探索。从广州千年城址不变的城市建设历史开始，论述了对于广州城市更新的认识与方法，梳理了改革开放、特别是 2009 年"三旧"政策实施以来的城市更新历程，介绍了广州国土空间规划传导、历史文化保护与活化、"三园"整治、产城融合与职住平衡、城市更新与城市治理协同等方面的努力。

当前，广州正以高质量的城市更新积极探索中国式现代化的在地路径，助力广州更好地承担国家中心城市、粤港澳大湾区区域发展核心引擎、广东省省会的职责。要达到这样的目标，结合对过去广州城市更新经验的借鉴与困难的反思，有几个方面的城市更新工作认识。其一，要坚持规划引领城市更新，规划要从"守门员"转向"引领者 + 守门员"，既要守正、坚守底线，又要创新、主动谋划，落实国土空间总体规划的布局、战略意图，保障重点项目与重大基础设施用地。其二，在增量开发与存量再利用并重的时期，规划要从静态的"技术图则"转向"成果蓝图 + 公共政策"为核心的空间治理型规划，注重建立适应存量空间资源特征的配套政策，包括土地整理、功能配比、公服配套、财税支持等，有助于"一张蓝图干到底"。其三，要积极有序地实施城市更新，防止"运动"式的城市更新，关键在于以科学理性的思维推进工作，认识到城市是一个复杂系统，因此要系统地开展研究，认识到城市内部的丰富性与差异性，所以要注重分区施策、分类引导。最后，纵观 1990 年代以来广州的城市更新历程，仅仅通过公共资源投入，或者是完全依赖市场的力量，都无法实现让城市居民普遍满意的城市更新效果，未来一段时期，广州将深入探索，在城市更新工作中促进"有为政府"与"有效市场"的结合。

目 录

上篇　广州城市更新十年：顶层设计探索

下篇　广州城市更新十年：项目实践

上篇
广州城市更新十年：
顶层设计探索

第一章
广州城市发展转型与城市更新

"云山珠水"的交融形态奠定了广州千年绵延的文脉积淀与有机生长的城市格局,海上丝绸之路门户赋予了广州"千年商都"的文化内涵与变革求新的持续动力。源远流长的发展历程及深厚的文化底蕴,既是推动广州城市更新的宝贵资源与内在动力,也为广州城市更新平衡历史保护与社会发展带来深刻挑战。事实上,广州近年来的城市更新实践也在"变革创新"和"平衡保护与发展"的道路上持续探索。检视当下、展望未来,广州城市更新的价值取向在传承文化、支撑发展的基础上,也要关注民生、增进福祉;路径方法在创新政策的基础上,更要渐进推进、群策群力。

1.1 广州城市发展历程：生生不息，面向全球

1.1.1 云山珠水边的城市营造

广州地处岭南地区核心，五岭（越城岭、都庞岭、萌渚岭、骑田岭、大庾岭）遥踞其北，白云山青山半入城，南海环绕其南，珠江水系的西江、北江、东江在广州交汇，滚滚水流经此汇入浩瀚海洋，形成具有陆向和海向腹地相结合的扇形地理格局。"五岭之南、三江交汇"这种特殊的山河态势，塑造了这座山城田海交融、人与自然紧密结合的山水城市，也为广州提供了稳定的发展环境。两千多年来，广州城市遵循"云山珠水"的格局，不断向外生长，山水交映，城市和自然山水长期保持着和谐的关系。

公元前214年秦始皇统一岭南，秦军大将任嚣在南海郡治番禺筑城，为任嚣城，这便是广州建城之始。任嚣城约在今广州越秀区中山五路以北，仓边路以西，文德路、北京路向北延伸线、省财厅一带，面积约5hm²（图1-1）。彼时珠江岸线尚未南拓，江岸在今西湖路一带，故任嚣城南有番山、禺山、坡山和珠江，北面依托白云山余脉。五岭和南海的天然屏障，让广州成为初到岭南的任嚣的最佳城址选择。

公元前208年任嚣过世后，其将领赵佗立南越国。作

为都城的广州也迎来扩张，城址范围进一步近山依水，达到约25hm²的规模，初具南方中心城市的功能。受北岭、南江的格局影响，赵佗城南北方向的城市空间较为局促，东西方向较为舒展，城址范围约南至今西湖路，北至今越华路，西至今教育路，东至今榨粉街。在赵佗的治理下，广州实现由边防卫戍据点向居民生活城市的转变，城市获得长足的发展。但随着公元前111年汉武帝灭南越国，烧广州城，设岭南九郡，广州不仅失去南越国都地位，连郡治地位也让给了梧州，城市迎来近三百年的沉寂时期。

公元217年，三国时期的孙吴丞相步骘认为广州"负山带海，博敞渺目"，"斯诚海岛膏腴之地，宜为都邑"，遂将交州治所从梧州迁回广州，广州由此恢复岭南政治中心地位。广州航海事业的发展潜力是步骘作出这一重大决定的主要因素。岭南水网于广州汇集入海，天然的海港、河港条件可以保证广州港海河联运的便捷，与内地驳接顺畅。步骘在南越国旧都的残基上重筑新城，城区面积约46hm²，范围与规模均相较赵佗城稍有扩大。由于岭南重心仍在与中原联结更加便捷的梧州，步骘在治阶段仅是广州重新起步的过渡期，城市发展仍缺乏动力，规模直到隋唐基本未变。

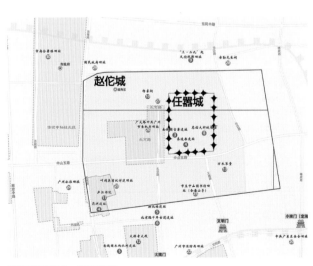

图1-1 任嚣城、赵佗城城址
（资料来源：广州市地理信息公共服务平台）

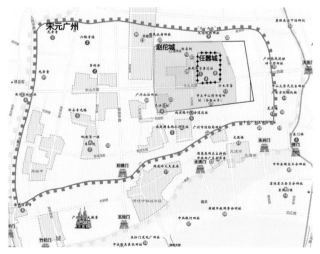

图1-2 宋元时期广州城址
（资料来源：广州市地理信息公共服务平台）

唐朝时期，贤相张九龄主持修筑了"古代的京广线"大庾岭驿道（位于今韶关南雄市），其成为岭南与中原的内陆交通要道，从广州北上中原的贸易往来更加频繁，岭南中心开始向广州方向东移。同时，唐朝对外贸易繁荣，朝廷在东南沿海建设四大港城（广州港、泉州港、宁波港、扬州港），广州港依赖其优越的水陆交通条件，很快发展成为中国第一大港。由于阿拉伯、波斯、南洋等来华贸易商船多于广州集散，货物借道广州转运中原，朝廷在广州设置中国第一个正式海关大员职位"市舶使"，这使得广州成为彼时中国和世界对话的平台。虽然唐朝时广州繁荣，但城市规模并不大，城区面积约 46hm^2，与步骘城相当。当今意义上的广州市古代城市传统中轴线正是在唐代初具雏形，即今天的北京路、中山路为唐城南北、东西主干道。唐朝时期广州的内外双港基本定型，分别为屯门、扶胥两个外港和南濠、兰湖两个内港。屯门港位于今香港新界西部，是天然的避风海港，欧亚诸国商船多先停于屯门再北往广州；扶胥港位于广州南海神庙处，江面宽阔，是船舶进出广州停泊的良港。南濠码头在今光塔附近，以停泊海上船舶为主；兰湖码头在今流花处，以停泊北江、西江来的内河船舶为主。

五代十国时期，广州城的空间形态有了关键变化，原番山、禺山铲平用于建设新南城，城南边界由此跨过二山的阻隔进一步贴近珠江沿岸（约今大南路附近）。城市空间内部形成从北往南郡城、子城、南城并存的格局，即所谓的"州城三重"。番山、禺山的铲平意在防止河水倒灌，挖出的土被填到城市南部沿江地段，获得了一片新的建设用地，即"南城"。城区北部"郡城"是宫殿园林区，为政权中枢所在；其余城区主要为商业区和居民区；珠江以南是坛庙和陵园区。

宋朝是广州城建史上的辉煌时期，突出成就在于合理地扩大了城市容量。1044 年，广州开始大规模的城市建设，至 1208 年，广州的子城、东城、西城三座城池建设先后完成，史称"宋代三城"（图 1-2）。子城范围即原来唐广州城址，和唐城类似，子城内北部为传统官衙区，南部为书院、学宫，西部为商业区，沿江为商业及码头区。东城略狭长，是在子城东部新建的城区，将广州城东界推进至今德政路一带。西城西至今人民路，与子城东隔西湖，南北比子城扩展约百米，南至今大德路，北至今豪贤路。西城主要为商业区，街道狭窄，呈"井"字布局，四通八达。同时，由于城南

河床不断南移，沿岸逐渐形成繁华的商业街和市民聚居区。从规模上看，宋广州是唐广州的四倍以上，但城市格局方面并没有太大区别，"宋代三城"与唐朝"州城三重"一脉相承，宋朝广州建设实质上用城墙形式将唐朝广州已初步扩大的城区固定下来。"六脉渠"是宋朝广州建设的另一大历史业绩。广州城区内水网经过不断的清理和修整，最终形成六条南北走向的大水渠。"六脉渠"汇集广州城市北部的水流，并将它们分到东西两濠，再经玉带河注入珠江，"六脉皆通海，青山半入城"的古城风貌初具雏形。

明朝时期广州城市建设速度较唐宋时期放缓，城市基本格局仍以北京路传统中轴线为主。唯一一次城市扩建发生在 1380 年前后。永嘉侯朱亮祖将宋三城合并为一，并将北部城墙延伸到越秀山麓，即今越秀公园一带。由于城墙扩展的北部是越秀山，因此城区建设用地面积没有较多增长。城区向东推进少许至今东濠涌高架处，西侧仍然维持在人民路附近，城郭犹如悬挂的一口大钟。城市南部由于珠江北岸淤积，陆地南移，形成了大片陆地，城区南界由今文德路推进至一德路附近。明朝广州的另一个特点是城市东部出现一些功能性建筑。明万历年间，广州在三处洲头水汇之地修建赤岗塔、琶洲塔、莲花塔"三塔"，是广州城区东拓的先驱。广州城从原先番、禺二山的小尺度山水格局，正式发展到中尺度的"云山珠水"格局（图 1-3）。

清代广州城总体沿袭了明代广州的形态。据《越秀史稿》记载，顺治四年（1647 年）朝廷对原城垣进行加筑，在城南加建两座东西各长约 60m 的翼城，各有一门向南直通江

图 1-3 明末清初广州府舆图
（资料来源：广州市规划和自然资源局《广州城市地图集》）

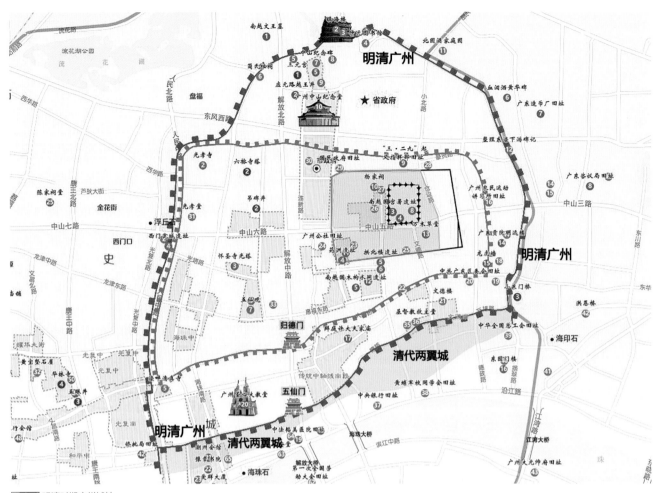

图1-4 明清时期广州城址
（资料来源：广州市地理信息公共服务平台）

边，东翼自万福路至越秀南路，西翼自一德路至人民南路，城南拓展到一德路、泰康路和万福路（图1-4）。彼时城区总面积约 5.11km²。清代中后期，清廷在广州建立具有近代海关性质的粤海关，在城西临江设置广东十三行商馆，专营对外贸易，施行"一口通商"，大量外贸人员涌入广州，城市开始突破原城墙限制向西关和沿珠江两岸发展。十三行的兴起带动西关地区发展，西堤成为城外繁荣的商业中心，江畔西式建筑林立，同时也带动了珠江南岸南华西一带的发展。同时，由于这一时期的城市建设，古六脉渠逐渐失去交通运输功能，逐渐被填塞或改为地下暗渠。

从广州古城范围的历代变迁来看，两千多年间广州中心城址位置变化较小，任嚣城、赵佗城、步骘城、唐广州、宋三城、明清广州均基本在今越秀区范围内，且一直以来以北京路为城市中轴，依山面水发展。近代化到来后，广州在工业发展需求驱动下开始大规模向东、向南发展。

民国时期广州正式设市，广州城向东部和南部大规模拓展（图1-5）。买办富商和海外华侨们在当时还是荒野

郊区的城市东部择地建宅和投资建设，城市东部出现东山别墅群、五山高校群、黄埔港群等，为城市东延打造了良好框架。而后在 20 世纪 30 年代，万吨级深水码头和仓库"黄埔新埠"建成，政府不断修建城区和港口间的联通道路，极大地带动了城市东部地区发展。1933 年建成通车的海珠桥则为城市向南拓展铺平了珠江"天堑"，珠江南岸开始兴办工业，河南第二省营工业区、南石头第三工业区相继出现。直至抗战爆发海珠桥被炸，城市南拓步伐被迫暂时中止。

新中国成立后，广州城市空间仍然延续民国时期沿珠江航道向东发展为主、向南蔓延为辅的发展趋势，依托沿江工业和沿江铁路，建成区规模不断扩大。东山区城市功能日趋完善，建设新村和邮电新村建设引导老城区市民东迁，安置归国投资华侨而新建的华侨新村等重要建设相继展开。1987 年广州城市东进迎来关键节点——举办第六届全国运动会，广州在一片菜地上新建了天河体育中心，天河新城区建设拉开序幕。从爱群大厦到广州宾馆、白云宾馆，再到广东国际大厦、中信大厦，广州标志性建筑一路东移，

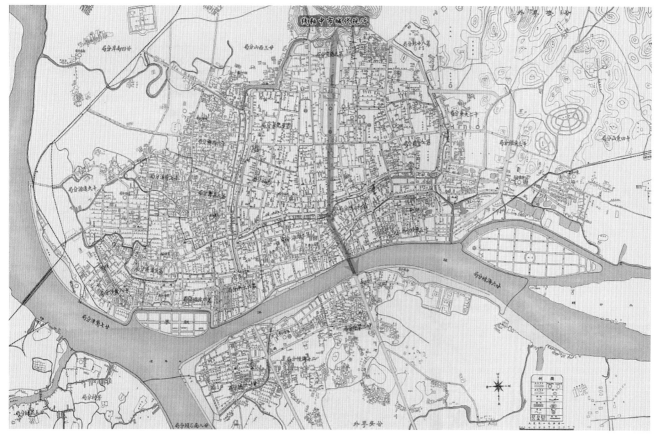

图 1-5 民国时期广州市马路全图
（资料来源：广州市规划和自然资源局《广州城市地图集》）

侧面反映了城市呈组团向东发展的过程。而跨江向南发展则是广州另一个城市拓展主要方向。1950 年海珠桥重建通车，珠江南岸工业再次起航，广州重型机器厂等一批影响国民经济发展命脉的大型国有企业落地，8km 长的工业大道撑起广州工业半边天，享誉全国。

进入新世纪，番禺等广州外围市县撤市设区，大大拓展了广州的发展空间。21 世纪初广州编制了我国第一个战略规划《广州市城市建设总体战略概念规划纲要》，提出"东进、西联、南拓、北优"的空间战略，后又在"八字方针"基础上加入"中调"策略，形成"十字方针"，广州城市空间发展策略开始从外延拓展转向内涵优化提升。2018 年以来，围绕落实习总书记关于老城市新活力和"四个出新出彩"要求，广州市城市发展模式从轴带扩张走向网络布局，形成"一脉三区、一核一极、多点支撑、网络布局"的空间发展结构，以珠江沿岸这"一脉"为纽带，依托"山水林城田海"的特色，市域协调划分为北部山林生态区、中部都会区、南部滨海湾区三大分区，城市向更高质量发展阶段迈进。

山水格局奠定了广州千年传统格局和历史风貌，也预示着对城市山水文脉的保护与延续特别重要。在城市更新促进物质层面"形式更新"的同时，更要注重对山水文脉传承的整体性、系统性考量，即"内涵延展"。在山水格局保护延续与城市更新发展之间形成良性循环，做到保护与发展互相促进、"血脉相融"。

1.1.2 千年商都与文化传承

广州是国务院公布的首批历史文化名城之一，两千多年历史孕育的广府文化一直滋养着这座"千年商都"。从公元 3 世纪成为海上丝绸之路主港开始，广州就一直发挥着"门户"和"中心"的作用，是全球航运史上唯一两千多年长盛不衰的大港，被称为"历久不衰的海上丝绸之路东方发祥地"。广州因海上丝绸之路而繁华和闻名天下，海上丝绸之路因广州而更加完整和丰富多彩。

广州港口宽广，河网密布，百川汇流。出广州经珠江直通南海，西行至印度洋，可通向西亚、北非和地中海诸国；南行至东南亚，可经太平洋与美洲各国往来。于是，广州顺理成章地成为中国对外贸易的南大门。

秦平南越之前，得江海交汇之利，广州地区已经是重要的海上贸易货物集散地。秦汉时期，海上丝绸之路形成，广州逐步成为对外贸易大港。唐朝开辟"广州通海夷道"的贸易航线，全长 1.4 万 km，是彼时世界上最长的远洋航线，途经 100 多个国家和地区。刘禹锡用"连天浪静长鲸息，映日帆多宝舶来"的诗句描述当时海上贸易繁盛景象。唐王朝在广州派驻市舶使，这是官方首肯广州为外贸港口城市的标志。宋代又在唐代的基础上设立了与现代海关类似的市舶司，并开始制定对外贸易管理规章，实施了规范化和制度化的管理。宋朝的市舶司中，以广州、杭州和宁波的市舶司效益最好，而"三方唯广最盛"。当时广州的乳香贸易占了全国的98%，由广州进口的外国药被称为"海药"或"广药"。外来贸易物品从广州销往开封、成都、长沙、武汉、苏州等地，这些地区的丝绸等特产也经广州出口海外。到宋高宗绍兴十年（1140 年），广州市舶司一年的税收收入就达 110 万贯，占国家商税总收入的 5% 有余。贸易的发展带来了广州城市容量和布局的扩大，改善了城市环境及基础设施。

到明清时期，由于朝廷实行严格的海禁政策，沿海海关对外一律关闭，唯独保留广州"一口通商"，广州成为中国唯一的对外通商口岸和贸易港口，所有外国商船只准在广州停靠、交易，广州海上丝绸之路贸易比唐、宋两代获得更大的发展。这造成当时中西政治、经济、文化交流都集中在广州，并且一直延续和保持到鸦片战争前夕。耳熟能详的"广州十三行"便是这一时期的产物，这里几乎垄断了国家的外贸市场。

新中国成立后，西方资本主义国家联合封锁，企图遏制新中国的发展。为冲破西方经济封锁与政治孤立，毗邻港澳、有着悠久对外贸易历史的广州再次成为中国通向世界的窗口。1957 年春，首届中国进出口商品交易会（广交会）在广州开办，第一年即成交 8686 万美元，占当年全国创收现汇总额的 20%。几十年里，广交会会址几经迁移，展馆规模扩大数十倍，影响力日益提升。迄今为止，广交会已成为中国历史最长、规模最大、商品种类最全、到会采购商最多且分布国家和地区最广、成交效果最好、信誉最佳的综合性国际贸易盛会。

当前，我国正逐步构建"以国内大循环为主体、国内国际双循环相互促进"的新发展格局，一直位处改革开放前沿的广州，也将在国内国际双循环发展方面承担更多使命。对内，广州大力拓展经济纵深，加强与国家区域发展战略对接；对外，广州不断完善内外贸一体化发展体系，建设国际消费中心城市。广州正不断通过加强对国际市场的开发和深度参与，做好国内外市场对接，同时强化城市的国际传播力，发挥在全球的竞争力和影响力。广州的跨境电商规模连续多年全国第一，商品进出口值突破 1 万亿元，在广州投资的世界 500 强企业累计达 309 家，一连串耀眼的数据，显示"千年商都"广州在焕发"老城市新活力"中，正更好地发挥国际化特色与国家中心城市的优势。

广州城市更新要延续城市自然和文化"基因"，留下城市"印记"。开放、包容、创新、务实的千年商都文化，一直是推动广州经济社会可持续发展的深层动力，在新时代城市更新中更要传承和弘扬千年商都文化，持续建设岭南文化中心和对外交流门户，奋力实现老城市新活力，推动城市高质量发展。

1.2 广州城市更新历程：民生为始，求索创新

1.2.1 城市更新的起点：改善市民基本居住条件

广州 20 世纪八九十年代的旧城改造，起源于城市政府对市民居住条件的关切。改革开放初期，与国内其他城市类似，广州存在居住水平较低的问题，街道工厂与居住区混合，建筑老旧、交通拥堵和环境污染等问题突出。根据 1986 年第一次全国城镇房屋普查，广州的危破房建筑面积约 1135 万 m^2，占实有房屋建筑面积的 20.6%。广州的人均居住面积为 6.62m^2，其中人均 2m^2 以下的有 11645 户、60930 人。为改善旧城区的人居环境，财政能力非常有限的城市政府采取了"联合开发"的城市更新模式，在政府统筹下，借助市场力量开展旧城改造。

这一时期，多版城市总体规划均关注老城更新改造的问题。1982 年版城市总体规划强调老城的改造，对老城人口集中、居住环境差、公共服务设施差的地区，进行改造提升，并通过引导新区建设开发实现居民异地安置。同时，提出通过拆迁重建调整老城区用地结构，将部分居住用地改作商业用途。1996 年版城市总体规划延续旧城区内建筑拆迁重建的思路，同时提出严格控制新建项目建筑和人口密度。但由于旧城区城市功能、人口过于集中，旧城改造和保护的难度非常大。

由于经济制度改革、土地有偿使用制度建立和房地产市场兴起，除了财政拨款外，城市更新改造的资金有了更多来源。这一时期广州为解决旧城交通出行难题，修建了东风路快速路和国内第一条高架快速路"内环路"，均是通过较大规模的拆迁安置实现的。1980 年代末至 1990 年代，广州引入市场力量推动了荔湾区金花街改造，是第一次较大规模连片实施的旧城更新改造项目，较好地提升了居民的居住水平。这一时期的更新改造也尝试在旧城区内局部实现功能的活化，例如，荔湾广场项目拆除了 9.8hm^2 用地上的 775 栋各类房屋，打造一个商业与居住复合的项目，但拔地而起的现代建筑体量巨大，对西关老城区的风貌造成了一定的影响。

1.2.2 转型发展与"三旧"改造：广东省先试先行

改革开放以来经历多年的高速发展后，珠三角地区普遍面临土地资源不足与现状土地开发利用低效并存的问题。各城市均存在交通拥堵、生态环境破坏、土地利用粗放等"城市病"，特别是老城区饱受公共服务设施不足、市政设施老化、缺乏载体发展新产业新功能等问题困扰，城市发展转型与城市国土空间资源集约化利用势在必行。2009 年 8 月，在原国土资源部的支持下，广东省出台《关于推进"三旧"改造促进节约集约用地的若干意见》（粤府〔2009〕78 号），拉开了全省"三旧"改造大幕，同年广州成立"三旧"改造工作领导小组，旧城更新改造进入"三旧"改造政策为基础的新时期。

广州用好省部合作下的"三旧"改造政策，在土地管理政策、更新改造模式、补偿方式等方面均有创新。土地管理政策创新体现在对土地的历史遗留问题处置、土地性质转变流程的简化，解决由于土地历史遗留问题导致的再开发难题。更新改造模式增加了土地产权人自我改造、合作合资改造等方式，可以通过多方筹资进行改造。土地补偿由原来的一次性征地补偿，转变为政府与土地权属人共享土地增值收益。在众多政策红利叠加下，村民、企业等的改造积极性得以调动起来，城市更新改造的速度大大地加快了。

1.2.3 新趋势：城市有机更新与低效用地再开发

2018 年 10 月，习近平总书记考察广州永庆坊微改造

项目时指出"城市规划和建设要高度重视历史文化保护，不急功近利，不大拆大建，要突出地方特色，注重人居环境改善，更多采用微改造这种'绣花'功夫，让城市留下记忆，让人们记住乡愁"。党的二十大作出了"加快转变超大特大城市发展方式，实施城市更新行动"的战略部署，通过城市更新行动推动城市结构调整优化和品质提升，对实现中国式现代化具有重要意义。进一步落实习总书记在永庆坊考察的指示要求，落实党的二十大精神，基于2009年以来十多年"三旧"改造、城市更新实践的思考，广州从2020年开始推动城市有机更新，注重以城市战略引领城市更新，强化政府统筹、强化历史文化保护与生态维育，更加突出以人为本开展城市更新实践。

2021年11月，广州市委市政府印发《广州市关于在城市更新行动中防止大拆大建问题的实施意见（试行）》，为广州未来的城市更新工作指明了方向。新时代的广州城市更新不仅要改善城市物质空间，更要支撑城市战略意图，实现"东立门户枢纽、西联广佛同城、南建面海新区、北筑产业极点、中兴老城活力"。在城市更新行动中，以是否做到有利于城市结构优化、经济社会发展、历史文化保护、宜居环境改善、公共基础设施完善、社会综合治理的"六个有利于"为综合考量，按照"产城融合、职住平衡、文化传承、生态宜居、交通便捷、生活便利"的要求，切实立足广州历史文化名城实际，以"绣花"功夫落细落实有机更新，在实践中推动广州的城市更新工作出新出彩，让老城市焕发新活力。

2023年9月，自然资源部印发《关于开展低效用地再开发试点工作的通知》，统筹部署开展低效用地再开发试点工作，在全国选定43个城市开展试点，广州市是试点城市之一，被寄予厚望。低效用地再开发试点切中困扰存量土地开发实践的难点，是对广州"三旧"改造和城市更新政策探索和工作实践的深化提升。通过开展低效用地再开发，要努力实现三个方面的目标。一是优化布局，促进国土空间布局更合理、结构更优化、功能更完善、设施更完备；二是提高效率，增加建设用地的有效供给，提升土地产出效益；三是完善制度，及时总结提炼经验做法、典型案例，构建一套可量化的评价标准，形成可复制、可推广的制度、政策、机制性成果。用好用足政策红利，积极探索出一条低效用地再开发的广州路径。

1.3　认知与方法：增进公共利益，共谋共建共享

1.3.1　认识：坚持规划引领，增进民生福祉

1. 补齐民生短板，提升人居环境品质

重大的城市更新改造及其相关规划理论，大都来自于物质环境的改造实践与社会改良活动。城市更新既要立足于物质环境短板的妥善解决，更要回应民生诉求、面向社会公平目标。

系统的城市更新改造始于 19 世纪以来的公共卫生运动、环境保护运动和城市美化运动，出发点是解决城市物质环境短板。公共卫生运动与环境保护运动始于英国制定的《公共卫生法》（Public Health Act，1875）及《工人阶级住宅法》（The Housing of the Working Class Act，1890），二者规定了城市给水排水、街道、工人住宅的建设与改造标准，以应对第一次工业革命以来城市工业污染、工人居住条件恶化、传染病流行等环境挑战。19 世纪中期，欧美城市中心区开展了大规模的美化改造，如巴黎的豪斯曼改造与美国芝加哥、纽约及波士顿等城市的"公园运动"，是早期城市更新的实践探索。在此基础上，结合技术的进一步发展，形成了以《雅典宪章》为代表的现代主义规划理论与更新改造方法论，倡导城市进行功能分区，避免工业生产对居住、休闲空间造成污染，保证大众的居住权益。

但是，上述城市规划理论与更新行动单纯以改善物质环境为目的，忽视物质环境背后承载的经济社会关系网络，往往造成新的民生短板与社会问题。巴黎的"豪斯曼改造"中，市中心贫民被驱离，社区的阶层隔离现象日益显著。第二次世界大战后的欧美城市贫民窟清理行动中，以原社区少数族裔为代表的弱势群体被大规模安置到公共住宅社区。这些社区重硬件设计、轻社会支持，最终不可避免走向阶层隔离，沦为新的"贫民窟"。有鉴于此，城市规划理论与实践对于社会公平与福祉给予更多关注。早在 19 世纪，空想社会主义思潮与霍华德的社会（田园）城市设想，就提出了弥合城乡、阶级差异的社会组织形式设想，例如城乡区域统筹、土地共有、城镇内部职住均衡等。到了 20 世纪后半叶，基于对现代主义规划理论的批判与反思，后现代主义规划思潮更加注重倡导人本主义，例如《马丘比丘宪章》强调尊重市民需求与人际关系网络，推动制度与政策成为 20 世纪 70 年代以后西方城市规划、城市更新研究的重点[1]。

汲取西方城市百余年以来城市更新的经验教训，结合中国国情、中国城市化实践及广州的城市特点，广州的城市更新既要回归本源，改善物质空间环境以解决民生短板，又要更进一步增进社会福祉。广州"三旧"用地占建设用地总面积近 1/3[2]，而实际居住在城中村的人口占比将近 36%[3]，以旧城镇、旧村庄、旧厂房为代表的低效建设用地，普遍仍存在建设失序、空间品质低、消防安全隐患突出、公服配套不足等问题，对低效建设用地进行物质空间再造、产业功能转型升级，是保障市民居住与发展权益的必要措施。同时，也应该客观地看到低效建设用地的经济、社会价值，例如城中村也是外来人口、初创企业在城市落脚的"第一站"，为新市民和初创企业提供发展空间，城市更新不能忽视新市民的居住与发展诉求，需要兼顾不同群体的诉求，多措并举、政策联动。城市更新要注重提升居住品质，补齐过去快速城镇化过程中的设施短板，保障基本的居住权益，治理层面要保障原业主的合法权益，警惕追求土地交换价值而忽略了使用价值，构建良性的社会治理模式。

---

① 张京祥. 西方城市规划思想史纲[M]. 南京：东南大学出版社，2005.
② 根据广州市"三旧改造"标图建库数据库统计（截至2018年）。
③ 叶裕民，张理政，孙玥，等. 破解城中村更新和新市民住房"孪生难题"的联动机制研究：以广州市为例[J]. 中国人民大学学报，2020，34(2)：14-28.

1）提升住宅品质，保障居住权利

城市更新最基本的目标是提升居民的居住品质，包括住宅的成套化改造与机能的完善，例如采光通风条件的改善与消防安全的保障等。在回迁住宅套内面积不减少的诉求下，成套化改造目标意味着建筑面积的增加，改善采光通风与保障消防安全则需要降低建筑密度，两项因素叠加可能推动开发强度与建筑高度的提升，对城市空间环境品质提出挑战。同时，住宅建设标准的提高也将增加成本，增加融资建设量。因此，为改善住宅条件，需要综合考虑城市空间环境承载力、经济可行性等因素，从更综合的维度推动住宅品质的提升。

2）高标准配置公服设施，增进民生福祉

相较于城市新区，城市更新地区公共服务设施的配置需要给予更多的关注。一般而言，业主或开发主体出于自身利益考虑，倾向于按较低标准提供公服设施，或希望将其安排在使用并不便捷的"边角"地块上。因此，城市更新地区需要通过强有力的"自上而下"规划与专门政策，明确需补齐的公服设施类型、规模、设施等级、空间布局，并结合存量地区空间资源有限的现实状况，探索统筹大型公服设施跨单元、跨地区布局。另外，城市更新还要充分认识公服设施配置"均衡化"的重要性，这种"均衡化"不只是"地域均等"，还有"社会公平"的内涵，即在考虑行政区、公服设施服务水平"达标"与"均等"的基础上，充分考虑社区居民结构（年龄、性别、就业等）不同所形成的设施需求的差异，以真正实现不同群体居住权和享受公服设施机会的相对平等。

3）合理满足安置需求，维持社会网络

西方国家推土机式的更新改造项目较多采用整体异地安置的方式，导致所在地区低收入群体被高收入群体替换，出现过度"绅士化"现象①，这是我们城市更新实践中应该避免的情况。以人为本是城市更新的基本原则，社区社会关系网络的延续、居住的舒适性有赖于就地或者就近安置。除非落实城市重大公共设施、市政基础设施，城市更新应尽可能对原居民采取就地或就近安置的方式。另一方面，

客观地分析，回迁安置原住居民的可能性，与城市更新的利益格局、规划承载力、经济可行性息息相关，应充分考虑项目的实际情况。早期的城市更新改造项目，由于土地溢价较高、获利预期大，原业主对改造原地安置补偿的预期较高，推高了安置成本。因此，未来需兼顾好更新安置与更新经济可行性，通过回迁安置标准优化、复建面积核定、成本核算与基础数据调查监管等措施，依法依规满足合理的安置需求，最大可能地维持更新地区原住居民的社会关系网络。

4）充分保障新市民居住权益，实现包容治理

充分保障新市民居住权益，是城市更新过程中重要而容易忽略的方面。一方面，城市更新改造主要考虑原业主的安置需求，作为租赁主体的新市民的诉求难以反映。另一方面，城市更新改造后住宅的户型往往更大更优，导致更新地区的新房屋租金上涨，不再具有低成本优势，将导致新市民迁入外围城中村，这本质上是推高了新市民的生活成本，或者说是推高了城市产业的发展成本（人力成本）。

城市更新改造需保障新市民对可支付住宅的需求，重点在于获取部分房屋并作为公共住房。以城中村改造为例，首先，从复建部分考虑，由于城中村改造核算的复建居住与物业量，包含了部分非自住、用于出租的建筑量，可引导这部分复建量"恢复"原有为新市民提供可支付住房的社会功能，抑制其快速流入房地产交易市场，增加出租房源供给。这方面广州已作出探索，2022 年印发的《关于城市更新项目配置政策性住房和中小户型租赁住房的意见》提出"复建安置区用于建设 70m² 以下的集体宿舍、单间宿舍、小户型住宅等租赁住房的建筑面积不低于复建安置区全部住宅建筑面积的 25%"，引导复建房非自住部分成为低成本租赁住房，适应新市民的居住需求。其次，从融资及建设指标结余部分考虑，应要求企业主体提供一定比例的中小户型住宅、政策性住房（公共租赁住房、共有产权房、人才公寓等），实现更新开发收益惠及新市民。广州在《关于城市更新项目配置政策性住房和中小户型租赁住房的意见》中提出"更新项目改造范围规划建设量超出自身改造建设量的规划节余，应当优先用于政策性住房配置……政策性住房户型以建筑面积 70m² 以下的集体宿舍、单间宿舍、

---

① 黄幸，刘玉亭. 中国绅士化研究的本土实践：特征、议题与展望[J/OL]. 人文地理，2021，36(3)：5-14+36.

小户型住宅为主，其中 30m² 以下的集体宿舍、单间宿舍的配置比例不低于 30%"。

2. 注重环境承载，建设生态文明

开展生态保护和促进可持续发展已成为国际共识，也是我国一以贯之的政策重点。继《联合国气候变化框架公约》《京都议定书》后，2015 年联合国气候变化大会通过人类历史上第三个应对气候变化的国际法律文本《巴黎协定》。同年，联合国可持续发展峰会通过《2030 可持续发展议程》，开启了可持续发展的新时代。2016 年在厄瓜多尔召开的联合国第三次住房与可持续城镇化大会（"人居三"）通过的《新城市议程》，提出推动城市转型是应对气候变化、实现可持续发展的关键。我国积极响应环境与气候变化议题，明确提出 2030 年"碳达峰"与 2060 年"碳中和"目标。在此背景下，实现生态化、绿色化转型，是接下来城市更新应对气候变化、实现生态文明的重要任务。

人和自然的关系始终是中外城市规划建设的重要议题。"天人合一"这一反映人与自然和谐统一的理念，自古以来就是中国营城的宗旨。而近代以来城市规划与更新的理论与实践，伴随工业革命以来人与自然之间日益加剧的冲突，对自然与城市的关系也有更为深入的认知。

近代以来的城市规划与更新理论实践对生态环境的认知经历了三个阶段。第一阶段，将生态环境作为缓解城市病的景观与形态要素，约束城市形态。典型代表是 19 世纪末霍华德提出的田园城市构想[1] 及 1943 年芬兰建筑师沙里宁提出的"有机疏散"理论[2]，提倡控制城镇规模，并在城镇中心及城镇之间布局花园绿带体系以提升自然景观可达度。第二阶段，将生态环境视为维持城市持续发展的来源，约束城市承载力。这始于 20 世纪 60 年代以来对更高强度的人类活动造成的全球环境恶化现象的关注，其后规划领域提出适应生态与资源保护的发展模式，如减少生态空间占用、以紧凑开发减少交通能耗的"新城市主义""精明增长"理念，

以及减少化石能源消耗从而减缓能源枯竭与气候变化的"低碳城市"理念[3]。第三阶段，则将生态环境作为城市所处的整体系统，一方面强调开发建设受到自然的多重制约，另一方面强调自然对城市的多种支撑功能。前者以麦克哈格在《设计结合自然》中提出的生态规划方法为代表，利用多种自然要素叠加分析生态适宜性，使土地利用变化与自然生态过程相适应[4]；后者以近年来兴起的"绿色基础设施"、绿色城市主义、生态城市论等理念为代表。"绿色基础设施"强调营造相互贯通的绿色生态空间以兼顾保持生物多样性、减少碳排放、调节雨洪与微气候、营造景观与活动空间等多重生态服务功能[5]；绿色城市主义主张将可持续发展的思想贯穿城市发展的全过程，包括推动绿色交通与绿色经济、推动土地紧凑高效利用、强化绿色管理以及加强绿色教育等内容[6]；生态城市论一方面主张在城市中嵌入生态元素，另一方面则主张将城市嵌入整体生态环境结构。

广州拥有优越的生态本底。广州市域整体呈现"云山珠水"的独特格局，"五横三纵"的生态廊道延伸全域，白云山、火炉山、海珠湿地等众多生态空间与城区相互嵌合，具有极高的景观价值与生态涵养价值，城市更新是进一步发挥其生态价值的重要措施。例如，广州环白云山地区有 10 个城中村，其现状建设强度高、空间无秩序，影响白云山景观风貌与生态价值溢出；在市域"五横三纵"的生态廊道沿线，共涉及 68 个城中村，由于建设用地嵌入生态廊道，导致廊道碎片化、不延续的问题出现。其次，就微观的城中村社区而言，由于较高的现状开发强度，城中村内往往缺乏绿地开敞空间，热岛效应明显——如果按照建筑外轮廓投影面积计算，有的城中村建筑密度甚至达到 70% 以上。

广州的城市更新要从生态底线、生态治理与生态价值等三个维度，体现生态文明的理念。

1）尊重生态承载力，强化生态底线约束

强化城市更新的生态底线约束，主要体现在三个方面。

① 杨沛儒. 国外生态城市的规划历程1900-1990[J]. 现代城市研究，2005(Z1)：27-37.
② 郝晓斌，章明卓. 沙里宁有机疏散理论研究综述[J/OL]. 山西建筑，2014，40(35)：21-22.
③ 顾朝林，谭纵波，刘宛，等. 气候变化、碳排放与低碳城市规划研究进展[J]. 城市规划学刊，2009(3)：38-45.
④ 孙彦青. 绿色城市设计及其地域主义维度[D]. 上海：同济大学，2007.
⑤ 曹双全，朱俊峰. 20世纪后城市规划理论中自然生态概念演进[C/OL]//面向高质量发展的空间治理：2021中国城市规划年会论文集（04城市规划历史与理论），2021：14-23.
⑥ 刘长松. 欧洲绿色城市主义：理论、实践与借鉴[J/OL]. 环境保护，2017，45(9)：73-77.

第一，传导上位国土空间规划的生态保护红线、生态廊道等，对更新项目所涉及的生态空间进行严格管控。生态空间内并非不能进行城市更新，而是应该按生态空间的功能准入要求进行更新改造，通过城市更新实现更加优越的生态功能。第二，以生态承载力确定城市更新改造建设量上限，针对更新地区的不同生态保护要求，合理确定开发强度与改造方式。第三，在城镇开发边界以外、周边主要为农业用地或生态类用地的村庄，应采取乡村振兴为主的策略，不鼓励"三旧"改造政策的拆除重建，避免拆旧后建起"田中城""林中城"，对周边的生态资源、生态景观造成不良影响。

广州在这方面已进行政策探索，《广州市城市更新单元详细规划编制指引》要求更新单元详细规划方案传导落实城镇开发边界、永久基本农田、生态保护红线，以及市－区级绿线、蓝线等生态管控线；在生态承载能力的评估与匹配上，《广州市城市更新单元详细规划编制指引》《广州市城市更新单元详细规划报批指引》要求针对城市更新单元规划开展环境影响专项评估和地质环境质量评估，与交通影响、历史文化遗产影响等评估一道，作为城市更新地区的重要评估工作。

2）开展生态治理，提升环境质量

城市更新要实现更高质量的生态维育与环境营造，就要引入生态城市设计、绿色基础设施等手段，广州在这方面已作出有益探索。一方面，在城市更新中改善城市声光热环境，提升防灾能力，增强建筑绿化等。2020年颁布的《深化城市更新工作推进高质量发展的实施意见》明确提出，更新项目要补强城市综合防灾体系，有效防御地震、地质灾害、洪涝、台风等自然灾害；加强质量安全管理和风险管控，建立城市更新工程安全隐患排查长效机制；推进建筑绿色化发展，落实绿色节能、循环经济和海绵城市建设要求，做好建筑废弃物可回收利用、防洪排涝评估，提高防洪排涝建设标准，解决城市防洪排涝安全、雨水收集利用、水体治理等问题；同时，更新地区的规划方案须包含海绵城市专章及环境影响评估报告，包含方案对区域小气候的影响评估，以及改善声光热环境、落实绿色城市基础设施及绿色建筑的具体措施。另一方面，在城市更新中提升生态景观风貌，着力拓展城中村生态空间和景观廊道，加强生态廊道沿线城市更新地区的风貌管控。《广州

市城市更新单元详细规划编制指引》将开敞空间、风廊、特色景观视廊等的规划设计要求纳入管控指标，使得更新地区与生态景观风貌相关的规划设计要求得到传导落实。

3）强化政策设计，引导释放更高生态价值

生态空间为周边地区提供良好的景观、休闲与微气候价值，对外输出正外部性，然而在现实的城市更新过程中，生态空间的正外部性往往难以有效"内部化"，即城市更新主体提供生态空间所付出的成本高于获得的收益，主动提供生态空间的积极性不高，生态空间容易成为城市更新业主或实施主体（尤其是市场主体）规避的内容。将提供生态空间的正外部性内部化，转化为业主或者实施主体的客观收益，一方面需要从政策制度上规定对生态空间的刚性管控要求，将其作为主体参与城市更新的基本规则、基本条件；另一方面需要更为创新性、精细化的政策规则，将业主提供生态空间、公共产品而导致的周边土地升值部分捕获、评估，通过一定的程序将这部分价值内部化，对业主形成正向激励。省市层面在促进城市更新的生态保护、增进生态空间方面，开展了一些有益的政策探索。省委全面深化改革委员会在《关于支持广州深化城市更新工作推进高质量发展的意见》中提出：一是争取国家支持探索公园绿地和广场等连片开敞空间不纳入城乡建设用地规模进行管理；二是将建成区内通过"留白增绿"置换出的建设用地规模纳入预留建设用地规模使用；三是推广海珠湿地公园经验，创新"只征不转"等生态空间用地模式，意在破除可能影响生态空间供给的制度障碍。

3. 传承历史文脉，彰显文化特色

自20世纪30年代起，关于历史文化保护，城市规划理论与实践的探索逐步深入，呈现出两个显著趋势：一是保护对象的类型与范围扩大化，空间尺度逐渐完整化，在空间和时间维度、物质性和非物质性价值维度，扩大保护对象范围；二是保护目标综合化，保护手段活态化，从原来的"静态"保护、修缮历史文化遗存为主，转变为活化利用文化遗产，并使之成为现代生活的一部分。在保护范围的扩大化上，《雅典宪章》首次明确提出城市规划需保留名胜古迹以及历史建筑的原则；1964年通过的《威尼斯宪章》在首次系统提出文物古迹的保护原则之外，同时明确扩大保护对象的尺度范围，指出历史保护对象应包含古迹所处的有历史意义

的城乡环境；1977 年颁布的《马丘比丘宪章》扩大了保护对象的时间与类型特征，将近现代代表性优秀建筑纳入保护利用范围；1987 年通过的《保护历史城镇与城区宪章》（ICOMOS Charter On the Conservation of Historic Towns and Urban Areas，又称《华盛顿宪章》）在《威尼斯宪章》基础上，将历史保护范围的空间尺度进一步明确地扩大为历史地段 / 街区和历史城区，并提出五项保护内容：空间格局与形式、建筑与场地的关系、历史建筑的风貌、历史地段与周边环境的关系、地段历史功能等[1][2]。而在保护目标与手段的活态化上，《马丘比丘宪章》明确提出历史建筑与环境的保护利用，应与城市建设充分结合，使历史建筑与环境拥有经济价值与生命力；《华盛顿宪章》在历史地段与城区的保护方面也进一步确认这一原则，指出保护方式应适应现代生活，避免"博物馆式"的保护[3]。

广州是我国首批历史文化名城，在新时期下实现"老城市新活力"，需要在城市更新实践中坚持保护与传承历史文化，协调好城市更新与历史文化保护之间的关系。一方面，要摒弃拆除重建、开发导向的行为，推进历史文化要素"应保尽保"、完整留存。另一方面，在严格遵守历史文化保护底线的基础之上，从经济可行、公众参与、长效运营等维度，实现历史文化遗产的活化利用。汲取国内外城市更新的经验教训，广州在城市更新中实现历史文化保护，从历史文化保护的完整性和活态化两方面展开。

1）留住"老城市"的记忆：广州城市更新历史文化保护的完整性

完整保护各类、各尺度历史文化遗产，不仅使城市记忆与文化格局的传承更为完整，而且有助于城市社区文化与社会结构保持稳定。这种完整性保护措施的落实，一方面有赖于清晰而明确的政策要求，另一方面也建立在对保护对象的时空完整性的充分理解基础之上。

针对城市更新地区，广州的政策坚持历史文化保护优先。《广州市关于深化推进城市更新促进历史文化名城保护利用的工作指引》对城市更新前期规划环节的历史保护作了系列规定，涉及历史文化遗产的应先按照相关法律法

规要求进行保护，并依法办理审批手续；涉及历史文化街区、历史文化名镇、历史文化名村、历史风貌区、传统村落的，保护规划未经批准，不得审批相应的改造规划方案。《广州市城市更新单元详细规划编制指引》规定，更新单元详细规划需编制历史文化遗产影响评估报告，落实各层次保护规划的保护范围、保护要求，提出保护更新与利用措施；历史文化街区、历史文化名镇、历史文化名村、历史风貌区、传统村落、不可移动文物、历史建筑、传统风貌建筑等的核心保护范围、建设控制地带，以及预先保护对象和古树名木的管控要求，纳入单元详细规划的刚性管控指标。

广州历史文化遗存的空间完整性涵盖城市总体格局尺度、城区尺度、街区镇村尺度、建筑点位尺度及其周边环境要素（如古树名木、街巷特征等）；时间完整性则要体现广州两千多年建城史带来的丰厚、多时期历史积淀，从秦汉任嚣城、赵佗城遗存，到隋唐番禺城、宋代"三城"遗存，再到明清以来南海 – 番禺县城、东山西关和古村落的完整格局，乃至近现代以来形成的工业遗产与优秀现代建筑，都是广州丰厚历史积淀的一部分。广州的历史文化保护政策、城市更新政策已将"山城田海"的总体空间格局、历史城区、历史文化街区、历史文化名镇名村、历史风貌区、传统村落、不可移动文物、历史建筑等多尺度保护要素，完整地纳入历史文化保护与活化、城市更新的要求。在此基础上，《广州市关于深入推进城市更新促进历史文化名城保护利用的工作指引》强调保护历史风貌和传统格局的完整性、真实性、延续性，在空间上包括传统选址、格局、风貌以及自然和田园景观等整体空间形态与环境，在时间上保护各个时期的历史记忆，注重历史文化遗产价值完整性；在具体对象上重点修复传统建筑集中连片区域，保护传统街巷、古路桥涵垣、古井塘、古树名木等历史环境要素；在措施手段上避免填塘、拉直道路等改变历史格局和风貌的行为。

2）彰显"新活力"的魅力：广州城市更新历史文化保护的活态化

历史文化保护的活态化与综合性，强调的是对历史文

① 赵中枢. 从文物保护到历史文化名城保护：概念的扩大与保护方法的多样化[J]. 城市规划，2001(10)：33-36.
② 仇保兴. 复兴城市历史文化特色的基本策略[J]. 规划师，2002(6)：5-8.
③ 赵中枢. 从文物保护到历史文化名城保护：概念的扩大与保护方法的多样化[J]. 城市规划，2001(10)：33-36.

化遗产的保护需与经济发展、社会治理相协调，并赋予历史文化遗产适当的功能，使之充分利用，从而使得历史文化保护与当下的经济社会生活相契合。历史文化保护的活态化与综合性具有诸多效益：一是在财政资金有限、难以全面覆盖历史文化保护需求的情况下，通过鼓励适当的市场手段、引入合适的市场主体，在政府的主导下参与历史文化保护过程，实现可持续的保护；二是通过活态保护有效利用历史建筑，植入一批符合建筑保护要求的新功能，有助于推动老城区、历史城区的功能焕新，为城市发展提供动力。

历史文化保护的活态化需要从两个方面实现，既从过程上确保历史文化遗产保护利用的经济可行性，又从结果上赋予历史文化遗产合适、多元的功能。在历史文化遗产保护利用的经济可行性上，可探索保护活化类项目与全面改造类项目统筹实施的模式，鼓励全社会公平分担历史文化保护所需投入，同时共享历史文化保护带来的正外部性；也可探索政府与市场共担成本，降低市场力量参与历史文化保护的门槛。《中共广州市委广州市人民政府关于深化城市更新工作推进高质量发展的实施意见》提出，推进老旧小区微改造项目、历史文化遗产保护利用项目等与全面改造项目组合实施，在城市更新改造中探索在本区内跨项目统筹、开发运营一体的新模式，实行统一规划、实施与运营。《广州市关于深入推进城市更新促进历史文化名城保护利用的工作指引》则提出，鼓励以收购、产权置换等方式对历史文化遗产进行合理利用，将历史文化遗产用于公益性功能的可全部不计入容积率，并允许在修缮保护的前提下适当增加历史文化建筑使用面积，并给予补助。

在赋予历史文化遗产的活态功能上，基于历史文化遗产的多维价值，探索其可能的活化利用方式，同时要设计有效的收益激励与反哺机制。《广州市关于深入推进城市更新促进历史文化名城保护利用的工作指引》提出，在非物质层面，挖掘和保护历史文化遗产的多元价值（经济、艺术、社会等），鼓励历史文化遗产的多元使用功能，设立博物馆、纪念馆、社区图书馆、民俗文化体验馆等，鼓励将其作为非物质文化遗产保护、岭南民间工艺传承、中华老字号经

营的空间，鼓励引入众创空间、商务办公、文化创意、科技孵化、特色餐饮、民宿客栈等。在设计收益激励机制方面，恩宁路历史文化街区保护活化项目通过"建设－经营－转让"（Build-Operate-Transfer，下称BOT）的政企合作模式，将历史文化保护的"正外部性"转化为长期经营收益，为其他历史文化保护活化项目提供了示范。

4. 坚持战略思维，保障发展空间

2010—2019年，广州公开出让的用地中有超过40%为经政府集中收储或自主、合作改造整理而来的低效存量建设用地[①]，毫无疑问，低效存量建设用地是支撑城市发展的重要土地资源。如同对城市增量用地开发的谋划安排，对于城市低效存量用地的更新改造，也应该坚持战略思维、规划引领。要深刻认识到城市更新只是推进城市规划建设的手段，并非目的，不能为城市更新而城市更新，城市更新始终要围绕城市发展的战略意图，基于居民的发展诉求。

广州城市更新的战略使命，指向对公共利益的强烈诉求与破碎的土地权属、土地利益独享者之间的矛盾。2010-2020年，广州常住人口增长了将近50%[②]，新市民的涌入增加了对公共服务设施、就业岗位以及产业空间的需求，同时经济水平的跃升提高了市民对城市环境品质的要求，需要通过高效整合土地资源的方式，满足城市发展的需求。然而，大量潜力价值巨大、可用于产业发展与民生福祉改善的存量土地资源，分散在旧村、旧城、旧厂等广泛业主手中，难以整合起来用于承载大型公共服务配套设施和新型产业。同时，改革开放以来，由于城市治理能力滞后，难以匹配快速城镇化过程中自发的建设行为，部分土地增值收益为土地业主所独享，并未反哺全体市民，土地原业主对于土地增值收益的追求造成较为明显的空间"负外部性"，影响了城市的空间品质。破碎化的土地权属与较大的既得土地利益，反过来增加了更新改造的难度。因此，坚持以规划引领城市更新，是实现城市综合利益（而非土地利益）、保障公共利益（而非个人利益）、增进民生福祉（而非个人福祉）的必然要求。

广州城市更新的战略使命，来自产业经济规模扩大、

---

① 根据2010-2019年广州国有土地使用权公开出让数据统计。
② 根据第六次、第七次全国人口普查数据统计。

经济结构优化，与土地资源有限、开发低效之间的矛盾。2010 年至 2020 年，广州全市 GDP 增长约 130%，人均 GDP 增长约 56%，二产占比从 38.1% 降至 26.3%，三产占比从 60.3% 升高至 72.5%[①]，产业结构出现明显转变。借鉴其他地区经验，展望未来，广州将立足制造业根基，坚持"制造业立市"战略，引导工业逐渐向战略性新兴产业和先进制造方向升级；立足粤港澳大湾区科创走廊，增加第三产业中的高端服务业、知识密集型服务业部分，这些都需要通过城市更新盘活发展空间，支撑新型产业发展。

1）围绕城市战略意图，规划引领城市更新

2000 年广州开创性地编制城市战略规划，提出了城市"东进、西联、南拓、北优"的"八字方针"空间安排。2006 年广州增加"中调"，"十字方针"战略兼顾中心城区，特别是老城地区的保护与活化。当前，迈向新的发展时期，广州结合国土空间总体规划再一次研究城市空间发展战略，更为明晰地提出"东立门户枢纽、西联广佛同城、南建面海新区、北筑产业极点、中兴老城活力"的战略安排。东部中心区域储改结合，挖掘存量用地潜力，推动新塘站、增城站等区域客运枢纽集群提质发展，并配置高质量产业空间，构建东部枢纽商务区，充分发挥东部中心作为广州与香港、深圳、东莞、惠州等大湾区主要城市互联合作的门户作用。广州西部的广佛高质量发展融合试验区，通过土地整备的方式按规划整理彼此交错的生态、产业、居住用地，围绕广州南站商务区、白鹅潭中心商务区等区域中心，实现连片更新，引导高端要素聚集，建成广佛合作的全球超级都会区、粤港澳大湾区战略发展平台。广州南部围绕中国（广东）南沙自由贸易试验区南沙片区发展，加快推进南沙湾、庆盛枢纽、南沙枢纽等先行启动区的土地整理，提升土地利用效率，实现高端产业聚能，打造高水平对外开放门户。北部增长极区域围绕广州空港、广州北站等重大交通枢纽，推动空铁融合发展，聚焦国家级临空经济示范、北站商务区、花都文旅城等功能平台，重点推进低效产业用地提质增效，积极导入临空高端服务和先进制造产业。中心城区重点探索城市更新与历史文化保护活化协同路径，以"绣花"功夫挖掘历史文化底蕴，重点推进历史城区、历史文化街区的保护传承及活化利用，围绕珠江高质量带、广州中央活力区、广州火车站、城市传统中轴线、新城市中轴线南段等核心区域，以渐进式有机城市更新实现产业功能复兴，同时保持老旧小区微改造的战略定力，改善人居环境、完善功能配套、增加开敞空间、消除安全隐患，焕发老城的新活力。

2）坚持制造业立市，供给产业发展空间

经过多年的探索，广州坚持从城市产业健康发展的立场看待城市更新、"三旧"改造中的规划空间供给问题，因地制宜，结合区位特点增加高质量产业（制造业、商业办公等）、宜居生活、公服设施等不同城市功能空间的供给，避免以单一商品住宅供给为特点的"房地产开发导向"式的城市更新，关键是结合产业的区位规律，根据更新项目的区位、考量中心性，出台政策要求更新改造项目按政策要求、按规划提供合适比例的产业空间。其中，广州产业空间重点聚焦科技创新空间与先进制造业空间，通过城市更新改造，强化广州城市"第三轴"活力创新走廊，并且促进工业产业区块的保护与制造业升级。

对于城市活力创新走廊，通过推动沿线旧村庄、旧城镇、旧厂房更新改造，强化沿线土地资源保障，支撑国家知识中心城、广州南沙科学城、广州科学城、广州人工智能与数字经济试验区、天河智慧城、广州大学城、生物岛、莲花湾等关键节点，打造大湾区科创策源地，推动南沙、广州北部增长极、东部中心、广州南站等区域枢纽导入重大产业项目与科技创新平台；同时，加强引导城市更新改造后的产业空间布局与形态设计，使之与所在重点区域产业发展方向适配，提供多样、灵活的创新创业空间，保持一定比例的低成本办公空间，支持初创企业。

对于工业产业区块的更新改造，一方面通过老旧国有厂房用地、村镇工业集聚区等低效存量产业用地的整治、改造，积极腾退旧产能，提高经济产出效率；另一方面结合工业区块线的管控要求，严格控制向非工业用途、功能的转换比例，确保改造后的空间优先用于先进制造，或者按一个合理的上限比例，改造成为工业生产服务的配套空间，增强为工业服务的能力。

---

① 根据2011、2021年广州市统计年鉴数据统计。

1.3.2　方法: 以"绣花功夫"推进有机更新

1. "绣花功夫"渐进式有机更新

以"绣花功夫"开展渐进式有机更新具有多方面的内涵: 其一, 渐进式有机更新意味着较小规模的空间干预, 有利于城市更新与地区的综合承载力相适配; 其二, 渐进式有机更新意味着立足更为长远的视野、基于更加精细的手法, 这也是类比"绣花功夫"的精细化工作, 有助于对城市历史遗存与文化记忆的保护; 其三, 渐进式有机更新意味着更富有耐心的城市更新过程, 有利于广泛听取公众意见, 聚焦民生诉求, 改善人居环境品质。

广州坚持以渐进式的手法推进城市有机更新。早在1999年至2005年期间, 广州就以危房改造为切入点, 通过政府征收的方式, 限期解决危房问题, 改善危房区域的基础设施和生活环境。从2016年至2021年年底, 广州已完成752个小区的改造, 积累老旧小区微改造的"广州经验", 形成了良好的示范效应。为了最大化实现渐进式城市更新的价值, 需要在微改造试点及局部推广的基础上进一步统筹谋划、系统推进。

1) 因地制宜, 分类施策

渐进式有机更新主要针对近期不具备全面改造条件的老旧小区、城中村、不涉及土地收储的旧厂房以及历史文化地区等。针对不同改造片区的特征、问题以及发展诉求, 分类提出微改造的策略与实施重点。广州的微改造工作坚持立足实际, 根据现状问题的差异性与共性, 将微改造对象区分为环境整治类微改造项目、功能置换类微改造项目和历史文保类微改造项目。其中, 环境整治类微改造项目现状的基本问题主要为物业管理缺位、缺少公众参与机制、管线杂乱、公共空间不足; 功能置换类微改造项目主要面临产业低端、土地利用效率低下、空间环境品质不高等问题; 历史文化保护类微改造项目存在产业功能有待活化、建筑物破旧、历史文化特征不彰显等, 需针对这些类别的问题, 明确微改造要达成的基本目标与主要措施, 有的放矢。

2) 聚焦基础, 适当提质

渐进式有机更新希望以最小代价、以有限的资源精准解决社区空间的关键问题, 不仅仅关注社区的建成环境提升, 而且注重适配社区日常需求的功能置入; 不仅仅关注景观绿化, 而且追求对公共空间、服务设施的高效利用; 不仅仅关注街道立面风貌, 而且更加关心无障碍设施、加装电梯、长者饭堂等"民生工程"。通过制定《广州市老旧小区微改造设计导则》, 从规划设计的源头明确微改造工作的重点, 提出了"先基础、后提升"的原则, 将老旧小区微改造要素归纳为"基础板块""提升板块", 共计9个分类、60项要素, 引导优先解决社区最薄弱的短板。"基础板块"涉及楼栋设施、建筑修缮、服务设施、小区道路、市政设施、公共环境等6类, 是与社区居民日常生活关系最为密切的要素与设施。在此基础上, 有条件的老旧小区围绕房屋建筑提升(节能改造、空调机位等)、公共空间(口袋公园、公共座椅等)、公共设施(智慧管理、停车设施等)推进微改造工作, 实现从"有没有"到"好不好"的转变。

3) 重点探索, 政策创新

相对于全面拆除重建的方式, 渐进式有机更新往往可以创造更高的综合价值, 但也存在以单一财政投入为主的问题, 在很大程度上限制了渐进式有机更新的推广。为了鼓励更多的主体参与到渐进式有机更新, 需要从项目成本端、项目收益端和多项目统筹三方面着手。项目成本端需探索如何利用财政补贴、更新基金支持、片区物业经营权贷款融资、减免运营涉及税费等手段降低成本, 也应通过简化审批环节的方式降低制度门槛。项目收益端可通过鼓励开发主体在片区民生改善、修缮活化的基础上对闲置物业进行整体策划运营, 实现产业活力提升, 产生持续的经营收益。探索多项目统筹机制方面, 可在两个方面开展政策探索——资金方面, 建立全面改造项目收益反哺微改造项目的联动机制; 开发容量方面, 建立微改造项目融资量纳入区域其他更新项目开发量进行统筹的机制。

2. 政府主导、民为主体、市场参与

广州数十年城市更新的基本经验说明, 城市更新的任务繁重, 单靠公共部门的人力与资金, 难以完成更新改造的任务, 需要积极引入市场力量、社会力量, 共同参与。面向未来, 实现"以政府为主导、以市场为手段", 需要明晰政府、企业、市民、村民等多方主体的角色、义务与权利, 搭建合作平台与合作机制。一方面, 通过政府统一的规划, 进一步发现和并挖潜空间的发展潜力, 为市场主体提供稳定的预期，为业主展示可能的收益分享方案；另一方面，政府部门也要履行监管的职能，制定规则规范更新改造的各个环节，保障全体市民的公共利益，保障业主的合法权益，避免城市更新损害公共利益，影响弱势群体的基本生存条件，特别是要提防、避免城市更新成为资本收割城市资源的平台。

1）政府主导：政策设计，规划引领

为保障公共利益、有序推进城市更新，政府需在制定规则、规划引领、监督实施三方面强化主导作用。在制定规则上，2009 年以来广州市以省"三旧"改造政策为基础，探索逐步建立了一套适用于本地实际情况、符合当下城市战略重点、覆盖城市更新全流程的政策体系，明确了各类更新改造项目的方式、模式与路径等。2015 年广州市出台了以《广州市城市更新办法》为主的"1+3"城市更新政策体系，明确了旧厂、旧村、旧城更新改造中"政－企"的角色，探索国有与集体土地产权处置、土地储备与自主改造结合等成片连片改造模式，并总结过去经验正式提出了"微改造"的改造方式，拓展了城市更新的内涵。为进一步落实中央、省的系列政策精神，2020 年广州出台以《中共广州市委广州市人民政府关于深化城市更新工作推进高质量发展的实施意见》为主体的"1+1+N"城市更新政策体系，在城市更新规划方案的编制报批流程、产居比要求、公共服务设施配置等多个方面形成更加精细化的指引。

在规划引领上，需在用地保障和方案编制环节发挥统筹协调的作用。广州已在改造模式、用地指标、土地增值收益共享等三方面开展了用地保障的有益尝试。一是推进土地成片连片改造，综合运用土地归宗、"国有－集体"土地置换、整合"三地"（边角地、插花地、夹心地）、储改结合等政策工具；二是保障项目所需用地指标，在年度土地利用计划中保障纳入计划的更新项目所需建设用地指标，并结合违法用地整治、历史手续完善和留用地指标落实解决历史用地问题；三是统筹土地增值收益分配，利用自主改造土地出让金补缴、用地与建筑量移交及收储用地返还出让金比例等工具，保障业主的合法利益和公众利益。方案编制环节上，在基础数据调查基础上，组织更新单元详细规划方案编制，向上落实衔接国土空间总体规划（市－区两级）的战略意图、定位、功能与公共服务设施等，向下传导详细规划方案编制要求，明确城市更新片区发展定位、

基础设施与公共服务设施建设要求、产业方向及空间要求、更新方式与建设量、城市设计指引、历史保护要求等内容，引导主体坚守城市公共利益的底线。

在监管实施上，广州在资金使用管理和更新改造的全流程监管两方面开展探索。资金使用管理方面，设立广州城市更新基金，支持通过政府与社会资本合作模式（PPP）开展老旧小区微改造、历史文化街区保护、公益性项目等不应完全依赖市场力量的城市更新项目，并监督市场主体用于复建安置等环节资金的专款专用情况。在城市更新的全流程监管方面，加强对基础数据调查、用地报批等基础工作的监管，搭建城市更新基础数据库和动态监控信息系统，做好更新改造审核、项目实施、竣工验收等工作。在监管的过程中，一方面，针对更新政策、更新改造计划、更新机制运行效果和更新改造成效等定期开展评估；另一方面，建立城市更新项目市场主体的动态进出机制，评估市场主体在城市更新项目中的履约能力、履约情况，避免因为合作企业履约能力不足而影响更新项目实施。在监管的后端，加强对项目公益部分实施监管，保证"先安置、后拆迁"及市政、公服配套设施建设与其他用地开发同步推进，避免民生板块建设滞后。

2）民为主体：多措并举，社区治理

城市更新始终坚持"人民城市为人民"的理念，群众的日常需求成为城市更新工作开展的目标与出发点。群众是城市更新开展的主体，建成环境缺乏哪些基础设施、存在哪些不方便，群众具有最直观的感受；社区要建成什么样子，怎样建设才能增强邻里的幸福感、提升便利性，群众最具有发言权；由谁作为实施方来推动更新改造，群众最具有选择的权利。

为更充分地体现民为主体，一直以来广州更加突出社区治理，以多种措施推动社区日常治理水平的提升。社区治理主要有三个方面的探索：一是发挥基层党组织的先锋性、引领性，以探索解决城中村社区基层管理能力不足问题的措施：广州大源村的有机更新改造实践，将社区治理网格与旧村更新改造单元、党建网格统一起来，保障了微改造方案的实施；二是充分运用信息技术手段，以更加精准地服务社区居民；广州白云区通过引入出租房进出的人脸识别系统，提升了城中村的治安水平，也更加准确地掌握了城中村的服务人口规模；三是注重搭建多方参与的平

台：在恩宁路永庆坊的有机更新过程中，区政府组织了由九方面代表参与的共同缔造委员会协商会，让全社会能够充分了解更新改造方案并发表意见。

3）市场参与：资金和开发能力支持，产业与公服资源引入

市场参与主要是指合理地借助市场手段、引入企业来推动城市更新。通过引入企业，可以导入资金、项目管理制度、优质产业等，弥补城市公共财政或业主改造资金不足的短板。为发挥企业对城市更新的支撑作用，保障高质量城市更新，广州对引入合作企业的资格有较为明确的规定：在开发经验方面，要求企业从事房地产开发经营3年以上，而且近3年房屋建筑面积累计竣工15万㎡以上；在资金实力方面，要求企业总资产不低于200亿元、净资产不低于50亿元等。而为发挥城市更新对城市高质量发展的支持作用，广州引导参与更新改造的企业在第一、第二圈层（即华南快速干线－天河区界－番禺区界－广明高速－广佛交界的围合范围内）的更新项目中引入优质产业资源，涵盖跨国企业、高新技术企业、行业顶尖企业、专业服务机构、科技企业孵化器、文化创意园区运营机构等，以避免房地产开发导向的城市更新。

3. 公众参与寻求"最大公约数"

城市更新的顺利推进需要充分吸纳公众的诉求。城市更新涉及利益主体众多，如原业主、外来租住者、商户以及其他使用更新地区公共空间与设施的公众等。仅仅依靠"政府主导、市场参与"，不能充分将利益相关者的诉求纳入更新改造方案与行动。只有充分尊重、协调利益相关者的诉求，才能全面发挥更新改造的社会效益。城市更新项目涉及的利益相关者数量多、关系网络相对分散，需发挥政府、社区自治组织、村集体的多级治理作用。以此为基础，扩大参与对象，使城市更新项目尽可能响应更多群体的诉求；完善参与流程，使城市更新兼顾"高效推进"与"程序正义"；搭建参与平台，提高公众参与的效率与质量。

1）参与主体扩大——参与群体的多元化与广泛化

广州城市更新公众参与主体的扩大化，体现在参与群体的多元化和广泛性上。以恩宁路永庆坊微改造为例，政府各部门、基层自治组织、人大代表、政协委员、社区规划师、本地居民、商户、媒体和专家顾问等九方面代表共同参与了改造方案的协调与讨论。政府各职能部门与基层行政机构起到组织统筹的作用，激发了公众参与协商议事的热情，推动了关于地区发展问题的沟通。人大代表与政协委员作为公众代表，深入了解项目如何增进公共利益。社区规划师发挥专业能力，识别发展的关键问题、挖掘社区特色资源，并在此过程中承担起公共部门与公众之间相互沟通的作用，并向公众介绍相关专业知识。社区居民、在地商户以及改造企业，一方面提出关乎自身的关键事项，使公共部门、规划师等更深入了解地区的核心利益，另一方面也通过协商会议表达诉求、参与决策、维护自身的权益。专家学者主要从更加专业的视角，对更新改造方案的合理性提出意见；媒体代表发挥舆论宣传与监督的作用，向公众展示微改造方案的过程与关键议题。

除了群体的多元化，广州的城市更新也体现出公众参与的广泛性。更新改造方案的意见征求与意愿表决，直接面向全体业主、权利相关人，不只限于其代表。在城市更新详细规划方案编制阶段，就对改造意愿、改造方式、复建安置总量核定等，进行业主意见征集。广州也建立了较为完善的表决同意机制。旧村全面改造项目的实施方案村民表决稿（含拆迁补偿安置方案）需经村民（含村改居后的居民）和世居祖屋权属人总人数的80%以上同意，旧城连片改造项目则需经改造范围内90%以上住户（或权属人）同意。

2）参与流程完善——从"信息公开""咨询讨论"再到"共谋共建"

广州城市更新公众参与流程的完善，体现于利益相关者能够在更多的环节中表达诉求、参与决策。荷兰代尔夫特理工大学的莫斯泰特（Erik Mostert）教授提出公众参与六个由浅入深的阶梯式层次与步骤：信息公开、咨询、讨论、共同设计、共同决策、自主决策①。传统的"公众参与"往往只体现在"方案公示""意见反馈"等流程，只能实现较为初级的"信息公开"。近年来，广州对城市更新的公众参与模式探索不断深入，在"讨论""咨询"等环节已

---

① MOSTERT E. The challenge of public participation[J]. Water policy, 2003, 5(2)：179-197.

经建立了常态化的参与制度。《广州市城市更新办法》对旧村庄、旧城镇更新涉及的利益主体的诉求表达和利益协商过程，给予了机制上的保障。在规定业主表决比例的基础上，引导涉及重大民生事项的旧城镇更新项目设立公众咨询委员会，坚持"问需于民、问计于民、问政于民"的运作原则；引导旧村庄更新项目设立村民理事会，在村党支部和村民委员会领导下协调村民意见征询、利益纠纷和矛盾冲突，保障村集体和村民在旧村庄更新中的合法权益。在此基础上，广州在部分旧城有机更新项目上进一步探索公众"共同设计""共同决策"的模式与机制，实现"共谋共建"，如泮塘五约、恩宁路永庆坊更新项目成立了"共同缔造委员会"，以共同缔造工作坊的形式让在地居民和商户深度参与到规划设计、治理决策中。

3）参与平台构建——"纵向到底、横向到边"的"共同缔造委员会"

遵循"纵向到底、横向到边"的治理框架，广州探索了"共同缔造委员会"这一城市更新公众参与平台。"纵向到底"，是指从市、区深入到街道、社区等层级，自上而下明确各级政府与职能部门职责。市级政府通过战略引导、政策创新支持等方式，发挥更新治理统筹的作用；区级政府作为城市更新的"第一责任人"，通过部门协调、资源支持、实施监管等方式，推动公众参与项目实施；街道级政府部门作为社会治理的主干，发挥一线治理作用，理顺上位治理关系，担任城市更新公众参与的基层牵头人；社区自治组织发挥密切联系群众的优势，担任城市更新公众参与的动员者、引导者、协调者。"横向到边"，是指整合各类社会组织、社群团体，通过地缘、业缘等关系发动组织公众参与，同时发挥各类社会组织的特长，为更新地区公众参与提供技术、资金等支持。党组织作为核心，承担对更新地区协商治理的协调指导，凝聚力量；人大、政协组织衔接不同层级的社会治理资源，起到有效监督作用；社会组织作为公众参与社会事务的重要渠道，在集中表达群众诉求的同时，承担部分城市更新所需的社会服务；企事业单位等主体提供城市更新建设所需资金与技术。

在统整各级各类社会组织资源的基础上，组建"共同缔造委员会"，明确组织架构与工作流程。委员会由主办牵头方、协商决策核心成员、组织协调方、协助支援方和咨询监督方构成。主办牵头方由政府部门、基层行政组织或专业组织者构成，负责设立议题、组织平台与议事规则，动员各主体筹集经费，跟进后续实施与动态维护；协商决策核心成员包括居民、在地商户和参与更新的市场主体，除了提出诉求、参与设计、决策与表决之外，还承担内部监督作用；组织协调方由规划师、设计师与社会工作者承担，负责引导各方发表意见诉求，并加以统合、协调，落实为相应的空间与治理方案；协助支援方由企事业单位、社会组织构成，负责调度技术、资金等资源，助力协商活动开展；外部咨询监督方由学界专家、媒体构成，从第三方角度开展技术咨询与监督工作。

委员会的工作流程主要包括议题发起、协商议事与方案决策、共建实施与跟踪监督三个阶段。议题发起阶段，可由个人或组织提出相关问题与需求，也可由政府及专业机构根据定期评估提出关键民生议题；在此基础上主办方拟定活动计划、组建专业团队、动员公众参与、收集底数资料，建立议题工作坊平台。协商议事与方案决策阶段包含社区调研、社区规划师培训、公众前期座谈、公众代表方案策划参与、方案公众与专家咨询、成果总结定案等环节。共建实施与跟踪监督阶段包含实施方案时序制定、政府部门－社区组织－市场主体职责分工、后续管养与跟踪调查等环节。通过社区例会、定期评估等常态化机制，实现持续的社区维护和议题挖掘，实现地区更新和共同缔造的滚动进行。

4. 推进"空间蓝图＋公共政策"的治理型规划

城市更新是空间价值的再分配过程，涉及土地现状权属处置、土地再开发收益分配、土地功能转换、居住空间重构、市政公服设施增补等，传统的以城市蓝图描绘为主的规划方法，并不适用于城市更新地区的复杂现状，城市更新地区蓝图的描绘需要充分考虑现状特征，蓝图的实现则需要土地、建设、财税、金融等多元的公共政策支撑。城市更新规划是以国土空间蓝图叠加公共政策的治理型规划。

1）多尺度政策：衔接省政策，市区政策统筹

广州城市更新政策体系在制度设计上需衔接深化省级"三旧"改造试点政策，在规划引领上需传导落实国土空间总体规划的战略性引导和底线管控。同时，由于城市更新具有很强的落地性和地区差异，政策制度与更新规划也需要直接指导单个城市更新项目的实施。

兼顾上述两方面特征与需求，广州的更新制度体系具备多尺度协同的系统性特征。一是总体政策体系衔接部、省三旧改造政策，在增存联动、储改结合、成片连片改造等方面深化细化相关政策。二是从全市层面编制城市更新专项规划，强化落实国土空间总体规划的战略目标，将其传导为市级层面的城市更新战略安排与项目统筹方案。市级城市更新政策落实部、省政策，在产城融合职住平衡、保障优质公共服务设施供给、增加政策性住房供给、工业产业区块管理、保障产业用地与空间、历史街区保护与活化等方面出台城市更新相关政策，促进城市空间结构与功能优化。三是划定城市更新单元，编制更新单元详细规划，在落实市、区国土空间规划的战略目标与底线约束的基础上，明确详细空间布局，增加经济平衡分析、土地整备、开发的区域统筹等更加符合更新地区规划管控需要的内容。

2）面向差异化项目类型的政策：从增值约束到投入支持

更新项目根据其回报预期与驱动因素，可分为增值型项目、平衡型项目与投入型项目[1]。针对不同类型更新项目，政策需要提出不同的管控和引导重点。增值型项目指能够利用土地增值和开发平衡改造成本并产生收益的项目，如以房地产开发融资的旧村、旧城镇、旧厂全面改造；平衡型项目指依靠长期经营收益或其他项目收益能够平衡改造成本的项目，如历史街区或传统商业街区修缮活化、闲置物业功能转换改造升级、村镇工业集聚区整治提升等；投入型项目指公益民生导向、依靠公共投入推动改造的项目，如各类公共空间与公服设施提升改造、老旧小区微改造、城中村综合整治等。

针对"增值型"城市更新项目，政策重点在于调节价值分配与保障公共利益。一方面要借助项目推动成片连片改造、开发容量与承载力匹配、生态环境与历史文化保护、公服市政设施配套完善、产业空间提质等。另一方面要避免更新实施主体的开发给周边地区乃至整体城市带来负外部性。针对该类型城市更新项目，广州已经建立了系统化的政策，用于保障公共利益。以《广州市城市更新办法》为引领的"1+3"政策体系，明确了旧村、旧城镇、旧厂房全面改造的政企合作与利益分配机制，强化土地整合、储改结合、规划引领等环节，在激发市场主体参与城市更新的同时，加强对更新项目的统筹管控。2019年，广州通过

"1+1+N"政策体系进一步对更新项目的公服配建标准、产业空间配比、历史保护要求、低成本住房供给等公益性要求，提出了更高标准、更详细的管控指引。

针对"平衡型"城市更新项目，政策重点在于推动项目的可持续运作，包括实施路径完善化、价值显化与监管长效化。目前，广州已针对村镇工业集聚区整治、特殊控制区旧村改造等项目类型开展了如下的政策探索。针对村镇工业集聚区整治提升，广州提出"淘汰关停、功能转换、改造提升"三类整治路径；允许综合整治类"工改工""工改新"适当扩建，并给予拆除重建类"工改工""工改新"用地指标优惠，实现改造价值显化；建立产业监管与项目审查制度，全周期监管村园改造项目的产业结构、投资强度与产出效率。针对特殊控制区旧村改造给予异地平衡支持，摸索"项目联动改造"和"储备用地支持"两种路径。

针对"投入型"城市更新项目，政策重点在于提供资金支持和激励措施。广州在城中村综合整治和老旧小区微改造两类项目中，均已开展了相关政策探索。对于城中村综合整治，一是对城中村"公共区域综合整治基础完善类"项目给予财政支持，并向重点功能平台或涉及历史文化保护的村庄倾斜；二是支持村集体通过集体物业盘活利用、整村打包招标投标引入企业、购买社会服务等方式自筹资金，保障持续投入；三是建立规划奖励机制，通过简化手续支持利用闲置地建设公共空间、利用闲置物业与宅基地建筑改建公共服务设施。对于老旧小区微改造，一是市、区财政安排专项资金用于试点小区改造，重点支持"公共部分基础完善类"项目；二是拓宽、创新社会投资参与渠道，鼓励以企业捐资冠名、BOT模式、国企平台微利改造等模式筹集资本，并利用企业代建模式、EPC（工程设计总承包）模式等激励社会力量参与老旧小区改造；三是适当优化老旧建筑改建管控机制，鼓励对老旧房屋、保护修缮后的历史建筑等进行合理活化利用，以创造收益反哺微改造。

3）规划全流程的政策：从主体组织、利益分配到空间规划

实现更新政策的全流程覆盖，需要针对城市更新的各个环节，制定相互协调的配套政策。广州目前已建立了覆盖更新主体与利益相关方组织、要素投入与收益分配、用

---

① 唐燕.我国城市更新制度建设的关键维度与策略解析[J/OL].国际城市规划，1-13[2021-12-24].

地管控与建设规划等多个关键环节的政策体系。

在更新主体与利益相关方组织上，广州更新政策体系明确了旧城、旧村、旧厂全面改造及老旧小区微改造、城中村综合整治等项目类型的改造模式与参与主体权责，在公众参与、业主意愿征集与表决、项目规划编审与报批流程等方面均有较为详细的指引，并逐步建立了市场主体公开遴选与有序退出机制。这些政策均有助于保证城市更新的程序正义，减少多主体参与更新的治理成本。

在要素投入与收益分配上，广州更新政策体系聚焦资金保障、基础数据调查、安置补偿与改造成本核算标准、土地整备与供应等环节。以土地整备与供应为例，广州的更新政策关注历史用地处理、成片连片改造、土地出让管理等三个关键次级环节，以协调各主体之间的收益分配关系。历史用地处理相关政策通过用地移交、留用地指标抵扣或货币上缴等做法，激励低效用地业主完善用地手续、参与更新改造，同时避免过度让利。成片连片改造政策通过探索协议收购归宗、集体和国有土地置换、储改结合等多种路径，引导业主走出"各自谋划"的改造模式，最大化城市更新的综合效应。土地出让管理相关政策通过自主改造补交地价、公共设施移交、留用地指标落实等方式，保障城市更新带来的增值收益能够有效反哺公共利益。

用地管控与建设规划上，广州的更新政策体系注重规划引领、以公共利益为导向，强化在用途管制、开发指标、城市设计、编审流程等方面的引导。广州更新单元详细规划明确将用地指标、开发强度、基础与公服设施配套规模与空间布局、城市设计要求、历史与生态保护要求等纳入编制内容、管控指标，并增加了环境、地质、洪涝安全、历史文化遗产、社会风险、古树名木、交通、市政设施等与公共利益息息相关的多个专项评估。同时，出台一系列针对更新规划内容的技术标准与指引，如产业空间配比、公共服务设施配套标准、中小户型住房配置等，强化公共利益导向的规划管控。

第二章

迈向更加综合的
城市更新政策体系

务实创新的城市文化与繁重复杂的更新任务,使广州持续探索多方参与的城市更新模式。广州的城市更新政策的演进,始终围绕政府与市场关系展开。改革开放以来广州城市更新政策演进大致可以分为四个阶段:引入市场力量的初步探索时期(1980—1999 年)、强化政府主导的调整时期(2000—2008 年)、兼顾政府主导与市场充分参与的"三旧"改造时期(2009—2019 年)以及国土空间规划体系下的"老城市新活力"发展时期(2020 年以来)。本章主要阐述前三个阶段的政策演进历程,第四个阶段的政策变化于第三章详细展开。

2.1 初步探索：引入市场力量推动旧城更新（1980—1999 年）

改革开放初期，广州部分地区的居民居住水平相对较低，有着迫切的更新改造需求。根据 1985 年第一次全国城镇房屋普查资料，全市成套住宅面积仅占住宅总面积的 48.82%，人均居住面积仅为 6.62m²，人均居住面积 2m² 以下的仍有 6 万余人。此外，房屋质量也有待改善，全市完好房屋仅占比 48.24%，一般损坏房屋、严重损坏房屋、危险房屋占比约 20.57%。

国家在这一时期进行了住房制度改革，传统的福利分房制度转向住房商品化制度。在此背景下，广州、深圳等城市也启动了城市土地有偿使用制度改革，城市土地的市场价值开始显现。以此为契机，广州开始引入市场主体参与旧城的危旧房的更新改造。政府围绕危旧房改造建设资金问题，充分利用日益增长的城市土地价值，缓解在危旧房改造方面的财政支出压力，通过一系列实践创新探索一条借助市场力量进行危旧房改造的路径。在实际操作层面，政府通过"实物地价"的土地有偿使用方式筹集改造所需资金，即将土地开发权给到房地产开发商，并要求开发商按照约定提供相应价值的实物和服务，这些实物和服务包括改造资金及建筑材料、完成拆迁安置工作、提供拆迁安置房及公服市政设施等，建立了称之为准市场化的以地融资模式。作为土地和资本的投入主体，城市政府与企业按约定的比例分配开发的房屋，开发企业则可经营除安置房和公用房以外的其他房屋。

广州虽然在危旧房改造的融资方面采用了准市场化的方法，但是其对原居民的拆迁安置补偿，却保留了福利化的特点。根据 1984 年广州市人大公布的《广州市国家建设征用土地和拆迁房屋实施办法》（穗常〔1984〕24 号）第十六条和第十七条的规定，拆迁用于建设住宅的，原则上要原地或就近安置，对于人均居住面积低于 5m² 的，用地单位要按该标准进行安置，补齐低于标准的缺口面积。因此，这一时期的拆迁安置以原地安置为主，旧城地块改造后作为住宅（或者部分作为住宅）开发的，除因城市规划建设

需要变动外，基本都就地或就近安置。其次，实行"拆一补一"安置，对原居住水平不达标的居民，允许其按照低于市场价的价格购买房屋面积，补齐至最低标准的人均居住面积，以缓解当时普遍存在的人均居住面积不足的问题。这些体现了政府开展旧城改造的初衷，即改善居民居住环境，保障基本民生需求。

这一时期广州市老城区的更新改造成功引入了开发商参与，探索出以市场化方式解决改造资金不足的问题，但由于早期尚属于摸索阶段，关于城市更新的配套政策不完善，城市更新改造过程中也存在一些问题。首先，政府尚未针对参与旧城改造的房地产开发商建立起一套严格和完善的监管措施，对企业的资质实力审查不够，在一定程度上降低了开发商参与旧城改造的门槛，使得一部分实力较弱、资金不足的开发商也进入了旧城改造领域，有些旧城改造项目出现了资金链断裂问题，导致烂尾地产生。据原广州市国土资源和规划委员会统计，2006 年全市登记在册的烂尾地共 141 宗，总面积达到 51.5 万 m²，其中有不少就是旧改遗留的烂尾地块。其次，由于采用的是准市场化的融资方式，更新改造的成本很大程度上依赖于融资地块的土地开发，改造过程中需归宗现状土地权属、改造周期较长、保障居民在改造后居住面积有提升等实际情况，均不断推高改造成本、复建安置量、融资建设量，使得旧城改造项目出现空间"加密化"的现象（相较于现状的密度水平）。

金花街改造是当时广州旧城改造的典型案例，金花街小区在改造前的毛容积率为 0.68，而改造后的容积率达到 3.2，增加到了原先的 4.7 倍。金花街位于荔湾区东北部，西起荔湾北路，东至人民路，北邻西华路，南接兴龙里的一个行政街区，属于广州老城区范围。金花街用地面积约为 44.7hm²，剔除街区西部大部分的工业和仓储用地，实际规划用地面积为 29.2hm²。改造前以住宅用地和工业用地为主，用地占比分别为 42% 和 26%，此外还有零星仓库用地、

公建用地、菜地等，总建筑面积约为 35.8 万 m²。金花街内原有 7881 户、3 万人居住，人均居住面积仅为 6.4m²，有的家庭人均居住面积不足 2m²。

1988 年以来，考虑旧城改造保障公共利益的要求，受政府委托，广州市城市建设开发总公司荔湾分公司、西关房产开发公司和荔华房产经营公司 3 家国有房地产公司按照"肥瘦搭配"的原则，分别承担不同地块的改造融资、拆迁安置和重建事务，3 家国有房地产公司可以根据当时的房地产开发政策，再与国内企业或外资企业合作开发各自负责的地块，但其主要的任务，仍是实现市政府改善居民住房条件的社会目标。广州市城市建设开发总公司荔湾分公司作为改造的主体，组织拆迁安置、土地开发、楼宇及市政公服设施建设。项目采用原地安置与就近安置结合的方式，约有 2500 名居民就近安置在周边的周文村，其余居民基本是原地回迁。项目整体拆补标准较高，原人均居住面积不足 5m² 的，允许其按照低于市场标准的优惠价格购买标准以下的缺口面积，以改善住房条件；超过 5m² 的，按原居住面积回迁。此外，开发商不仅要向居民无偿提供服务于社区内部的市政设施与公用设施，并且还要投资建造从社区中间穿过的规划城市干道镇安路。这些都表明，金花街改造的本质，是城市政府以金花街部分国有土地的市场价值——即开发商获取的商品房部分，换取开发商向居民提供的原地安置房、公共服务设施、临时安置住房或过渡安置补助费。政府在不需要提供任何资金的情况下，仅凭土地的潜在价值，就能推动老城区的改造，实现改善旧城区居住环境的目标。

2.2 调整优化：进一步增强政府的主导作用（2000—2008 年）

2000 年，广州在全国率先编制了第一个空间战略规划——《广州城市建设总体战略概念规划纲要》，提出了"南拓、北优、东进、西联"的空间战略"八字方针"，为广州城市发展拉开骨架奠定了基础。在"八字方针"指导下，以及在思考过去市场主体参与危旧房改造伴随的一系列问题后，政府开始强化在危旧房改造中的主导地位，一方面暂停房地产开发商的介入，另一方面开始有计划、有重点、分步骤加快旧城区改造。除危旧房改造外，广州针对城市建成区内的城中村进行改造规划，城中村改造开始纳入政府工作议程，拓展了广州城市更新的内涵。针对城中村的土地、建制、户政等问题，广州市开创性地印发了专门的城中村改造政策。

2004 年，广州市获得第十六届亚运会的举办资格，借助国际性盛会举办契机，城市政府提出改善中心城区的环境质量和提高经济发展能级的安排。2006 年，广州市第九次党代会上，"中调"战略正式纳入原"八字方针"，成为"十字方针"，以增强老城区发展的活力，老城区的建设和改造迎来新的历史机遇。在"中调"战略的背景下，广州市开展了一系列城市更新项目以改善老城区的人居环境，保障亚运会的顺利举办。值得说明的是，这一时期的城市更新项目，在改造模式、改造方式、补偿安置标准等方面，尚处于初步的探索阶段，全市并未先设计一套成熟的政策指导实践，而是由市－区政府通过推动典型项目的更新改造实践，探索一个政府、企业、业主、市民、专家等均能接受的安排。这一时期的实践探索，一定程度上延续了过去广州市在村庄、城镇房屋建设管理方面的政策基础，并在土地处置、市场参与等方面作了深化探索，为后来广州市的"三旧"改造政策出台提供了经验。

1. 政府全面主导下的危房改造探索

在 20 世纪八九十年代旧城改造中出现的问题，促使广州开始探索政府全面主导的危房改造、旧城改造路径。为避免市场无序参与而伴随的问题，广州市政府在 1999 年颁布出台了《广州市危房改造工作实施方案》（穗府〔1999〕75 号）（以下简称"市 75 号文"），明确了危房改造的宗旨，即"以社会效益、环境效益和排危解危为方向，加大政府工作力度，促进危房区域的基础设施建设，改善全市危房区域居民的整体居住环境，提高居住水平"，强调危房改造工作的社会福利特点。市 75 号文对危房改造的实施主体作出了明确指示，规定"危房改造由市国土局、房管局统一组织，市、区两级部门共同参与改造"，事实上确立了全市危房改造工作由政府主导、投资、实施，提出了广州危房改造的新基调。这一时期的模式以政府征收为主，补偿安置有作价补偿、异地永迁、补价回迁等三种方式，由被拆迁人自行选择，以最大限度地保障原居民的权益。为加快推动危旧房改造工作，缓解资金周转压力，市政府在权限内减免了多类危房改造涉及的税费，包括国有土地使用权出让金、配套设施建设费、各种有关的地方行政事业性收费等。市 75 号文还提出了多种资金筹措方式，如银行低息贷款、直管房租金的 20% 用于改造、住宅小区销售利润、住房公积金贷款、项目招标与拍卖收益等，进行了一系列探索。

解放中路旧城危房改造是市 75 号文出台以后，由政府主导、政府出资、政府全程参与的代表性项目。该项目位于越秀区解放中路－惠福西路－大德路－走木街围合而成的范围内，用地面积约 1hm²。2004—2008 年间，项目开展了危房全面改造工作，征收房屋建筑面积共计 1.2 万 m²。该项目以政府主导、政府全额投资的改造方式开展，私有房业主可自行选择原地安置、异地安置或产权货币补偿，公房租户为异地安置方式。通过政府与原居民直接沟通协商，约 80% 的居民选择原地回迁，按原产权面积缴纳每平方米 300 ～ 500 元复建费，剩余成本由市、区两级财政按 5：5 的比例支付。回迁面积超出原产权面积的，超出部分按每平方米 5000 ～ 5500 元的标准购买，以低于市场价格的优惠价减少居民资金负担，提升居民的住房条件。

除拆迁安置的探索以外，政府在该项目中也注重人居环境的系统性提升，将保持老城历史风貌与展现现代都市气息有机地结合起来。解放中路位于广州的历史城区，具有重要的历史文化价值。通过对广州特色的骑楼街"铺宅结合"模式的借用和发展，提出"商业体量与居住体量分层叠加"的空间模式。适量增加商业，营造丰富的"街道—广场"空间体验；以居住功能为主体，住宅体量架于商业体量上方，布局平直，保障住宅组团的空间围合与住宅间距的需要。回迁房结合岭南气候特点设计，通风透光，明厨明厕，大多数南北对流，既做到了保护广州历史、保留老城肌理、延续岭南文化，又实实在在地改善了居民的生活环境，为旧区传统生活方式塑造了新的物质空间（图2-1）。

2. 以改制促改造，城中村改造提上城市发展议程

据统计，广州市城市建成区面积从1980年的136km² 扩张至2000年的431km²，扩大了2倍有余。随着城市用地的不断扩张，越来越多原在郊区的村庄被城市建成区用地包围或半包围，形成城中村。2001年，广东省"十五"规划提出"2001—2005年是广东省率先基本实现社会主义现代化的重要奠基期"，广州市"十五"规划也提出"2001—2005年是广州市率先基本实现现代化最为关键的时期"。解决城中村问题，改善城中村的物质和社会环境成为了广州市政府的重要任务之一。

广州市政府对城中村改造的初步探索起源于20世纪末，早期较缺乏相关的政策文件指导。2002年，广州市政府发布了《关于"城中村"改制工作的若干意见》（穗办〔2002〕17号）（以下简称"市17号文"），成为全市第一份指导城中村改造工作的政策性文件，希望以"农转居""集转国"和"村改居"的手段，以城中村改制促进城中村改造，解决城中村的户政、土地和建制问题。其中，"农转居"是指"将村民农业户口全部变更为居民户口，换发新户口簿"，以村民身份的转变，解决城中村户政问题；"集转国"是指"在农民建制转为城市居民后，村行政管辖范围内的剩余集体土地一次性转为国有土地"，以集体土地权属的转变，解决城中村土地问题；"村改居"是指"村委会的建制和农村管理体制自然撤销，取而代之的是建立社区居委会的自治组织"，以管理体制的转变，解决城中村建制问题。从上述三个转变可以看出，广州市政府尝试对城中村提出先改其经济社会属性，再推进其物质空间改造，从村民身份、村委角色、土地和房产权属、经济组织、公共事务管理、社保等转制入手，引导城中村纳入城市发展大局，淡化"城"与"村"的二元关系。市17号文还明确了城中村需进行规划编制、社区建设、学校和环卫管理等改造工作，并规定了其改造内容、改造方式、经费来源等内容。

市17号文对全市城中村改造提供了一条方向指引，但受历史及客观现实背景的影响，城中村更新改造仍处在探

图2-1 解放中路项目航拍图
（资料来源：来源：何镜堂，刘宇波，等. 广州市越秀区解放中路旧城改造项目一期工程[J]. 城市环境设计，2013(10)：108-109）

索和总结经验的阶段。这一阶段政策的探索，对后续城中村改造提供了以下三方面的启发：第一，城中村更新改造要进一步听取原村民的诉求，不能仅以"农转居"方式解决村民身份的问题，还要妥善解决村民身份转换后的身份认同和再就业问题。第二，需进一步探索城中村转制的资金筹集机制。市17号文遵循了这一时期广州城市更新完全由政府主导的基本思路，但就政府的财政水平而言，城市政府难以在短时间内筹措所需的巨额经费，需要等待城市财政充沛的机会窗口期出现再推动城中村改造。第三，需要厘清城中村转制之后社区治理的职责关系。市17号文要求"村改居"后，转制社区的路桥、水电、绿化、环卫、治安、教育、计生等市政建设和公共服务管理费用，应由政府财政投入，实际上除一些区、街在环卫等方面给予少部分补贴外，相当一部分基础设施的建设和维护管理费用仍由原有集体经济组织承担。

城中村改造是土地、产权、集体资产、财政支出等多要素影响下的再开发工作，需要政府针对各方面要素提供系统性的解决方案，这一阶段政府所开展的城中村改造政策探索，为后续更为丰富的城市更新政策出台积累了宝贵的经验。

3."中调"战略下复兴旧城

2000年左右，在"南拓、北优、东进、西联"城市发展战略方针下，广州市将城市发展的重点放在外围地区，疏解旧城区、开辟新城区，拉开城市骨架。当时的城市政府指出，广州的新区开发与旧城改造是一体的，通过加快新区建设拉开城市布局，降低改造成本，推动城中村改造，建成区的城中村改造以新区开发为前提。2004年，广州市成功申办2010年第十六届亚运会主办权，成为继北京后中国第二个取得亚运会主办权的城市，也是广州史上举办过的规模最大、级别最高的综合性国际性体育赛事。广州市借主办亚运会的契机，开始着手整治城市环境、提升城市形象，以借机对世界展示我国改革开放所取得的辉煌成就。在此背景下，广州市在2006年将"中调"正式列入城市发展战略，再一次回归旧城地区，调整优化旧城地区的功能、提升旧城区的空间品质，将中心城区城市更新工作重新提上城市发展议程。这一时期市级层面没有出台新的城市更新政策，相关实践项目都是"摸着石头过河"，单点推进、一村一策，在参与主体、土地政策、资金来源、

权责分配等方面，为后续全市城市更新探索出一条政策创新之路。

猎德村改造是广州亚运会前首个示范性的城中村全面改造项目。邻近亚运会开幕式场馆的区位和贯通新光快速路的需要，使得猎德村的改造显得尤其重要。2007年，猎德村在全市首次采用"政府主导，村为主体，市场参与"的模式，尝试引入市场主体提供资金支持。在市场的参与下，至2009年年底猎德村改造基本完成，2010年9月实现村民的顺利回迁。猎德村的改造在以下几方面开展了探索：一是在利益分配方面，提出让利于民，让村民充分享受旧村改造的利益；二是在政府支持方面，强调市、区政府主导，强化政策支持；三是在村企合作方面，允许村集体为实施主体，引入开发商参与；四是在规划统筹方面，突出规划先行，全村统筹。猎德村改造由政府出政策、开发商垫资、村委会协助，是广州城中村改造中引入房地产开发商参与的首个试点，探索了"融资地块公开出让、安置地块自主建设"的改造模式，满足村民拆迁安置和集体物业发展要求，实现了改造项目自身的经济平衡。在改造中探索了多项创新性土地政策，例如，为获取改造资金，尝试了集体土地先征收后出让的方式，采用集体土地在拍卖时转为国有用地的办法，以46亿元出让猎德村西片土地，融资地块拍卖资金在扣除税费后全部返还给村里。在拆补方案方面，村民的合法产权房按"拆一补一"原则补偿，实施阶梯式安置。如果村民需要增加安置面积，需按照每平方米3500元的单价购买。复建期间给予临迁费补贴，充分保障村原住民的合法权益。

猎德村改造取得了较好的综合效益。对城市而言，改造确保了亚运会顺利举行，向全世界展示了一个经济繁荣、社会和谐、环境美好的国际化大都市，新的商业办公服务功能也为城市创造了长期的税收和丰富的就业机会。对于开发商而言，企业利用相关土地实现了其发展的诉求。富力、合景泰富、新鸿基等公司获得了大量中央商务区的土地，并且联合投资100亿元开发甲级商厦、商场、酒店与服务式住宅等；合和实业公司则投资10亿元与猎德村合作开发桥西南酒店办公区。对于村民和村集体而言，居住环境品质得到了极大提升（图2-2）。片区绿地率由改造前的5%提高到30%，增加绿化面积1万多 m²；建筑密度由原来的60%降低到28%，学校、幼儿园、文化活动中心、卫生服务中心、肉菜市场等公共服务设施严格按相关法规要

求的标准配置。同时，猎德村的经济效益明显提高，村民房屋出租收益从改造前的每月每户800元提高到4000元，增长4倍；村民自有房屋价值从改造前的4000元/m²提高到30000元/m²，增长6倍多；村集体年收入从改造前的1亿元提高到5亿元，增长4倍。

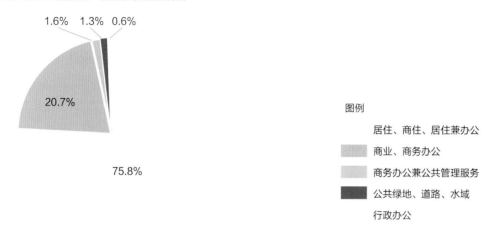

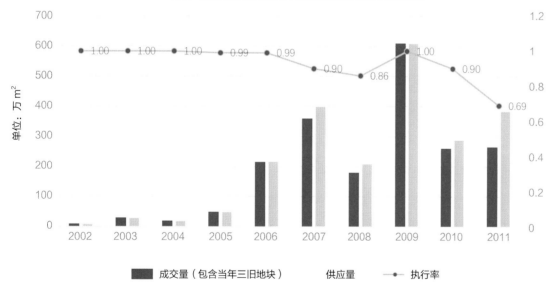

图 2-2 2009-2014 年已批旧厂改造规划用地构成（上）与2002-2011 年商住用地供应情况（下）

（资料来源：郭友良. 基于增长机器理论视角的"三旧"改造机制研究：以广州市为例 [D]. 广州：中山大学，2017）

2.3 "三旧"改造：政策创新促进三类存量用地再开发（2009—2019 年）

2008 年，广东省人民政府经商原国土资源部，以省部合作方式在广东开展节约集约用地试点示范省工作，制定扶持政策，积极推进旧城镇、旧厂房、旧村庄改造（以下简称"三旧改造"）。广州市作为广东省省会城市及"三旧"用地资源较多的城市之一，在省、部的政策支持下，开启了以"三旧"改造为特色的城市更新改造工作。

2.3.1 强调效率，"三旧"改造大幕正式拉开

2009 年，广东省出台了《关于推进"三旧"改造促进节约集约用地的若干意见》（粤府〔2009〕78 号）（以下简称"省 78 号文"），成为全省首个指导"三旧"改造的纲领性政策文件。该文件正式规定了"三旧"改造范围，即：①城市市区"退二进三"产业用地；②城乡规划确定不再作为工业用途的厂房（厂区）用地；③国家产业政策规定的禁止类、淘汰类产业的原厂房用地；④不符合安全生产和环境要求的厂房用地；⑤布局散乱、条件落后，规划确定改造的城镇和村庄；⑥列入"万村土地整治"示范工程的村庄等。省 78 号文鼓励各地探索利用社会资金开展"三旧"改造，分类提出改造的多种路径，明确了对历史用地的处置方式，提出土地规整的支持政策等，从省级层面为广州市的"三旧"改造工作提供了政策基础。

同年，广州市政府印发了《关于加快推进"三旧"改造工作的意见》（穗府〔2009〕56 号）（以下简称"市 56 号文"），指出要进一步贯彻落实《珠江三角洲地区改革发展规划纲要（2008-2020 年）》，着力推进旧城、旧村、旧厂改造工作，基本沿袭了省 78 号文对"三旧"改造"政府主导、市场参与"的原则，其三个附件《关于广州市推进旧城更新改造的实施意见》《关于广州市推进"城中村"（旧村）整治改造的实施意见》《关于广州市旧厂房改造土地处置实施意见》，分别对旧城、旧村、

旧厂改造制定详细的政策措施，结合广州市城市更新的实际情况展开了一系列创新探索，并在多个方面实现了新的突破。

市 56 号文出台后，"统筹规划、有序推进"成为"三旧"改造工作的方针。广州市于 2010 年成立了"三旧"改造工作办公室，该办公室直属市政府，是市"三旧"改造领导小组日常性工作机构，同时也是统筹全市"三旧"改造工作的常设性工作部门，负责对全市的"三旧"改造工作开展统一规划与统筹推进。

"三旧"政策加快了项目推进，据统计，2009 年至 2012 年间全市批复"三旧"改造项目共 143 个，改造总面积达到 19.48km²，其中旧村改造项目 11 个，旧厂改造项目 132 个。城市更新项目的推进速度与之前相比有很大提升，拉动社会资产投资约 2500 亿元，相当于三年固定资产投资总额的 25%。

1. 旧城改造资金筹措与拆补政策创新

按照市 56 号文的规定，旧城更新模式可分为成片重建改造模式、零散改造模式、历史文化保护性整治模式和旧城更新改造项目公共服务设施建设四种模式。其中，成片重建改造项目和已纳入成片重建改造项目的历史文化保护性整治项目，资金筹措方式可由区政府为主体，建立投融资平台，采取市场开发方式进行运作。此外，市 56 号文还制定了更新改造税费优惠政策，规定对成片重建改造项目实行税费减免和返还优惠，充分发挥各区政府的积极性和主动性，吸引社会资金参与旧城改造。

在拆迁补偿政策方面，市 56 号文实行多种补偿安置方式，为居民提供多样化的选择，以最大限度保障居民利益。根据该政策的规定，旧城更新改造范围内的住宅房屋，被拆迁人可以选择货币补偿、本区域就近安置和跨区域异地安置三种补偿安置方式。对于被拆迁居民的安置，旧城更新改造范围内住宅房屋的拆迁补偿安置，试行以被拆迁房

屋的市场评估价为基础，增加一定的改造奖励、套型面积补贴和搬迁奖励。对补偿安置后居住仍然困难的被拆迁人，符合本市住房保障条件的，可优先申请保障性住宅解决居住困难问题。

2. 土地政策与改造模式转变，旧村改造优化提升

市56号文在城中村改造的土地政策与改造模式等方面作出了诸多创新，对于以往政策的改进表现在以下几个方面：

一是初步探索土地整理、成片更新提质增效。2009年之前的"三旧"改造政策尚未提出成片连片更新改造的思路，由于土地权属的复杂性和谈判协商的长期性，对土地的处置方式是基于单个项目或单个权属人，项目开展时只考虑地块权属的情况，很少有项目结合现实情况对地块周围的土地进行统筹考虑。市56号文针对这一问题，在旧村改造中，创新性地提出了成片连片更新策略，对提升旧村改造质量、提高土地节约集约利用水平和产出效益起到了积极的作用。具体体现在：第一，提出整合周边土地资源的政策。要求原则上以旧村的用地范围为基础，结合所在地块的特点和周边路网结构，合理整合集体经济发展用地、废弃矿山用地、国有土地等周边土地资源，实行连片整体改造。第二，提出调整使用三边地政策。连片整体改造涉及的边角地、夹心地、插花地等，允许在符合土地利用总体规划和控制性详细规划的前提下，通过土地位置调换等方式，对原有存量建设用地进行调整使用。第三，新增建设用地办理农转用或通过增减挂钩政策办理。项目涉及新增建设用地的，可依法办理农用地转用或按照建设用地增减挂钩政策办理，其新增建设用地指标应当纳入全市土地利用年度计划优先予以保障。虽然市56号文未明确使用"土地整备"一词，但上述政策可以看作是城市更新土地整备的初步探索与尝试，开创性地对城市更新中不同权属的土地整合问题提供了新的政策设计，为广州市城市更新提供了新的成片连片的改造思路。除对城中村改造提出土地整备的内容外，市56号文对旧厂房改造也提出了相应的土地整备政策条款，例如允许将需要整合旧厂房用地以外的边角地、夹心地、插花地一并列入改造范围。

二是优化更新改造模式，允许权属人自行改造。上一阶段的"三旧"改造以政府一元主导为主要特征，政府是整个改造过程中的策划者、组织者和实施者，对原权益人

改造积极性提升作用有限。例如，2002年的市17号文把城中村改造的市政实施管理问题、学校管理问题、环卫问题、计划生育政策问题、居民就业问题、社会保障问题等交由市政府各职能部门。市56号文规定，全面改造项目立足于市场运作，除村集体经济组织自行改造外，应当通过土地公开出让招商融资进行改造，鼓励村集体经济组织自主实施改造。并提出项目公开出让可以在保障村民和村集体经济组织长远利益的前提下，公开、公平、公正、择优选择投资主体参与改造。这些政策都不同于以往必须由政府作为主体征收土地进行改造的规定，在提高改造效率的同时激发了市场活力和村民积极性，促进政府、市场、村民形成共同开展更新改造的合力，推动了"三旧"改造进程。

在市56号文的指导下，广州市开展了一系列的城中村改造项目，其中琶洲村和林和村是这一时期城中村改造的代表性项目。

琶洲村位于海珠区琶洲岛中部，珠江南岸，紧邻琶洲国际会展中心，地理区位十分优越。改造前，村内环境脏乱、潮湿拥堵、建筑密度高、配套设施不完善，与琶洲国际会展中心的城市形象不匹配。该村以村社为主体，通过公开招拍挂引进社会资金进行改造，是广州市第一个完全交给开发商运作的城中村改造项目。2009年，保利集团通过招拍挂成为琶洲村的改造主体，总投资约170亿元。琶洲村的改造充分保障原村民参与的权利，村民在改造过程中全程监督安置房建设，履行自身的监督权利。为保障资金安全，保利集团的改造资金由海珠区政府、琶洲街道和琶洲村三方监管。

林和村采用的是村自主改造模式，村集体引入合作开发企业进行改造。林和村位于广州新城市中轴线地区，靠近广州东站。林和村改造首创了保证金这一措施，有效地预防了复建房烂尾问题。在具体操作层面，新鸿基以9.5亿元保证金签约该项目，该项目的回迁房部分在2012年正式获批。此外，林和村改造项目还在收益共享方面作出了新的探索。其七栋超高层住宅及一栋公寓将由地产商与林和村共同组建项目公司进行开发，其中新鸿基地产拥有70%的权益，林和村占30%。这一方案保障了改造后村集体经济组织的经济来源。林和村改造还促进了公服配套设施的完善，使得林和村成为广州新城市中轴线上极具商业开发价值的高端社区。

3. 收益共享机制建立与完善，旧厂改造兴起

除旧村和旧城外，省78号文规定的6项"三旧"改造范围中，有4项均指向旧厂房：包括市区"退二进三"的产业用地；城乡规划确定不再作为工业用途的厂房（厂区）用地；国家产业政策规定的禁止类、淘汰类产业的原厂房用地；不符合安全生产和环境要求的厂房用地等。对此，市56号文也相应地提出了开展旧厂房改造的政策。

广州市中心城区范围内散布着较大数量的旧厂，根据广州市政府对全市"三旧"资源的摸查登记，在荔湾区、越秀区、海珠区、天河区、白云区、萝岗区（现已撤并至黄埔区）和黄埔区等7个市本级统筹区的范围内，标图建库的旧厂房用地共2599宗，改造面积达7162万 m²，涉及国有企业（央属、省属、市属和区属）、集体所有企业、市部门企业、民营企业和外资企业等。市56号文在土地增值收益分配和历史用地手续办理两方面作出创新，更好地调动了原土地使用人实施旧厂房改造的积极性和主动性。

在土地增值收益分配方面，传统的以政府征收的方式实施更新改造，原业主主要获得旧厂物业的残值补偿，价值较低，以致于旧厂业主选择保留现状、不愿意交储。市56号文充分保障原土地使用人享受土地增值收益的权利，通过多种形式给予原业主优惠政策，针对国有用地和集体用地上的旧厂分别提出了不同的改造方式供原业主选择，并在土地出让金、补偿款等方面给予原业主一定的激励。

国有用地上的旧厂处置方式包括以下三种：①自行改造，补交地价。即无须将旧厂房纳入政府收储范围，由企业自行将旧厂地块开发改造为除商品住宅以外的功能，并补交土地出让金。土地出让金的补交额度参照地块规划功能确定，若改作教育、科研、设计、文化、卫生、体育等非经营性用途和创意产业等的，按综合办公用途基准地价的30%计收土地出让金；改作保险金融、商贸会展、旅游娱乐、商务办公等经营性用途的，按新旧用途基准地价的差价补交。②公开出让，收益支持。即由土地储备机构收购，或由企业自行搬迁整理土地后，政府组织公开出让，再将土地出让金的一部分补偿给原业主。由于地块的规划开发强度会很大程度地影响土地出让金总额，因而返还给原业主的土地出让金额度也以地块规划为依据。例如，规划（毛）容积率在3.5以内的，按土地出让成交价的60%计算补偿款返还原业主，超出规划（毛）容积率3.5的部分不再计算补偿款。③公益征收，合理补偿。为在保障公共利益和促进旧厂改造之间寻找平衡点，市56号文还对规划为公共利益用地的旧厂提出特别的补偿措施。若用地中规划控制为道路、绿地及其他非营利性公共服务设施的用地占总用地面积50%以上且不具备经营开发条件的，由政府依法收回并给予合理补偿。其补偿额度可按同地段1.8（毛）容积率商业基准地价的60%计算补偿款，或者按原用途评估价加工业基准地价奖励计算补偿款。

集体土地上的旧厂处置方式包括：①自行改造。即由村集体自行改造，但改造后的用地功能不可作为商品住宅。②公开出让，收益支持。即由政府组织公开出让，将土地出让金的60%返还原村集体，补偿款可用于城中村的改造、村庄整治、村内基础设施和公益事业项目建设等。③依法流转改造。即将集体旧厂依法流转后由其他主体进行改造。④依法征收。集体旧厂房用地规划控制为道路、绿地及其他非营利性公共服务设施用地的，由政府依法征收，并按征地补偿的有关规定给予补偿。

上述针对国有土地和集体土地上旧厂改造的政策，建立了一套具体的、可操作的土地增值收益共享制度，回应了原土地使用人的利益诉求，大大推进了"三旧"改造工作的开展。据统计，2009年至2014年左右，广州市在中心城区7个行政区内共批复旧厂123宗，采用了5种改造方式，涉及8类旧厂企业类型。其中，改造方式包括"公开出让，收益支持""自行改造，补交地价""公开出让，收益支持结合自行改造，补交地价""公益征收，合理补偿"和"公益征收，合理补偿结合自行改造，补交地价"。旧厂类型包括国有企业、集体所有企业、市部门企业、民营企业和外资企业。从批复项目数量和企业类型可以看出，市56号文的出台激发了各类企业盘活自身存量土地资产的积极性，而政策中制定的改造方式则为其创造了可行的路径。

这一时期的旧厂改造多为工业改居住项目，据统计，批复的旧厂项目的规划用地共计约11.2km²，其中规划为居住、商住或居住兼办公的用地面积8.5km²，占75.8%；规划为商业或商务办公的用地面积2.3km²，占20.7%。活跃的旧厂改造，被认为对当时的土地一级市场造成了影响，2011年广州土地出让执行率（成交量/供地量）为0.69，处于历史较低值。根据当时的访谈调研，从2009

年至 2013 年间有部分地产开发商将业务重心转向存量土地开发，减少在土地一级市场拍地。这种情况触发了接下来的城市更新政策优化（图2-3）。

2.3.2 优化规划传导机制，提升"三旧"改造质量

在市 56 号文的政策框架下，广州市的"三旧"改造进入快车道，但在实际操作中也出现了一些现实问题。尽管市 56 号文遵循的是"政府主导、市场参与"的原则，但在"三旧"改造实践中，由于允许原业主"自下而上"地自行改造，市场参与热情高，资金踊跃进入，相对地弱化了政府对土地一级市场的调控能力。政府的主导地位被削弱，更多体现的是市场参与的作用，难以充分体现政府实施"三

旧"改造的意图。此外，"三旧"改造项目多为单个推进，位置分散、面积大小不一，对城市整体建设效益的统筹考虑不足。

为了更好地统筹政府、市场与社会的发展关系，重新确立政府在"三旧"改造中的主导地位，促进"三旧"改造与城市整体发展战略相契合，解决城市更新项目各自为政推进、增量土地与存量土地开发联动机制缺位等问题，2012 年，广州市人民政府印发了《关于加快推进三旧改造工作的补充意见》（穗府［2012］20 号）（以下简称"市20 号文"），提出了"政府主导、规划先行、成片改造、配套优先、分类处理、节约集约"的原则。市 20 号文出台后，由于在规划先行、土地应储尽储、成片改造、公服配套等方面对"三旧"改造设置了一定的限制，使得全市"三旧"改造有所降温，但在全市统筹和改造质量方面取得了

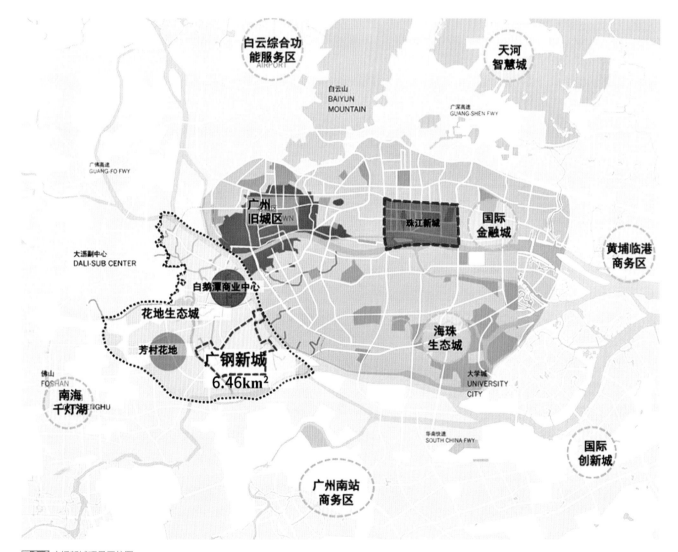

图2-3 广钢新城项目区位图

（资料来源：林隽，吴军 . 存量型规划编制思路与策略探索：广钢新城规划的实践 [J]. 华中建筑，2015，33（2）：96-102）

较大进展。

1. 完善收益分配机制，要求土地应储尽储

为提高政府对土地资源的调配能力，市 20 号文适度调整了旧厂房改造的土地政策和收益分配机制，以强化政府的主导作用。主要表现在以下两个方面：

一是完善收益分配机制，提高旧厂房"公益征收，合理补偿"类项目的补偿额度，同时降低了"公开出让，收益支持"类项目的补偿额度，更体现了同地同价的导向。对于"公益征收，合理补偿"类项目，市 20 号文按同地段毛容积率 2 商业基准地价的 60% 计算补偿款，比市 56 号文按同地段毛容积率 1.8 商业基准地价的 60% 计算补偿款的规定有所提高。对于"公开出让，收益支持"类项目，适度降低其补偿标准，将市 56 号文政策中规定的"规划（毛）容积率在 3.5 以内的，按土地出让成交价款的 60% 计算补偿款"调整为"规划（毛）容积率在 3 以内的，按土地出让成交价款的 60% 计算补偿款"，通过降低补偿容积率核算标准的形式，减少了返还给原土地使用人的土地出让金额度，加大了政府对市场的约束和规范作用，重新划分了政府与原土地使用人之间的收益分配，从而在一定程度上降低了旧厂改造的热度。

二是提高重要地区旧厂房的土地储备优先级，划定了政府"应储尽储"的旧厂房范围，规定位于重点地区的旧厂房土地由政府依法收回、收购土地使用权，优先用于市政配套设施，包括：①位于旧城区、重点功能区的核心发展区、重点生态敏感地区以及"珠江黄金岸线"等重要珠江景观控制区范围内；②位于地铁、城际铁路站点周边 800m 范围内；③规划控制为居住用地；④规划控制为道路、绿地及其他非营利性公共服务设施的用地占总用地面积 50% 以上且不具备经营开发条件的旧厂房用地。通过严格管控城市发展核心、交通枢纽等重点功能地区的旧厂房自主改造，强化政府对重点地段的土地资源配置能力，保障了城市发展的公共利益。

2. 突出政府主导作用，制定改造实施计划

针对上一阶段"三旧"改造项目各自推进，全市统筹不足的问题，市 20 号文建立了城市更新规划与城市更新计划相结合的管理机制，以"结构升级、分类引导、整体开发、节约集约"为原则，强调政府在"三旧"改造中的统筹和

主导作用，进一步规范市场行为。

在规划管理方面，市 20 号文首次提出了城乡更新改造单元的概念，要求城乡更新改造单元以城市控制性详细规划管理单元为基础，综合考虑自然分界、产权边界、功能布局和交通组织等因素合理划定，城乡更新改造单元规划和改造方案应当以城市控制性详细规划确定的开发强度、交通规划、基础设施规划为基础，从而将城乡更新改造单元与控制性详细规划有效衔接，从法定规划层面对"三旧"改造项目进行整体把控。自此，城乡更新改造单元成为广州"三旧"改造项目规划管理的基本形式，并延续至今，是广州市城市更新规划管理的一项重要举措。

在项目推进时序方面，市 20 号文实施了"三旧"改造项目的计划管理机制，合理制订全市"三旧"改造中长期改造计划和年度实施计划，以项目计划清单制加强政府对全市"三旧"改造项目的整体把控，有效控制存量土地再开发的节奏，保持土地供应市场的稳定。根据市 20 号文，"三旧"改造年度实施计划应当包括拟改造范围、改造模式和改造主体等内容，由市"三旧"改造机构组织编制，经市"三旧"改造工作领导小组审批后下达。项目的实施需首先经过"三旧"改造工作领导小组批准并纳入年度实施计划后才可开展。

3. 引导连片改造，强调公共利益和历史保护

市 20 号文鼓励成片连片更新开发，要求以城乡更新改造单元为基础，合理整合土地资源，鼓励整合旧厂、旧村、旧城土地，实施成片更新开发，改善了过去"三旧"改造项目"挑肥拣瘦"的局面，对优化总体城市功能布局、提高区域改造效益起到了积极作用。成片连片更新开发导向主要从以下三个方面体现：一是对城乡更新改造单元的最小面积作出规定，要求单个更新改造单元原则上不小于 $1hm^2$，以解决"三旧"改造项目面积过小、点状分布的问题；二是提出划定城乡更新改造单元的鼓励措施，例如鼓励旧村改造项目以整村范围划定城乡更新改造单元，以期在土地整理、留用地落实、居民安置等方面做到整村统筹；三是强化政府对复杂项目的统筹作用，提出需由政府实施改造的情形，规定同一城乡更新改造单元中涉及多个权利主体，且原权利主体无法实现土地归宗或联合改造的，由政府统筹实施改造。

市 20 号文深化提升改造目标，强化公共利益保障和历

史文化保护。在公共利益保障方面，要求以城乡更新改造单元为抓手，按照布局合理、功能齐备的原则，保证城乡更新改造单元中公建配套和市政基础设施同步规划、优先建设、同步使用，并首次提出公益性设施用地的最低要求，规定用于建设城市基础设施、公共服务设施或者城市公共利益项目等的独立用地，原则上不小于更新改造用地面积的15%，一般不少于3000m²等，居住项目的公建配套应当按照建筑面积占计算容积率建筑面积比例不小于6%的规定设置。在历史文化保护方面，要求旧城改造中应当把保护历史文化资源落实到规划编制、改造方案编制、行政审批及实施过程中，坚持城市面貌改善、城市功能提升、历史文化传承与人居环境改善相结合。实施分类更新保护策略，按照绝对保护区、重点保护区、风貌协调区和更新改造区的分类实施更新改造，采取有针对性的更新改造模式。

在市20号文的约束下，广州市开始从城市总体环境层面把控"三旧"改造的速度、质量、时序等，强化政府自上而下对改造的管控力度，突出计划管理，引导"三旧"改造高质量开展。此外，更加突出成片连片改造导向，对项目土地的整合和实施都提出了更高要求，以期规避单个项目独自推进的弊端，以成片连片促进存量土地的整体开发。可以看出，政府是有针对性地给"三旧"改造降温，提高了"三旧"改造的门槛。据统计，2012年上半年，广州基本没有"三旧"改造项目进行报批，全年全市十区审批的项目仅有25个。

广钢新城项目是本时期集合了多项政策落地的典型案例，也是政府统筹、连片改造的典范。广钢旧厂地块位于花地生态城东南部、珠江西岸，距离白鹅潭商业中心2.5km，与广州国际医药港相邻，用地面积共6.46m²（图2-4）。2011年，广东省、广州市明确广钢集团与宝钢进行重组，并同意广钢白鹤洞基地的钢铁生产线搬迁至湛江市。广钢集团需依靠盘活"广钢地块"获得经济利益，以解决广钢白鹤洞基地关停、资产"去壳化"、下属企业珠钢巨额债务、转型发展和人员分流安置等重大问题。

在此之前，受"中调"战略的引导，广州已组织开展了对广钢新城地块的城市设计工作，提出在厂区建设一个约70hm²的中央公园，并在公园周边建设住宅区来实现厂区的整治改造。整个公园面积占旧厂地块用地面积的40%，若再加上道路、公共配套设施等用地，广钢厂区不能出让的土地大约占比70%，无法满足广钢集团转型的发展资金需求。鉴于此，广州市政府对公园规模和范围进行多次调整，从最初的70hm²调整为2010年的46.3hm²，并在2011年再次调整为10.8hm²，并获得市政府审批通过。

2012年，为进一步提升广钢片区的土地价值，市政府召开会议提出"进一步提升广钢地块的定位，建设广钢新城"。为此，政府提出了三方面具体路径：一是提出将广钢厂区和周边的鹤洞村、东塱村和西塱村三个城中村一并纳入改造，实现成片连片开发；二是延续中央公园的土地利用方案，将公园面积调整为50.2hm²（林隽、吴军，2015），并在形态上将公园从规则长方形调整为中间短宽、两侧长细的形状，以增加公园与周边土地的临界面；三是在中央公园及其他街头绿地保留大量工业遗迹作为景观、

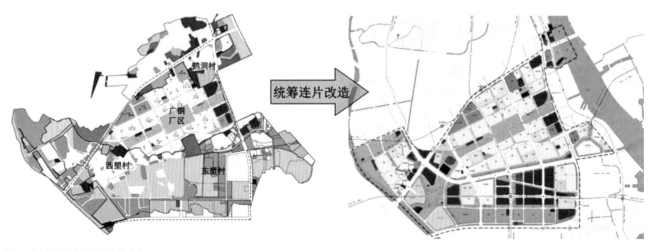

图2-4 广钢新城统筹连片改造方案
（资料来源：林隽，吴军.存量型规划编制思路与策略探索：广钢新城规划的实践 [J]. 华中建筑，2015, 33（2）：96-102）

游憩用途，并在厂区配建了较高标准的公服设施（图2-5）。

在历史保护方面，本项目是广州首次在控规编制中正式开展历史文化资源评估和公示工作，充分尊重和保护历史资源，充分挖掘并善用历史价值，获得社会热评。规划推荐文物线索达31处（15处村落类和16处工业遗产类），是已公布的不可移动文物数量的5倍之多。此外还将体现片区特性和时代印记的文化遗产纳入保护利用，如众多历史河涌、厂区路名等（林隽、吴军，2015）。

在规划编制方面，规划全过程采用了市区两级联动、职能部门配合、产权业主深度参与、专家技术把关、公众参与的协同规划模式。针对多方关切，开展了功能业态、交通道路、城中村改造、工业遗产保护与利用、土地整备与用地开发、地下空间、环境保护等7个专题的规划研究。在研究结论基础上进行城市设计方案深化，确保结果在空间上可落实、技术规范上可行。相较传统的控制性详细规划，本规划在广度和深度上都做到了深入研究并面向实施。

在土地处置方面，该项目采用了市20号文提出的"土地应储尽储"政策，采取了"政府收储、公开出让"的模式。一方面，广钢集团获得的当期土地价值由市政府统一收储并公开出让后，产生的土地出让金在扣除税费成本后返还广钢集团。另一方面，广钢集团还保留了部分土地的使用权，分享土地增值的收益。改造后，广钢集团获得4块自留地，用于广钢集团总部建设以及配套的商务商业运营。

广钢新城的改造对政府、广钢集团、居民而言，都具有良好的效益。对政府而言，由于拥有广钢土地的支配权，在中心区土地价格持续增长的趋势下，其获得的经济利益可以为其他项目的开展提供支持。据统计，2014年广州市政府仅出让两轮共11宗融资土地就获得了288.8亿元土地出让金，其中277.2亿元为货币收入，11.6亿元为实物形式的配建保障房。此外，2015年广钢出让的2宗用地共获得61亿元土地出让金，其余尚未出让的11块住宅用地和3块商业用地的出让金，也全部归广州市政府所有。对广钢集团而言，通过土地出让金返还与保留自留地使用权，广钢集团获得的217.2亿元保证了建筑开发的资金来源，帮助集团转型升级。对居民而言，广钢新城项目基于功能格局的统筹安排，实现广钢中央公园与花地河联系景观廊道的打通，在道路交通体系、公服设施、绿地空间等方面均有提升，大幅度改善了人居环境，提升了区域的社会经济价值（图2-6）。

2.3.3 系统性更新时期（2015—2019年）

截至2014年年底，广州市建设用地规模已达1758km²，"十三五"期间新增建设用地规模仅余74km²。面向新增建设用地规模的约束，广州继续深入实施"十字方针"，坚持节约和集约利用土地，合理控制城市规模，加大存量用地挖潜力度，逐步从空间拓展走向优

图 2-5 广钢新城建设效果图
（资料来源：林隽，吴军 . 存量型规划编制思路与策略探索：广钢新城规划的实践 [J]. 华中建筑，2015，33（2）：96-102）

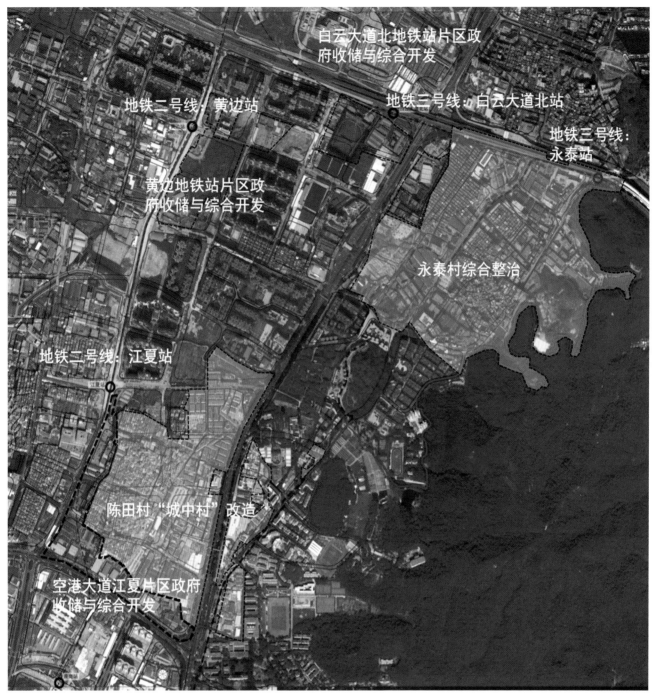

图 2-6 白云区陈田、永泰、江夏村连片改造项目分布

化提升，形成多中心、组团式、网络型空间结构。城市更新成为释放发展空间、完善城市紧凑布局、优化城市功能、提高城市竞争力的重要抓手。为提高土地集约节约利用的效率，统筹全市城市更新工作，保持可持续发展，广州市在 2015 年成立了全国首个城市更新局，作为政府机构改革新成立的政府部门之一，接替原市"三旧"改造工作办公室，承担城市更新相关政策制定执行、规划计划编制、片区策划、资金统筹监管、项目改造统筹、存量土地整合等职能。自此，

城市更新主管部门从临时机构成为政府的法定组成部门。在市城市更新局的统筹引领下，广州市发布了一系列城市更新政策，形成了系统性的政策体系，对推动全市城市更新工作，指导、协调、监督各城市更新项目具有重要意义，开创了国家重要中心城市以更新改造推进城市可持续发展的新路径。

经过上一轮的"三旧"改造省部合作，在总结广东"三旧"改造经验的基础上，2016 年 11 月，原国土资源部印

发了《关于深入推进城镇低效用地再开发的指导意见（试行）》（国土资发〔2016〕147号），规范推进城镇低用地再开发，鼓励土地权利人自主改造开发，促进城镇更新改造和产业转型升级，优化土地利用结构，从国家层面对城镇低效用地再开发进行了顶层设计和总体部署。与此同时，国务院在2016年批复的《广州市城市总体规划（2011—2020年）》中，广州被明确为国家中心城市，在国家层面的重要地位和战略意义愈发凸显。面向国内外经济发展压力，背负承担区域辐射、国际竞争的责任，广州亟需积极谋求经济转型，寻找新的内源增长点，从而积极参与国际竞争与合作。

1. "1+3"城市更新政策体系形成

2015年9月28日，广州市人民政府第182次常务会议讨论通过《广州市城市更新办法》（广州市人民政府令第134号）（以下简称"《更新办法》"），并同步废止了市56号文和市20号文，成为新一轮城市更新的引导性政策文件。同年12月，市政府印发实施了《广州市城市更新办法配套文件的通知》（穗府办〔2015〕56号）（以下简称"《配套文件》"），包括《广州市旧村庄更新实施办法》《广州市旧城镇更新实施办法》《广州市旧厂房更新实施办法》三个子文件。由此，广州市形成了由《更新办法》和《配套文件》构成的较为系统性的城市更新"1+3"政策体系，坚持政府主导，强化市场运作，常态化有序推进更新，保证城市更新的整体价值配置与城市发展相匹配。

"1+3"政策体系整合了"三旧"改造、危旧房和棚户区改造等政策，对过去的政策进行调整和完善，系统性地建立了包括规划、土地、资金、管理等多方面的城市更新全过程政策框架。在管理机制方面，在坚持市场运作原则的基础上，加强政府的统筹和主导。对旧村改造引入合作企业的改造项目，适度加大政府主导规范实施的力度。按照"职责明晰、权责对等、简政高效、实施有力"的原则，明确政府部门分工，实现管理下沉，市级层面主要负责开展政策研究制定、统筹城市更新计划、规划，以及审议和批复。区政府作为城市更新第一责任主体，负责基础数据和项目实施监管。在实践管理方面，针对旧村庄、旧厂房、旧城镇等存量土地特征，进行差异化研究与规划，最大化活化利用土地价值。在城市更新项目的规划编制方面，要求进行项目经济可行性、规划实施可行性评估，明确改造

方式和模式，测算安置复建量，提出建设时序和分期计划等。

1）突出不同改造对象的特点，形成涵盖"三旧"的全面政策指引

城市更新"1+3"政策体系根据旧村改造、旧厂改造、旧城改造的不同特点，提出了差异化的更新政策指引。

旧村改造尊重民意，以环境再造为主要目的，提倡整村统筹规划，系统改造。城中村（旧村庄）是广州市快速城市化进程中土地二元所有权体制下的产物，是城乡发展不平衡的表现，普遍存在建筑密集、公配不足、环境较差、管理薄弱等问题，应以促进城乡建设协调发展、优化城市生态环境为重点开展城市更新工作。在《配套文件》中，对旧村庄全面改造设置了前置条件，即"对通过局部改造难以改善居住环境的旧村庄，可以确定为全面改造"，进一步缩小了旧村全面改造的范围。在城市更新项目的改造规划编制中，重点明确发展定位、更新策略和产业导向、城市公共配套基础设施设置等内容，进行经济可行性、规划实施可行性的评估，测算安置、复建规模和改造效益。

旧厂作为城市产业发展较为低效的一类空间载体，其改造以优化产业结构、保障产业空间为重要导向，以促进产业转型升级为主要目的。在《配套文件》中，明确以"政府主导、企业参与、科学规划、连片改造、配套优先、集约节约"为原则开展旧厂房改造，推动经济发展方式转变，提高土地利用效率。其中，旧厂房采取不改变用地性质（含建设科技企业孵化器）方式改造的，可由权属人自行改造；按规划提高容积率自行建设多层工业厂房的，可不增收工业厂房土地出让金。

旧城改造强调保护历史文化，应有针对性地采取更新改造模式。广州市是具有2000余年悠久历史的历史文化名城，在千年不变的城址上，旧城镇具有丰富的历史文化资源，承载了传承城市历史文脉的重要责任。对旧城镇更新改造是为了实现生活更加便利、居住环境更加优美的目的。《配套文件》按照"科学规划、严格保护、发掘内涵、活化传承"的原则，对传统特色街区、地段、人文、习俗、文物古迹和近现代史迹，保持和延续其传统格局和历史风貌，维护历史文化遗产的真实性和完整性，继承和弘扬岭南地区优秀传统文化。探索采取出售文化保护建筑使用权或产权的方法，引进社会资金建立保护历史文化建筑的新机制。

2）首次明确提出"微改造"概念，完善"全面改造 + 微改造"模式

《更新办法》在全国首次明确提出了"微改造"的概念，将城市更新改造方式分为全面改造和微改造两大类，根据项目类型选择合理的推进模式，明确政府相应的定位和管理深度。更重要的是，"1+3"政策体系探索建立了全面改造和微改造相结合的改造模式，推动了改造需求迫切但不适合全面改造的项目的开展。

全面改造是指以拆除重建为主的更新方式，对"三旧"用地进行再开发，或者对"三旧"用地实施生态修复、土地复垦。全面改造重点在于城市功能完善与城市面貌提升。其涉及面广，拆迁补偿安置难度大，主要适用于难以通过局部改造改善居住环境、完善城市基础设施，须以整体拆除重建为主实施的情形。一般而言，全面改造项目推进时间较长，需对开展全面改造的项目审慎决策，谋定而动。

微改造是指在维持现状格局基本不变的前提下，以改变功能、整饰修缮、完善公共设施等方式对"三旧"用地进行综合整治，重点在于人居环境整治改善与建筑保护活化。微改造方式与全面改造方式相比较，一般项目规模较小，对城市格局影响比较小；实施周期短，投入产生回报的周期短，整体实施难度较小，对于人居环境的改善见效快。具体而言，微改造操作模式包括局部拆建、功能置换、整治修缮、保护、活化等。项目一般由政府主导投入，注重历史文化保护，并通过增加公共配套设施和公共空间，改善消防、安全、卫生等人居环境，达到"小投入，大改观"的更新改造目标。

在"1+3"政策体系的实施下，部分更新项目如白云区陈田、永泰、江夏村连片改造，采取了全面改造与微改造改造相结合、全面改造收益反哺微改造的模式，连片推动区域城市更新。陈田、永泰、江夏村位于连通白云新城与白云机场的发展轴线上，于2014年开展改造工作。2016年，《白云区陈田、永泰片区控制性详细规划》获批。该项目探索以"政府收储 + 城中村改造 + 综合整治"相结合的创新综合模式，划分三个政府收储与综合片区，以及两个城中村改造与整治片区（图2-7）。

自主改造，采取全面改造模式。改造后总建设量199.47万 m²，以居住用途为主，居住用地占比达69%。永泰村用地面积约为85hm²，位于白云山建筑高度控制范围内，采取了村企合作的微改造模式。其中，永泰村村镇工业集聚区实施"工改商"，改造后建为商业综合体安华汇；除村镇工业集聚区以外的其余片区，实施微改造，对人居环境进行整治。通过村镇工业集聚区改造，为永泰村的旧村微改造提供资金支持。江夏村用地面积为 17.13hm²，以政府收储与综合开发的方式，实施局部全面改造，将沿路村集体物业改造为公园绿地、公服设施等。

针对旧城区，《配套文件》进一步将微改造区分为整饰修缮和历史文化保护性整治。其中，整饰修缮是对零散分布的危破房或部分结构相对较好但建筑和环境设施标准较低的旧住房，采取原状维修、原址重建、强化安全防护措施等多种方式予以改造。历史文化保护性整治针对具有历史价值的项目，按照"修旧如旧、建新如故"的原则，明确"重在保护、弱化居住"，依法合理动迁、疏解历史文化保护建筑的居住人口。

荔湾区恩宁路历史文化街区（永庆坊）微改造是典型的历史文化保护性整治类项目。恩宁路历史文化街区是广州最完整和最长的骑楼街（总长度约2.3km），是粤剧武术手工艺的传承地，也是满载西关情的活体博物馆。作为广州市 26 片历史文化街区之一，永庆坊微改造建立了从保护规划、实施方案到建筑设计"三位一体"指导实施建设

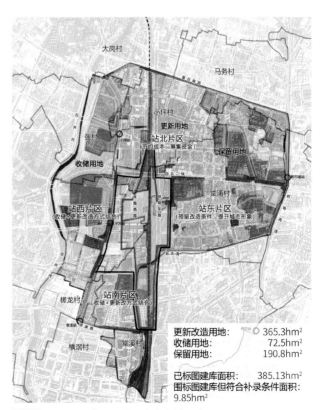

图2-7 白云站片区"政府收储 + 自主改造"示意图

55

全流程的管理方法，将其打造为广州对外文化交流的重要窗口。恩宁路改造项目采用 BOT 模式，政府保留公房所有权，变更房屋使用功能，企业获得 15 年房屋经营权，是共建共治共享的街区整治成功实践。项目十分强调片区的历史文化价值，完整延续现状的肌理格局，采用修缮、改善、整修、整治、改造五类方式分类修缮现有的房屋，严格保护 13 条麻石街巷，控制新建建筑高度不超 18m，不仅保护了原汁原味的历史文化价值，还对其活化利用，让历史文化活起来。

2018 年 10 月 24 日，习近平总书记在广州恩宁路永庆坊考察时，指出"城市规划和建设要高度重视历史文化保护，不急功近利，不大拆大建。要突出地方特色，注重人居环境改善，更多采用微改造这种'绣花'功夫，注重文明传承、文化延续，让城市留下记忆，让人们记住乡愁。"2019 年 9 月 30 日，永庆坊微改造二期已完成示范段、骑楼段、滨河段、粤博东与粤博西段的主体工程，并对公众开放，2021 年 10 月完成全面提升。

对于旧厂房，《配套文件》减少了政府"应储尽储"的情形，并新增了政府收储与自行改造相结合方式。面对在市 20 号文旧厂房改造土地"应储尽储"的方针下旧厂房原业主改造积极性下降的问题，《配套文件》适度减少了政府"应储尽储"的范围，删除了市 20 号文中的两项由征收收储的情形，分别为：①规划控制为居住用地；②规划控制为道路、绿地及其他非营利性公共服务设施的用地占总用地面积 50% 以上且不具备经营开发条件的旧厂房用地。除此之外，为激发原业主的改造积极性，《配套文件》开创性地提出了在政府收储范围内，企业也可申请部分用地用于自行改造。在具体操作上，规定若权属用地面积超过 3hm^2 且改造后用于建设总部经济、文化体育产业、科技研发、电子商务等现代服务业的，原业主可申请将不超过 50% 的规划经营性用地用于自行改造，其余用地应当纳入土地储备。若权属用地面积不足 3hm^2（含 3hm^2），但旧厂房业主同意将权属用地上控制性详细规划总建筑面积的 30% 无偿移交政府统筹安排的，原业主可申请自行改造。通过上述两项措施，旧厂房改造开始进入了新的热潮期。

2. 聚焦旧厂房的城市更新制度完善

2017 年以来，国内外城市竞争呈现新格局，中心城市引领区域发展的态势更为明显，广州市巩固国家中心城市地位和提升国际影响力也面临着更多的挑战。在区域层面，泛珠地区合作、珠江 – 西江经济带、粤港澳大湾区等聚焦广州的区域合作战略平台逐步落地实施，广州市内各区域节点成为参与国际竞争的重要空间单元。

面对全球竞争压力与区域发展的态势，广州需以更高质量的城市更新来助推城市发展。2017 年，广州市人民政府出台了《关于提升城市更新水平促进节约集约用地的实施意见》（穗府规〔2017〕6 号）（以下简称"市 6 号文"），通过降低"三旧"改造的门槛，充分调动土地权属人和市场主体的积极性，进一步规范和促进城市更新持续系统开展。在坚持政府主导、坚持协调发展、坚持利益共享、坚持放管结合、坚持市场导向五大原则下，在利益分配上适当向社会让利，在行政审批上适当简化流程，总体上有利于提高广州市的城市更新效率，逐步将原有的零碎改造转变为成片整体改造。具体而言，主要从以下几个方面对"1+3"政策体系作出了补充和完善。

1) 放宽自行改造条件，鼓励国有旧厂成片改造

根据《配套文件》，旧厂多以政府收储为主，规定调整为商业用地的，或政府规定地段范围旧厂改造项目必须交储，如符合一定条件申请自行改造的，则应当将不少于 50% 的土地交给政府（大于 3hm^2 的项目），或者 30% 建筑面积无偿交给政府（小于 3hm^2 的项目）。市 6 号文放宽了对旧厂自行改造的限制，规定自行改造的旧厂可以按照规划提高容积率自行建设多层工业厂房；按照控规的要求，将不低于总用地面积 15% 的用地用于城市基础设施、公共服务设施或其他公益性项目建设，建成后无偿移交政府；同属于一个企业集团的超过 12 万 m^2 的权属用地，整体策划改造的，应当将不少于 42.5% 的用地面积交给政府收储。此外，市 6 号文突出成片连片导向，鼓励属于同一企业集团、多宗国有土地上旧厂房改造的（用地不低于 12 万 m^2），可整体策划改造，探索多宗地块打包改造的方式。

2) 允许村镇工业集聚区单独改造

根据《配套文件》，集体旧厂需与整村统筹方可实施改造。市 6 号文适当放宽政策，允许符合条件的村镇工业集聚区单独改造。按照村镇工业集聚区的面积，分别设置

150 亩以上和以下的政策措施。对于 150 亩以上的集体土地旧厂房，鼓励其进行成片连片自行改造。其中，集体用地转为国有用地的，参照国有土地旧厂房政策实施改造；保留集体用地性质的，按照控规要求用作产业发展用途，但是不得进行房地产开发。无论采用哪种方式，均需要将不低于总用地面积 15% 的用地用于公益性项目建设，建成后无偿移交政府，以补齐改造片区公共服务设施建设，提高城市人居环境品质。对于 150 亩以下集体土地旧厂房自行改造，有合法用地手续的用地，按现状用地面积和毛容积率 1.8 计算权益建筑面积，由村集体经济组织自行改造。超过计算权益建筑面积部分的规划建筑面积按 4：3：3 比例，由市政府、区政府、村集体分配。对于已完善集体建设用地手续的用地部分，应将 30% 的经营性用地转为国有用地后无偿交给政府，剩余的用地按规划自行改造。若村社有留用地指标的，按 1：1 抵扣应交给政府的用地，由村集体经济组织自行改造。

3）分类细化旧厂房改造具体细则

在土地价值共享方面，市 6 号文基本按照政府与土地权属人 5：5 的思路分配土地增值收益。规定"工改居"由政府收储的，按规划毛容积率 2.0 的公开出让成交价或新规划用途市场评估价的 40% 计算补偿款（可享受政府收储奖励，最高 10%）；"工改商"由政府收储的，按规划毛容积率 2.5 的公开出让成交价或新规划用途市场评估价的 40% 计算补偿款（可享受政府收储奖励，最高 10%）；国有土地旧厂房权属人申请政府收回的，采取一口价方式补偿，按毛容积率 2.0 商业市场评估价的 40% 计算补偿款（不再享受政府收储奖励）。

在补缴土地出让金方面，市 6 号文极大地支持了用于产业发展的旧厂改造项目，分类提出多项优惠政策：①工改工，可不增收地价。自行改造工业厂房（含科技孵化器）的，只要不分割出让，政府可不增收土地出让金，分割出让的，按照《关于科技企业孵化器建设用地的若干试行规定》计收土地出让金。②工改商按商业市场评估价补缴出让金。③工改新产业给予 5 年过渡期。国有土地旧厂房利用工业用地兴办国家支持的新产业、新业态建设的，可按现有工业用地性质自行改造，按照"工改工"政策执行。5 年过渡期后，按新用途办理用地手续。④科研、教育、医疗、体育自行改造的，按相应地段公用途市场评估价的一定比例计收地价。⑤完善历史用地征收手续项目，以协议方式供地，改造前后均为工业用途的，按市场评估地价的 40% 计收土地出让金。

4）成立城市更新基金，支持采取 PPP 模式的项目

市 6 号文明确城市更新部门负责纳入更新范围、适用城市更新政策的低效存量建设用地的土地整备工作。坚持市场导向，成立广州城市更新基金，重点支持采取政府与社会资本合作模式（Public—Private—Partnership，PPP）的老旧小区微改造、历史文化街区保护、公益性项目、土地整备等城市更新项目。这在广州市的城市更新历史上还是第一次，尤其是以 PPP 模式实施土地整备，补充完善了《关于规范土地储备和资金管理等相关问题的通知》（财综〔2016〕4 号）关于土地储备资金筹集的规定，是广州城市更新的一大创举。

3. 从"三旧"改造到九项重点工作

2018 年，习近平总书记对广东省作出重要批示，希望广东"在构建推动经济高质量发展体制机制、建设现代化经济体系、形成全面开放新格局、营造共建共治共享社会治理格局上走在全国前列"。为贯彻落实习近平总书记对广东省的重要指示，广东省国土资源厅印发了《关于深入推进"三旧"改造工作的实施意见》（粤国土资规字〔2018〕3 号），在"三旧"数据库、土地规划保障、用地审批等方面在全省作出了新一轮的部署。2018 年 10 月，习近平总书记赴广东考察调研，先后来到珠海、清远、深圳、广州等地，在改革开放、粤港澳大湾区发展、城乡统筹、城市更新等方面作出重要指示。

2019 年，为贯彻落实习近平总书记视察广州的重要指示批示精神，落实广东省发布的上位政策文件要求，加快推进城市更新工作，广州市制定了《广州市深入推进城市更新工作实施细则的通知》（穗府办规〔2019〕5 号）（以下简称"市 5 号文"），提出以规划为统领，推进全市九项重点工作的统一部署，有序推进城市更新，统筹生产、生活、生态空间布局，提升城市更新的社会、经济、生态、文化综合效益，充分增强人民群众获得感、幸福感、安全感。市 5 号文结合广州的实际情况，外延了城市更新的内涵，扩大了城市更新的类别和适用情况，将传统的旧城镇、旧厂房、旧村庄改造与专业批发市场、物流园、村镇工业集

聚区整治提升以及违法建设拆除、黑臭水体治理、"散乱污"企业整治等重点工作相结合，使广州的城市更新实现从"三旧"到"九项重点工作"的重要转变，在更大的范围上健全统筹存量用地的盘活利用与人居环境的整体改善。通过出台九项重点工作的系列政策指引及行动计划，实施分区分策有序推进，优先保障重大项目用地需求。具体而言，这一阶段的政策创新主要包括以下几个方面。

1) 完善市区两级机构职能分工

正式形成市区联动、以区为主的工作机制，进一步完善市、区两级城市更新机构职能分工，将城市更新的部分审批权限下放至各区。以简政放权为重点，将老旧小区微改造、旧村庄微改造、旧厂房和旧楼宇微改造项目实施方案的审定权，旧城全面改造项目、旧村全面改造项目实施方案的部分审核权以及涉及城市更新项目批后实施的立项、规划、国土等行政审批事权均下放至区里。该政策出台后，市层面政府部门统一制定模式与规则框架，区层面部门自行出台政策明确具体的项目实施路径。

在该政策指导下，各区结合本区的资源特征与工作重点，陆续出台了对于本区城市更新项目的实操指引。如荔湾区出台了《广州市荔湾区城市更新工作领导小组办公室关于印发旧村旧厂全面改造主要业务流程的通知》（荔住建〔2019〕409号），天河区出台了《广州市天河区人民政府办公室关于印发天河区村级工业园整治提升实施意见的通知》（穗天府办函〔2019〕283号），增城区出台了《增城区旧村庄全面改造项目实施指引》的通知（增更组办〔2019〕1号），等等。

2) 旧村改造首提市区统筹平衡

该阶段的政策以"问题导向、目标导向、实施导向"为原则，打破原有边界，明确旧村全面改造可在区、市统筹平衡。旧村全面改造项目因用地和规划条件限制无法实现资金平衡的，区政府可采用征收等方式整合本村权属范围内符合城市总体规划和土地利用总体规划的其他用地作为安置和公益设施用地，采用协议或划拨方式纳入旧村改造一并实施建设，也可通过政府补助、异地安置、异地容积率补偿等方式在全区统筹平衡；市重点项目可在全市统筹平衡。

例如，白云站周边地区的连片改造通过政府主导、连片规划、分步实施、共建共享的思路，实现连片土地资源配置，保障重大基础设施建设。采取"政府收储+自主改造"的模式，打破多条旧村权属边界，加快推动白云站建设。白云区棠溪站用地面积共6.28km²，涉及小坪、棠涌、潭村、棠溪、槎龙、张村等6个城中村，土地权属情况复杂。规划分片施策，划分五大片区，结合项目实际情况，分别采取城市更新、土地收储、现状保留等多种模式，有效盘活白云站周边存量土地资源（图2-7）。白云站1.01km²范围采征收储备、货币补偿加建筑物补偿方式；白云站外片区引导各权属单位开展自主改造，以土地收益为白云站建设提供资金保障。6.28km²以外的地区优化线位，减少征拆成本，提高可操作性。

3) 旧厂改造继续鼓励权属人交储

对于由政府收储的国有旧厂，适当提高政府收储项目出让分成和一次性补偿标准。旧厂改造交由政府收回，改为居住或商业服务业设施等经营性用地的，居住用地毛容积率2.0以下、商业服务业设施用地毛容积率2.5以下部分，可按不高于公开出让成交价或新规划用途市场评估价的60%计算补偿款。居住用地毛容积率2.0以上、商业服务业设施用地毛容积率2.5以上部分，按该部分的公开出让成交价或新规划用途市场评估价的10%计算补偿款。

4) 开展"三园"提升工作

自2019年以来，广州市先后出台了《广州市村级工业园整治提升的实施意见》（穗府办〔2019〕9号）、《广州市支持专业批发市场改造试点工作的意见》（穗商务函〔2020〕116号）、《广州市2020年深入推进城中村综合整治工作方案的通知》（穗政法〔2020〕18号）、《物流园区整治提升分类处理工作指引》等政策，推动规划资源、住建、国资、工信、交通、商务等更多职能部门协同参与，进一步顺畅部门间横向协作。除"三旧"改造以外，对于那些不适合在原地址发展、但仍具有存在价值和发展潜力的产业形态，当地政府及上级政府应想方设法做好产业的就近转移，在确保就业稳定的同时，顺势引导产业转型升级。

以棠下智汇Park为例，通过实施村镇工业集聚区改造，打造为LOFT办公、花园式办公、联合办公等生态多场景办公，集会务、餐饮、娱乐、康体、艺术等多元商务配套于一体的城市更新综合体（图2-8）。截至2022年底，园区已入驻企业超90家，企业总产值约超20亿元，纳税总额达1亿元。入驻企业包括电子商务企业及电商相关服务企业和应用企业占比约35%，软件信息技术、互联网信息技术产业等占比超30%，游戏动漫产业等占比约15%。

通过营造公园式办公的园区环境，为创业团队提供舒适的开发场所，旨在打造成"低密度、高绿化、高舒适度"的商务空间。园区重点孵化互联科技、文创教育、影视、音乐、电竞、动漫游戏、数字新媒体的企业。通过营造多层次景观绿化，休闲中庭景观、葱郁空中花园、建筑垂直绿墙，让空间与绿色和谐共生。方案以"办公就在公园里"为规划理念，将办公场景与功能有机融合，实现商务空间的多样性，打造功能性公园式企业社区。通过对原有的建筑进行保留、修缮、移除、缝合及局部重建的整合改造，使用"绿谷"及"垂直绿化"的形象强调绿色生态理念，使得绿化率超过40%。

图 2-8 棠下智汇 PARK 实景图
（资料来源：智汇集团官网）

第三章

国土空间规划体系下的
有机更新探索

土地资源的日益紧张，促使大城市从外延扩张走向存量提升，进一步强化对土地资源的统筹运用。为适应国土空间规划体系变革下的新发展阶段，城市更新逐步从"蓝图规划"走向"治理规划"，从"推土机"走向"绣花功夫"；政府的角色也从"守门员"走向"引领者 + 守门员"。本章将阐述广州城市更新如何进行上述变革：一是建立国土空间规划体系下的城市更新传导机制，实现以规划为引领、以更新为主题的城市治理；二是探索城市更新专项规划编制，实现全域存量资源谋篇布局；分区分类分步推进更新；三是探索城市更新单元详细规划的转型与创新，实现指标功能有效传导、管控方式刚弹结合。

3.1 存量时代的国土空间规划转型

土地资源作为社会经济发展的一个主要动力来源，其配置模式随着城市发展的演进具有独特的阶段特征，是地方政府实施经济社会政策的重要手段。目前，我国的大城市基本已进入存量用地时代，国土空间规划覆盖的绝大部分是存量用地。随着发展阶段的变化，对国土空间的价值认知开始有所转变，规划理念也在持续更新。

3.1.1 城市发展路径重塑：由外延扩张到存量提升

城市扩张与城市更新，是两类解决土地供需问题的不同路径。在后工业化、后城镇化时代，土地增量供给态势日益严峻、城市增量土地空间严重不足，人与自然间的关系、生产生活的价值观也开始转变，随之暴露出了一系列城市规划建设、利益冲突等治理难题。为解决国土空间资源浪费、土地利用效率低下、生态环境受损等问题，土地资源配置导向开始转向"底线治理"，存量土地作为土地资源配置的核心内容，更成为突破城市发展空间资源瓶颈的有效手段。

2019年以来，国家发展的目标与策略正在逐步发生转变，开展自然资源管制成为一项国家大计。《中共中央国务院关于建立国土空间规划体系并监督实施的若干意见》（中发〔2019〕18号）、《自然资源部关于全面开展国土空间规划工作的通知》（自然资发〔2019〕87号）等国家政策先后印发，"多规合一"工作的推动与国家"五级三类"国土空间规划体系的建立，有力解决了各类空间规划之间不协调不统一、各部门管理自成体系等问题。

国土空间功能作为一个反映区域人地耦合关系的重要概念，其空间规划既不是以开发建设为主导的发展型城乡规划，也不是单纯地面向用途管制的土地利用规划，而是一项从整体性与系统性角度统领国土空间治理和可持续发展的基础性、战略性政策。政策制度顶层逻辑的调整，引发了存量空间价值认知的转变与规划管理理念的更新。

广州是一座具有2200余年悠久历史的超大城市，有着大规模的城、村新旧混杂的连绵开发区域，城市空间二元结构特征明显（图3-1）。在新的社会发展与区域竞合的背景下，过去被高速经济增长所掩盖的社会公平、公共服务、空间正义等矛盾开始暴露，外部比较优势不断弱化、内部结构矛盾日益严峻等城市新挑战也接连出现。对广州而言，面向新时期国际大都市的发展愿景，在生态文明价值观念指导下，城市更新成为一项以空间结构优化为纲领、以存量用地盘活为抓手的重要城市治理工程。

1984年	2000年	2010年	2020年
城村分离，边界清晰	**城区东拓，村变为城**	**城市扩张，沿路延展**	**城村融合，界线模糊**

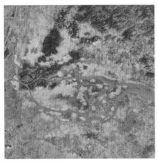 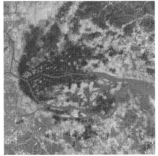 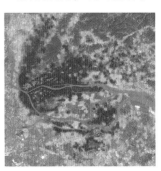

图 3-1 广州城乡空间关系演进示意

3.1.2 源于资源统筹管理的更新价值转向

城市更新作为城市公共政策，是一种通过公权力对城市建成地区再建设的引导与管制手段。受不同历史阶段的国家体制、主导意识形态、经济发展水平等的深刻影响，在城市的不同发展阶段，城市更新理念、重点、政策、实践等也需要随之不断调整变化。如今，在全球经济转型发展与生态文明建设新背景下，随着转型期政府部门职责的转变，政府与市场、社会分工关系的转变，国土空间规划也转而更强调各类资源要素的整合重组、配置优化。那么，如何紧扣社会主义市场经济体制下的存量发展诉求，以城市更新为抓手推动城市发展模式变革？如何以国土空间规划统筹推进存量土地要素提质增效，有效解决当前阶段的城市问题？面向国情转变下带来的新规划议题，新时代下城市更新需要从土地、市场、政府、公共利益等多个视角，充分回应城市发展的基本诉求，承担城市赋予的新任务使命（图3-2）。

1. 从"蓝图规划"到"治理规划"

从过去规划管理实施机制来看，增量扩张型的城市总体规划是围绕一张总体规划图的"蓝图规划"，更多地反映地区的发展愿景和目标，是一种基于人口预测和要求的经济增长与调控政策工具。城市发展方向确定之后，各类公共项目、私人项目都需遵照蓝图规划传导落实，随城市功能结构与社会关系日益复杂化，可能出现对现实情况复杂性、不确定性等应对不足的情况。另一方面，规划的实施也存在一定时间的滞后性。在城市高速发展建设时期，由于城市发展战略的动态性以及市场的不确定性，项目实施效果与规划蓝图存在一定的发展断裂。在进入存量发展时期之后，存量空间上土地权属更为复杂，城市更新作为区域空间、利益与权力格局再分配的过程，不再适用于目标导向的整体性"蓝图规划"，开始向"治理规划"转向，其核心问题在于多方主体权益如何被尊重与保障、不同利益诉求如何平衡，这也是城乡治理体系和治理能力现代化的一个重要缩影。

因此，新时期的城市更新承载的不仅仅是物质空间的规划设计，更多的是提出综合性的、弹性的、过程性的城市问题解决方案。一方面，从土地、规划、交通、建筑、环境、财税、金融等多个环节逐一击破；另一方面，在城市更新全过程中预留各类调整弹性，通过在一定条件下腾挪土地用途、开发强度、公共空间等指标，从而实现具体建设项目可实施、可协调，确保匹配城市动态变化的规划调整可能。城市更新从物质空间领域不断向社会治理纵深拓展，更多地主张针对不同类别的存量空间和存量主体，以精细化、动态化城市治理方式持续维系经济社会生态的公平公正，避免某种脱离现实的规划理性自负。

2. 从"推土机"到"绣花功夫"

城市是复杂的、要素相互联系的有机体，城市更新则是城市新陈代谢、内部空间结构重组的过程。20世纪以来，柯布西耶"机能主义"影响下的大规模拆除重建范式，在带来房地产市场繁荣的同时，也在一定程度上导致了空间"绅士化"，对市民的城市空间综合需求考虑不足，同时

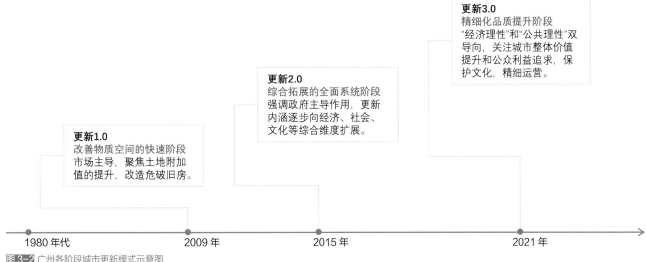

更新3.0
精细化品质提升阶段
"经济理性"和"公共理性"双导向，关注城市整体价值提升和公众利益追求，保护文化，精细运营。

更新2.0
综合拓展的全面系统阶段
强调政府主导作用，更新内涵逐步向经济、社会、文化等综合维度扩展。

更新1.0
改善物质空间的快速阶段
市场主导，聚焦土地附加值的提升，改造危破旧房。

1980年代　　　2009年　　　2015年　　　2021年

图3-2 广州各阶段城市更新模式示意图

一定程度上也忽视了对城市历史脉络延续、社会主体参与等问题，各方面的现实批判性问题均导致"推土式"的城市更新难以为继。到 20 世纪后期，规划学界也开始反思该项问题，城市规划范式则逐渐从同质化、工具理性的现代主义规范性规划，向渐进性、权力碎片化的后现代规划主义范式转变。在查尔斯·林德布洛姆 (C. E. Lindblom) 的渐进主义规划理论、保罗·达维多夫 (P. Davidoff) 的倡导式规划理论指导下，城市更新规划理论正逐步转向精细化、品质化与活力导向。在以存量资源再利用为主线的城市空间发展模式下，城市更新实践也开始从聚焦物质空间的修缮更新，逐步转向城市空间品质提升和公共领域更新干预，迈入"经济理性"和"公共理性"主导的更新新阶段。

在物质空间层面，"绣花功夫"的城市更新，指的是不再仅仅局限于各类空间要素"量"的提升，而是基于对空间场所的内部复杂性、个体认知差异性的系统盘点，对小微空间实施留、改、拆相结合的"一针一线"精细化处理，与此同时，更多运用微改造、混合改造等多种方式，实现对城市空间复杂性问题的有效解决，显著实现居住人群舒适体验"质"的提升。在制度设计层面，"绣花功夫"的城市更新，指的是围绕新公共管理运动，建立社区规划师、共同缔造等系列新制度机制，以时间上长周期的方式，突出城市更新的沟通协商与公众参与过程，将城市更新规划的角色由公共权威的辩护者转向复杂公共事务的组织者与协商者。

3. 从"守门员"到"引领者 + 守门员"

城市是一个自身持续迭代的有机生命体，城市更新则需及时响应城市发展的本质需求，不断孕育城市新功能。以往在城市增量发展时期，呈现以公权力往外部空间投放资源为主的特征，城市规划曾是经济宏观调控的一项重要工具。对于局部旧城、旧村或旧厂地区而言，政府部门更多的是从规划底线管理角度扮演"守门员"角色，通过对城市开发建设总量、速度及房地产市场的参与度等的调控，解决地方发展的负外部性问题，守住城市发展、土地开发的底线。随着城市以存量空间活化为主的发展模式转型，城市更新不再仅仅是局部地区的、单一物质性的存量土地再开发过程，规划扮演的角色更是从以促进经济增长为主，转向以社会财富再分配为主。

在此背景下，城市更新的"引领者"身份，指的是更多强调战略性国土空间功能区划系统思维的强化以及宏观政策与总体规划对城市更新的指导，使得城市更新成为以整个城市生命体为对象的持续性系统性工程。因而城乡规划发挥的不仅仅是城市更新的底线管控职能，更多是引领依托国土空间规划理论基础和实践框架，基于广州老城市新活力的发展目标，结合各不同区域战略价值的统筹谋划，推动规划和土地政策红利的充分释放。由此可见，城市更新将从特定领域的专项规划，走向全领域、综合性的协调规划；从某类专项措施或终极结论，走向规划引领的、开放动态的综合治理过程。

3.2 国土空间规划体系下的更新机制完善

3.2.1 空间规划体系重构：新发展阶段下的更新改革契机

2008 年全球经济危机以来，国际政治经济格局产生了深刻变化，随着城市未来发展路径转型，涌现出了一波规划新思潮。在此背景下，国土空间规划实质上旨在以全新的工作逻辑和技术体系开展全域全要素规划管控，推动国土空间资源配置更加有序高效，实现自然资源的保值增值。国土空间规划体系的构建，为探索以城市更新引领城市高质量发展的新路径提供了新的契机。在国家层级，重点明确城市更新是"五级三类"体系下的一类专项规划，对于传导方式、具体管控内容等留待地方探索；在广东省层级，重点明确了城市更新定义、类型、方式等基本概念，具体的规划、用地等安排及编制重点主要由市（县）层面讨论。广州市在国家、省的整体架构下，围绕国土空间总体规划、专项规划与国土空间详细规划开展了高质量更新规划编制探索。

1. "五级三类"的国土空间规划体系

国家"五级三类"国土空间规划体系的建立，具有行

政与技术的双重逻辑，实质上是土地、人力、产业等要素与内生动力等结构性变化所带来的规划技术体系重构（图 3-3）。全国国土空间规划纲要、省国土空间规划、市国土空间规划、县国土空间规划以及乡镇国土空间规划的"五级"规划体系中，各地方政府在自然资源资产化管理中发挥的调控与再分配职能愈发重要，存量规划编制的价值转向也更多体现在市级、县级国土空间规划层面。此类国土空间体系要求在市、县级国土空间规划中关注存量国土空间资源要素的合理配置，明确重构、调整的区域，以城市更新为抓手，科学布局生产、生活、生态空间。但对于具体如何编制国土空间体系下的城市更新专项，如何与国土空间规划衔接、如何突出更新重点，从而整体提升城市产业空间、适当合理增加生态绿地、便民设施等城市功能，仍然有待地方层面更多地探索。顺应国家层面的导向转变，各地方的规划编制也开始以重构型、调整型为主，开展对城市人地关系的再认识和对存量空间价值的再创造探索。

2. 广东省搭建城市更新单元详细规划的基本框架

广东省低效用地示范省建设的探索，源于政府为促进

图 3-3 "五级三类"的国土空间规划体系示意

村集体自下而上推进土地用途转变，而展开的一项土地二次开发与空间治理的实验探索，也成功实现了空间规划编制与土地政策设计的紧密联动配合。十余年后的今天，随着全球产业经济网络的重组，土地成为了国家要素市场化改革中的关键要素之一，广东省"三旧"改造试点探索已进入了深水区。如今低效存量土地涉及的权属主体愈发复杂、用地边界更为破碎，在保障社会权益的前提下实现的经济可行性难度更大，亟需更进一步探索更高效的土地利用方式。

近年来，广东省先后印发《关于深化改革加快推动"三旧"改造促进高质量发展的指导意见》和《广东省旧城镇旧厂房旧村庄改造管理办法》，相较于之前的 78 号文等政策，相关管理办法在更高的法律层面纲领性地明确了"三旧"改造的基本概念、改造类型、基本原则等，进一步巩固城市更新体制机制、强化规划管理，从地方立法层面为低效用地的盘活和提升提供更坚实的制度保障，推动开展一些地方性探索。将"三旧"改造的改造主体、用地审批、土地出让、收益分配等经过实践检验、成熟定型的政策举措从更高的法律政策层面予以明确，推动其继续长期发挥作用，深化"三旧"改造取得的突破性进展，进一步优化存量资源配置。可以认为，广东省系列新政的出台，为广州探索城市更新机制路径优化、持续保障城市的存量发展空间提供了强有力的法律政策依据。

3.2.2 城市更新传导机制：规划引领更新为主题的城市治理

在国家、省关于全面建立资源高效利用制度的总体战略

下，国土空间规划一方面赋予了城市更新全新的价值导向，使得城市更新成为实现城市治理与转型发展的一种综合性、整体性手段；另一方面，国土空间规划也是实施存量用地开发、利用、保护和修复活动的基本遵循，是确保城市更新落实地方发展意图、实现"一张蓝图干到底"的重要制度设计。

广州市把握国土空间规划体系建立的契机，承接广东省城镇低效用地再开发制度的优化工作，建立完善国土空间总体规划定目标定重点，专项规划建路径建机制，详细规划控指标定功能的城市更新规划管控传导机制。在"市域－分区（行政区）－单元"的三级空间规划体系下，市、区层面分别通过市级国土空间总体规划、区级国土空间总体规划明确城市更新对城市总体目标的传导路径、实施策略，形成基于广州市自然资源本底的存量空间总体安排与分区重点，进而发挥城市规划的公共管理职能和对存量土地使用的约束与引导作用（图 3-4）。

1. 市级层面发挥规划统筹引领更新作用

回顾广州市过去已实施的"三旧"改造项目，可以发现，在盘活低效用地、完善公服设施、提升人居环境品质、推进生态修复等方面取得显著成效的同时，也存在城市更新项目以自下而上推进为主、规划统筹引领有待进一步加强的问题。过去城市更新改造或多或少存在"就项目论项目"的情况，缺乏一个市域层面的综合性、系统性规划进行统领，城市发展战略意图未能充分体现。这导致了各项目改造后，土地开发强度普遍偏高，城市宜居度不高。相较于其他城市，广州兼具延续千年的重要历史价值与当前区域门户的战略地位，在空间发展阶段和资源利用特征上具有其城市特殊

图 3-4 广州市国土空间规划体系示意图

性。有必要充分思考如何发挥好市域层面的规划统筹引领城市更新作用，树立特大城市转型发展、持续发展、韧性发展的典范。

伴随社会经济由高速增长转向高质量发展，空间规划的重点也从城镇空间战略制定转向精细化空间策略谋划。广州聚焦民生需求、历史文化保护、生态环境保护与城市韧性安全，立足过去更新实践中行之有效的政策举措，在市级层面构建了一套涵盖规划统筹、土地整备、项目安排、实施模式、政策供给的系统性机制。在市级国土空间总体规划中一方面划定"三区三线"，通过城镇开发边界对城市空间蔓延的底线进行限定，另一方面对城市更新的总体要求与方向进行重点把控，分解传导国土空间总体规划以调整重构为主、结构性拓展为辅的空间发展模式。聚焦中心城区及重点功能片区、重大交通枢纽、重要商圈等核心区域，优化存量空间资源要素的节约集约配置。通过规划统筹、系统研究、分类指导、精准施策，持续发挥城市更新作为传承历史文脉、促进生态修复、优化城乡功能格局、营造宜居人居环境、促进社会协同治理的核心引擎作用，从而切实提升社会经济空间绩效与城市化效能品质，实现城市精明增长。

2. 区级层面发挥畅通上下传导作用

在区县层级，国土空间规划既服从于上位规划约束，又向下实施规划传导，其主要任务为构建上下贯通、传导顺畅的城市更新空间布局与指引，通过对市域层面目标定位、空间安排、重点要素配置等的分解细化，层级传导市级国土空间安排，落实存量资源的统一管理。区级层面的城市更新规划更兼顾前瞻性、战略性、实施性，以落实市级国土空间总体规划提出的城市更新目标与资源底线管控要求为前提，通过在行政区层面的城市更新资源梳理与底数盘点，明确本区城市更新目标与改造规模，保障空间资源配置上的协调一致。结合对过去的规划实施评估、思考，提出更新总体原则和战略，分区策略及建议。区级国土空间规划同时也对城市更新项目推进节奏起到有序把控作用，在规划中对行动计划、近期重点工作、政策框架设计以及规划实施机制等内容进行明确。

在区级国土空间规划中，综合考虑自然边界、公服设施等要素与更新项目实施计划，结合城市更新项目改造范围，划定城市更新单元边界。理顺单元边界与刚性控制底线的空间关系，对城市更新单元的产业发展指引、公建配套标准等提出方向性导引。重点提出市区统筹及重要公共服务设施的配建要求，基于区域产业发展研究明确产业功能定位及空间布局。

3. 单元层面发挥项目实施引导作用

城市更新单元详细规划是国土空间详细规划单元的一种类型，其作用主要在于指导低效存量用地再开发利用，对于规范城乡规划管理、维持有序保护开发均起到了重要的作用。城市更新单元详细规划以实施规划管理需求为导向，经市规委会审议通过、报市政府批准后，是相应地区国土空间各项建设、开展存量空间开发保护活动的法定依据，对广州市国土空间规划管理"一张图"的构建具有重要意义。

在规划编制层面，城市更新单元详细规划的编制重点在于落实城市战略意图、保障城市公共利益，保障重点发展平台与重大产业项目，完善重大基础设施与民生设施，支撑生态保护与历史文化传承。鉴于城市更新单元涉及改造主体、政府、社会公众、合作企业等多方权益，除需按照国土空间详细规划的技术规范要求编制外，还需对城市更新单元的目标定位、改造模式、规划指标、公共配套、土地整备、经济测算、区域统筹及分期实施等方面作出细化安排，从而促进存量土地的盘活以及有限土地资源瓶颈的破解。

在规划审批方面，完善"单元详细规划＋地块详细规划"分层编制和刚弹结合分级审批管控体系，从功能定位、主要用途、开发强度等方面实施分级分层的规划管理。具体而言，城市更新单元详细规划主要对刚性指标进行管控，地块详细规划主要对弹性指标进行管控。从而在详细规划技术层面强化规划统筹，提高编审效率，推进城市更新项目提质增效。

3.2.3 更新专项规划编制探索：全域存量资源谋篇布局

城市在各个不同的发展阶段，都有其匹配当前阶段的发展主题。在广州当前迈入世界级湾区竞争、以"老城市新活力"为核心命题的阶段，城市活力的提升有赖于不断完善的公共服务、高品质的人居环境、多元交融的文化氛围与持续的人才流入。城市更新在城镇化后期阶段，愈发是创造优良人居环境、提高市民生活质量和品质，进而解决城市发展过程中系列不平衡不充分问题的重要手段和必经路径。广州结合国土空间规划下的城市更新专项规划编制，正持续探索回归规划资源统筹、回应人本需求价值观，探索系统研究、分区引导、分类施策、分步推进的工作路径，强化双循环格局下的广州担当。

1. 战略承载，空间支撑

国家"一带一路"和粤港澳大湾区战略的提出，意味着广州迎来了引领世界级城市群、参与全球发展新格局的重大历史发展机遇，也注定广州需要以更广阔的视野来强化国际化大都市核心功能。面向新发展阶段、立足区域发展新格局，广州市以南沙新区、科技创新轴、东部中心、北部增长极、广佛高质量发展融合试验区等为空间载体，贯通区域城市功能走廊，构建区域经济发展轴带，深化面向世界的粤港澳协同发展。在日益开放互联、紧密协作的总体发展战略下，各区行政边界有所弱化淡化，均为湾区中分工竞合的重要核心节点，城市更新则成为推动土地、空间、经济、社会关系等全面调整的城市治理手段，也是打造世界一流都市圈、参与全球竞合的重要支撑。

立足广州城市发展蓝图，南沙新区现有存量用地约 39.7km²，拟重点先推进南沙湾、庆盛枢纽、南沙枢纽等先行启动区的更新改造，提升土地利用效率，加快高端功能集聚，打造高水平对外开放门户。东部中心现有存量用地约 64.1km²，将以枢纽赋能提质，聚焦新塘站、增城站，以城市更新储改结合挖掘空间潜力，推动周边区域客运枢纽集群整合，配置高质量产业空间，发挥其作为广州与深圳、东莞、惠州合作互联的职能。北部增长极现有存量用地约 78.5km²，将以空铁融合发展为重点，推动国家级临空经济示范区、花都商务区、北站商务区等功能平台的低效产业用地园区化、集聚化发展，打造经济新增长极。广佛高质量发展融合试验区可更新存量用地面积约 58.2km²，拟重点整合碎片化生态、产业、文化等资源要素，全局统筹土地资源要素，以实现区域协同治理。中心城区现有存量用地约 269.2km²，拟聚焦珠江西段、中央活力区、广州火车站、中轴线南端等重要节点，推进新河浦等历史文化街区保护传承及活化利用，助力产业复兴，再现粤府文化魅力，焕发老城生机活力。

2. 分区引导，资源统筹

传导衔接广州多中心、网络化的城市空间结构，划定 3 个城市更新一级分区，5 个城市更新二级分区，合理安排农业、生态、城镇空间，防止无序建设与蔓延发展，充分保护山水城市特色。按照中心城区核心区、中心城区及周边城区、外围地区三片城市更新区域分别明确区域总体更新定位功能，维育山、城、湾、海、江、田的区域山水大格局。以南沙、广州北部增长极、东部中心、广州南站等为重点，通过城市更新推动粤港澳大湾区重要区域基础设施建设，导入区域重大产业项目，促进国土空间格局更为集约紧凑、协调高效。

中心城区核心区面积约 220km²，以省会行政办公功能、千年商都传统商贸、1990 年代及以前的老居住区为主，需要兼顾历史城区保护活化以及非历史要素的存量地区资源优化与转型提升，进而推动传统城市中心复兴。中心城区及周边城区面积约 2360km²，是广州参与全球贸易经济、资本循环的重要空间载体。其中，中心城区主要是城镇建设用地相对连绵的区域，周边城区则以增城荔城、番禺市桥等行政划区调整前的市管县区为主，以完善城市空间功能结构、提升城市发展能级为主，通过城市更新解决当前城市发展阶段的"城市病"，整体提升城市宜居性与包容性。外围地区面积约 4854km²，以生态地区为主，是推动城乡融合、乡村整治提升的重要地区，以推动城乡统筹发展、实施生态修复为重点，着重预防"村中城""田中城"现象。通过分解传导国土空间总体规划以调整重构为主、结构性拓展为辅的空间发展模式，切实为区域协调发展提供土地资源要素支撑。

3. 分类施策，多元可能

城市更新有着多元化的更新对象，在物质空间层面涉及旧城镇、旧厂房、旧村庄、村镇工业集聚区、物流园、专业批发市场、历史文化街区等多类功能区域，涵盖了建筑、产业、土地、人群、文化等物质和非物质空间，需要以持续性、人本化的渐进方式推进更新改造。为更好地尊重原生环境、进而衍生出更有特色的地方性，广州结合独特的区域本土特色，延续城市历史肌理与山水格局，结合区域承载力与特色资源禀赋，将城市更新项目分为六类，以保障经济增长、产城融合、配套完善、人居环境提升等高质量发展要求。

历史文化传承活化型项目主要适用于老城区规模不大且成片集中拆除现状建成区的情况；重点平台型项目强调连片土地整合提升，引入高质量产业空间；重大基础设施型项目更多采用储改结合的方式，为区域设施建设腾挪空间；人居环境提升型项目主要适用于公共设施配套不完善、建设老化需提升的低效空间；新城新产业区型项目针对外围地区市、区重要产业平台，关注低效产业用地提质；乡村整治提升型项目聚焦位于连片生态区域的村庄，以综合整治等方式延续村庄特色风貌。总体而言，通过对城市运行规律、生态运行规律、社会经济规律等各类城市规律的研判，统筹形成针对各类城市更新项目的在地化策略，充分尊重社会经济空间发展的异质性。

4. 分步推进，预留弹性

城市更新有着突出的动态性，随着城市的生长不断扩张、调整和优化，后续城市增量预留空间有限。现状广州市有着较大规模的低效存量用地，占现状建设用地面积比例约⅓，已从大规模增量建设转为存量提质改造和增量结构优化并重的阶段。城市更新的规模取决于城市发展的建设用地需求规模以及增量土地可供应的规模。广州以"严控总量、盘活存量、精准调控、提质增效"的总体用地方针为指导，基于全市层面的建设用地规模总需求摸查，协调存量规模与增量规模安排，协调更新改造与土储市场的住房供应，统筹研判住宅、商服、工业各类用地的市场需求，多路径综合测算、合理确定广州城市更新改造总体规模，建立与城市增量发展规模相关的系统性机制，其目的在于有效解决土地资源日益紧张、增量建设用地规模不足的问题。同时建立城市更新规模动态调整机制，其出发点在于当国家、省、市相关政策发生重大改变，或者城市发展战略发生重要调整的情况下，全市旧村庄旧城镇全面改造与混合改造更新规模总量及项目可相应作出优化调整，从而确保项目的实施能动态符合城市战略意图。

落实国土空间总体规划与"十四五"规划要求，实施负面清单的项目规划管理机制，明确项目分布推进时序安排。结合后续城市重要产业项目、重大公共设施等的落地需要，在保持各区旧村庄旧城镇全面改造与混合改造项目更新规模总量不变的前提下，在科学论证的基础上，可对各区项目安排进行增减、时序进行优化调整，其出发点在于充分预留发展弹性、实现持续更迭的焕新。

3.3 城市更新单元详细规划的转型与创新

在国土空间体系下探讨城市更新单元详细规划转型，既是对现有规划管理制度的优化调整，更是对整体规划技术范式的一种革新。回顾广州过去数十年的更新项目实践，实际上是自上而下的政府规划管理与自下而上的市场实施项目反复协调、相互博弈妥协的过程，已经积累了大量规划实践经验。详细规划作为规划管理的重要法定依据，在城市更新项目从规划到落地建成的过程中发挥着至关重要的作用。在国土空间体系下探讨城市更新单元详细规划转型，既是对现有规划管理制度的优化调整，更是对整体规划技术范式的一种革新。

3.3.1 详细规划编制逻辑的转变

在国家 1980 年印发的《城市规划审批暂行办法》中，详细规划首次被明确为总体规划的深化和具体化。历经以地方政府为主的几十年规划管理，逐步构建了一套"法律法规－规章政策－技术标准"的控规管理体系。广州市是国内最早开始控制性详细规划探索的城市之一，在传导落实总体规划和控制性详细规划全覆盖等方面提供了先进经验。自 1980 年代开始街区规划探索以来，随着控制性详细规划技术规范的逐渐细化以及详细规划管理机制日益科学化、精细化，广州逐步实现控制性详细规划全覆盖。在这一阶段，广州立足于开发建设为核心、强调法定性与实施性的控制性详细规划管理，对涉及控制性详细规划调整的城市更新项目，主要在《广州市城乡规划条例》《广州市城市更新办法》等政策文件的指导下开展，经市政府批准的详细规划是实施方案编制、土地出让的法定依据。

随着广州市存量土地二次开发的需求越来越普及，城市更新作为进一步完善城市已建成区域的空间形态与产业功能的手段，往往涉及土地用途的变更。而存量地区详细规划的调整不仅反映了城市的总体战略意图与空间发展导向，同时也成为存量土地增值与收益分配的一个重要规划

工具。基于控制性详细规划拟定的规划设计条件，是决定土地经济价值的重要法定依据，并进而影响了相应的土地出让价格、土地出让金额度、收益二次分配等利益关系。而面向增量开发的控制性详细规划指标，专门针对存量土地再开发利用，提出规划管控指标与细则，在协调改造主体、政府、社会公众、合作企业等多方权益方面有待进一步完善。在此背景下，广州市于 2020 年开始开展城市更新单元详细规划管理机制改革，借鉴国内外先进城市经验，从优化编制思路、探索分级审批、精简审批流程等方面提出深化城市更新单元详细规划改革的方案，其目的在于为城市更新项目落地实施提供更有力的支撑。

3.3.2 建立城市更新单元管理制度

2019 年，广东省出台《深化改革加快推动"三旧"改造促进高质量发展的指导意见》，提出"三旧"改造单元规划可作为项目实施依据，由规划主管部门组织编制，经批准后作为控制性详细规划实施。对于"三旧"改造涉及控制性详细规划未覆盖的区域，"三旧"改造单元规划可作为控制性详细规划实施，"三旧"改造涉及控制性详细规划调整的，"三旧"改造单元规划可覆盖原控制性详细规划。该项政策与国土空间规划体系、现行规划制度进行了充分衔接，在国土空间规划体系下编制"三旧"改造单元详细规划，明确规划了编制、审批、实施等管理要求，进一步加强了对城市更新工作的规划管控，为广州市城市更新规划单元编审机制的建立奠定了政策基础。

"三旧"改造单元规划在广州市又称城市更新单元详细规划，是国土空间详细规划单元的一种类型，以低效存量用地再开发利用（城市更新改造项目）为主。在"人民城市人民建、人民城市为人民"的总体方针策略下，城市更新单元如何从物质空间转向综合服务供给？城市更新单元详细规划如何既传导落实国土空间总体规划要求，又提

高可实施性？面向上述问题，广州市立足传统控制性详细规划理论与实践经验，在国土空间规划体系下深化城市更新单元详细规划管理，更强调公共利益优先，创新"强制性"+"引导性"的单元管控机制，建立起一套规划引领与规划实施并重的城市更新规划创新体制机制。

强调科学合理划定城市更新单元。一方面，落实国土空间详细规划划分要求，综合考虑道路、河流等要素及产权边界、行政管理界线等因素，保证基础设施和公共服务设施相对完整，从而强化国土空间管理，实现功能空间合理布局、配套设施短板补齐。另一方面，基于多项目连片统筹的考量，以更新项目范围为基础，一个更新单元可以包括一个或者多个更新改造项目，从而系统提高存量用地使用效率，推动城市品质全面提升。

优化城市更新单元详细规划编制。从城市公共利益角度对编制内容进行优化，对城市更新单元发展定位与主导功能、产业发展指引、土地利用规划、综合交通规划、公共服务设施与市政基础设施规划、历史文化遗产保护和奖励指标等七方面内容进行统筹安排，以提升生活空间的品质为目标，提前谋划公共设施的运营管理模式，补强设施短板，保障更多市民的合法利益，创造出吸引人才的优质城市环境。在该城市更新单元规划管理机制下，更新改造模式不再以速度、效率为导向，更多强调高质量、高品质，从而综合推进存量空间资源高效利用。

完善城市更新单元管理配套政策机制。围绕城市更新单元详细规划管理制度，出台更新单元编审报批、土地整合、文化保护、产业配置、设施配套、交通评估、城市降温等配套政策，优化设施与产业配套标准，鼓励供给满足多层次需求的宜居住房、中低成本的生产与创新空间。可以发现，城市更新规划编制审批指引的明确，进一步强化了规划在存量更新中的统筹引领和刚性控制作用，既能够对城市空间进行有效管控，也能推进更新项目落地实施，在一定程度上协调解决了存量土地再开发的复杂利益博弈问题。

3.3.3 城市更新单元详细规划编制要点

1. 更突出规划统筹引领、承载力保障

资源环境承载能力是支撑城市建设、产业生产等人类活动的规模底线，也是保障国土空间规划科学编制的前提和基础。在国土空间规划体系下，广州提出需同步研究城市更新单元承载力，有利于系统认识城市更新单元范围内交通、环境、历史文化遗产等情况，保障存量资源的合理开发利用，统筹山水林田湖草和谐发展。结合城市更新单元交通、环境、历史文化遗产等承载力条件，明确城市更新单元的发展定位、建设规模与产业发展指引等内容，探索各城市更新单元的独特发展路径，构建精细化城市规划、建设、管理格局。

在城市更新单元详细规划编制过程中，开展常规性与特殊性相结合的专项评估，精细化保障特殊区域、环境敏感地区的可持续发展。一方面，开展交通影响评估、规划环境影响评估、历史文化影响评估等一般性、常规性评估；另一方面，专门明确涉及安全隐患的需编制安全隐患评估，涉及不良地质的需编制地质环境质量评估，预判存在重大社会矛盾的需编制社会风险评估，涉及其他工程项目纳入改造成本的需编制工程造价评估。以地质承载力为例，广州市地处低山丘陵向珠江三角洲过渡地带，地质环境条件复杂，地质界称广州为"中国地质博物馆"。只有通过对地质环境容量的准确认识和提前评判，才能从规划源头避免更新项目工程建设可能引发的各种地质环境问题和次生灾害，提升规划编制及城市设计的科学性。因此，广州重点强调对地质环境影响评估的先行研究，以补强城市综合防灾体系，建立城市更新工程安全隐患防范长效机制。

2. 鼓励整体连片改造

珠三角地区作为典型的密集城镇建设区，城市更新难免涉及复杂土地与物业权属主体的各类权益协调，复杂的城镇连绵区域的改造提升要求以城市更新单元为抓手，推动分散土地整合、连片土地提升，结构化解决国土空间发展利用问题。在广州城市更新单元详细规划编制中，强调土地整备与城市更新双轮驱动，支持集体和国有建设用地混合改造，通过搭配改造、混合改造、置换改造等多种方式，实现地块规则化和地块合并，促进连片改造区域内部的改造成本与收益平衡，为城市发展提供土地要素保障。

在整合多类型土地要素方面，实施多方式的土地整备。明确土地整备包括标图建库、需完善历史用地手续用地、"三地"、需征收的农用地、需整合收购的国有用地、需置换的土地、留用地与飞地、无偿交由政府的地块等工作对象，包含各类建设用地问题的"一揽子"复杂利益冲突协调解决方案，增强规划可实施性。在更新单元详细规划中重点

对土地整备方式、实施主体及实施路径、供地方式等城市更新单元内土地整备情况进行说明，鼓励通过土地收储、整备、置换、归宗、异地平衡等方式，打破既有的土地权属边界，通过行政力量或市场手段，将土地统一纳入更新改造，提高建设的集约性。在土地用途谋划环节，对城市更新单元安置用地、融资用地、政府收储用地的规划方案，城市更新单元复建、融资用地的净用地面积、规划建筑面积及其细分内容（含住宅、物业、公共服务设施、市政交通设施、文物古迹等）进行明确，从而确保城市更新项目能为市政基础设施和公共服务设施等的配置提供充足用地，促进城市高质量发展。

在整合高等级区域公共性设施方面，鼓励区域统筹。从公共利益统筹和公共服务设施统筹两个角度出发，对单个更新项目因用地和规划条件限制无法实现资金平衡的，首先在更新单元内统筹规划建设量。若在城市更新单元内仍无法实现规划建设量统筹，可将部分建设规模向外转移，在行政区内统筹或采用货币补偿等方式。对于城市更新单元内跨项目的公共通道、绿化空间、教育、医疗等公共服务设施，要求明确提出不同项目间设施衔接关系的处置方案，同时要求区域统筹的公共服务设施应符合服务半径要求，从而保证区域性设施的建设不因改造主体不同而受到影响。

3. 更注重公共利益落实

城市更新实质上是公共资源配置的一个重要途径。以往城市更新项目更多从激发改造主体的积极性、兼顾改造可实施性的角度出发，公服设施配建更以满足项目自身范围内的需求为主，多配套街道级、居委级的小规模公服设施，对市区统筹级公服设施的考虑较少，总体规模不足。随着城市的发展动力从劳动力密集型发展带动转为人的带动，城市更新需以解决存量地区公共服务供给短板为导向，谋求更多人的社会共识，保障面向多数市民的公共利益。

基于此，广州城市更新单元密切协调对接教育、医疗、文化、体育、养老等专项规划，健全多层次的公服设施体系，将保障政府公益性用地、公服设施与市政设施建设、产业用房建设等作为城市更新的重要内容。综合考虑用地情况，高标准配置公共服务设施，不断完善交通、电力、通信、环卫、给水排水等市政基础设施，全面提升项目的经济、社会、文化及生态等综合效益。结合多元化的城市更新手段补足设施短板，鼓励通过微改造方式活化闲置服务设施功能；鼓励通过旧厂房、仓库、公房、老旧商业设施等改造增设公共服务设施；鼓励电梯加装、"三线"规整、住宅成套化等老旧小区微改造，全面提高城市更新地区公共服务均衡化、优质化水平。在城市更新单元中统筹重大公服设施布局，提前预控了更新项目点状开花导致的大型公配缺位问题。

面向城市高速流入的外来人口的宜居宜业需求，明确城市更新中规划节余优先用于政策性住房配置，主要作为公共租赁住房和人才公寓使用。在降低居住成本、提升对外来人群吸引力的同时，坚持城市更新的空间公平原则，保障低收入人群、高技术人才等不同层次人群的居住需求，确保幼有所育、学有所教、病有所医、老有所养。

4. 加大对产业发展支持力度

面向世界科技前沿、经济主战场，高质量的产业发展是推动形成新就业岗位与吸引高素质人才，推动城市运营增值服务，并进而支持国家重大需求的发展引擎。必须强化国内大循环的主导作用，以国际循环提升国内大循环效率和水平，形成广州作为国际大都市对全球要素资源的强大引力场。而市场力量主导下的城市更新房地产繁荣，呈现出一种高投资、高回报、高周转的特征，随之而来的是产业发展空间的日益紧迫，存在导致城市发展陷入短期主义的一次性变现的潜在风险。据统计，广州年均新增工业用地供应量已从近 10 年的年均约 5km²，缩减至近两年的年均不足 4km²，产业空间供给亟需强有力的资源保障。

为此，广州城市更新单元规划更多关注产业注入带来的城市经济活化，在产业发展指引中对接产业区块线，提出产业转型升级方向、门类选择与发展指引，强化要素保障和高效服务；确定建设规模，提出产业空间布局，以保障高质量产业用地，推动产业转型升级。与此同时，专门针对涉及已划定的工业产业区块调整的地块，明确应提出具体的调整和占补平衡方案，以保障制造业发展底线规模，实现创新驱动发展，支撑"制造业立市"。

5. 更新营造城市独特魅力

城市风貌作为人类文明演进过程中物质空间形态与自然环境密切互动的产物，是承载城市记忆的重要场所，是城市活力的重要展示窗口。为避免追逐高容积率、地标效应所导致的城市特色风貌日渐趋同，广州市特别在城市更新单元规划中要求专章编制城市设计指引，从建筑高度、天际线、重要景观节点、绿地系统和开敞空间、风廊视廊等重要廊道、地区特色风貌控制等要素出发，维系区域特色风貌和人文精神，提升空间辨识度。城市更新单元规划在编制时，需落实上层次规划有关城市设计要求和重点地区城市设计方案要求，尤其对于重点地段、重要功能片区核心区的建筑，更鼓励知名设计机构和名家大师与本地设计机构紧密合作、共同参与，以更开放合作的态度开展城市设计，创造本土特色的高品质产业空间和凝聚多元美丽的活力街区，充分展现广州山城田海的特色风貌。

3.3.4　探索刚弹结合分级审批管控体系

如何应对城市未来发展的不确定性是开展国土空间规划的一大挑战，城市更新单元规划作为面向具体项目的实施性规划，唯有通过刚弹结合的管理手段，方能紧密维系其具体建设项目与城市长期发展目标的关联性。

总结过去十年"三旧"改造工作经验，广东省在《广东省旧城镇旧厂房旧村庄改造管理办法》中明确提出，推动"三旧"改造详细规划的分层编制、分级审批。区自然资源主管部门依据详细规划确定的改造单元总体指标等内容，可对改造单元范围内单个地块的规划布局、用地功能、建设指标等内容作出详细规定，报区人民政府批准，提高规划管理灵活性，加快项目编审效率，推进城市更新项目提质增效。

广州市在此基础上建立起"单元详细规划＋地块详细规划"分层编制和分级审批管控体系，在层级传导分解刚性要求的同时，也提高了具体项目规划的编审效率。城市更新单元详细规划主要明确城市更新单元的发展定位与主导功能、城乡建设用地规模边界、底线控制要素、历史文化资源、古树名木及其后续资源、开发容量、路网密度、次干道及以上道路红线、公共服务设施、市政交通设施、公共绿地和重点地区城市设计等规划管控要求。城市更新单元详细规划地块指标主要包括城市更新单元内的地块位置、地块界线、用地性质（含兼容性）、地块规划指标、支路线位和宽度、配套设施布局等管控要求。

城市更新单元详细规划由市政府批准，原则上不进行修改，确保全市规划"一盘棋"。因项目实施需要，确需优化地块指标的，在符合《广州市控制性详细规划局部调整和技术修正实施细则》要求的前提下，按照详细规划局部调整程序办理，从而为项目的实施预留弹性，也为充分应对城市发展复杂性提供可能。

第四章
历史文化资源整体保护与活化利用

作为国务院首批公布的历史文化名城，广州要实现"老城市新活力"，需要在城市更新中保护好、利用好历史文化遗产。在建立点线面结合的"市域—历史城区—历史文化街区和历史风貌区—历史文化名镇名村和传统村落—不可移动文物和历史建筑—非物质文化遗产"全要素体系的基础上，广州从保护制度、管理机构、规划编制、要素名录四个方面建立保护机制；并积极探索城市更新与历史保护协同推进的各项举措，包括灵活多样的更新改造方式、兼顾多方权益的管控方式、多源创新的保护资金支持、与保护协同的产业活化策略及持续完善的公众参与模式等。

4.1　广州历史文化保护概述：现状、价值与工作历程

广州是国务院首批公布的历史文化名城，有悠久的历史文化底蕴，保存了大量的历史文物、革命文物等，是中华民族悠久历史、光荣革命传统、光辉灿烂文化的直接体现。保护好、利用好广州历史文化遗产，可以提高广州文化软实力、焕发城市生机活力、转变城市发展模式，增强市民的自豪感、认同感、归属感和凝聚力，进而实现"老城市·新活力"。广州不断探索超大城市的名城治理道路，坚持城市更新与历史文化保护协同推进，将保护好、利用好历史文化资源作为彰显文化自信的有力抓手，作为塑造岭南特色风貌、推动高质量发展的重要载体，扎实做好历史文化资源保护工作。

4.1.1　历史空间资源现状

广州在推进城市更新相关工作中"始终把保护放在第一位"，形成"市域—历史城区—历史文化街区和历史风貌区—历史文化名镇名村和传统村落—不可移动文物和历史建筑—非物质文化遗产"六个层次的保护体系。

（1）保护历史城区，即风貌保存较为完整的 1949 年以前形成的城市建成区范围，包括由东濠涌—小北路—环市中路—环市西路—人民北路—流花路—广三铁路—珠江（珠江大桥东桥—海旁内街）—海旁内街—新民大街—革新路—梅园西路—工业大道北—南田路—江湾路—江湾大桥等具体边界围合形成的封闭环状地区，面积为 20.39km² （图 4-1）。

（2）保护历史文化名镇名村 7 处，其中中国历史文化名镇 1 处（番禺区沙湾镇）、中国历史文化名村 2 处（番禺区大岭村、花都区塱头村）、广东省历史文化名村 4 处（天河区珠村、花都区高溪村、番禺区谭山村、黄埔区莲塘村）；传统村落 96 个。

（3）保护传统街巷共计 378 条，其中一级街巷 74 条（图 4-2），骑楼街、传统街巷的格局和尺度得以较好保留。保护历史文化街区及历史风貌区共计 48 片，总面积约

38.34km²，其中历史文化街区共 27 片，历史风貌区 22 片，现状整体格局和风貌保存良好。

（4）保护文物保护单位 792 处、未定级不可移动文物 2612 处、历史建筑 828 处、传统风貌建筑 1206 处。另外，保护人类非物质文化遗产代表作 2 项、国家级非物质文化遗产 21 项、省级非物质文化遗产 95 项、市级非物质文化遗产 116 项。

通过对全域全要素历史文化资源的保护以及历史文化保护精品项目的打造，广州历史文化保护工作逐步得到全国乃至世界的认可，获国际国家级奖项 10 个、省市级奖项 13 个，生动讲述中国故事、广州故事；恩宁路永庆坊因其"文化激活历史街区"的示范作用，入选《上海手册——21 世纪城市可持续发展指南·2020 年度报告》全球 20 个城市实践案例；新河浦保护利用荣获联合国人居署 2019 亚洲都市景观奖；沙面保护利用获 2020 年国际 IFLA 奖；北京路保护利用获国务院通报表扬，登上央视新闻和各项热搜；诚志堂、双溪别墅历史建筑保护利用入选中国建筑学会建筑设计奖。

4.1.2　历史资源价值定位

广州背靠五岭，面朝南海与世界相通，在本土文化、中原文化与海外文化相互交融下形成的广州地方文化，具有多元并存的文化特质、开放兼收的文化性格。广州作为历史文化名城和千年商都，其核心历史文化价值可从四大方面进行定位，分别为"岭南文化中心地、海上丝绸之路发源地、近现代革命策源地、改革开放前沿地"，文化内核源远流长、经久不衰，是中华文化中延续性与开放性兼具的优秀代表。

1. 岭南文化中心地

几千年来，广州一直是岭南地区的政治、经济、文化中

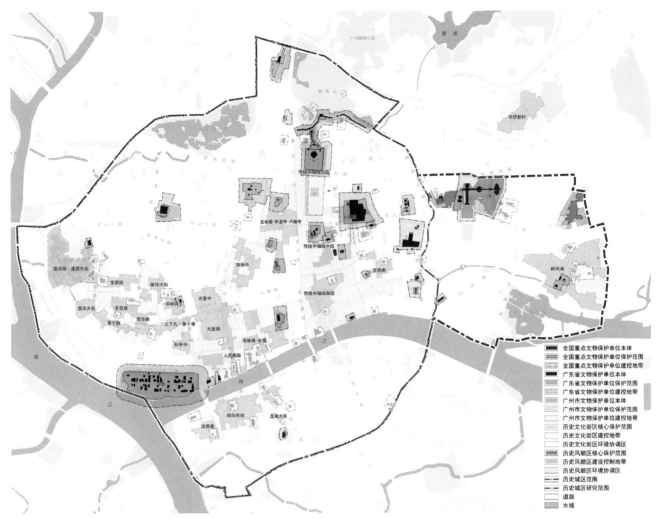

图 **4-1** 历史城区研究范围内空间格局要素分析图

（资料来源：广州市规划和自然资源局、中国城市规划设计研究院、广州市城市规划勘测设计研究院、华南理工大学建筑设计研究院有限公司，《广州历史文化名城保护规划（2021-2035 年）》）

心，是岭南文化的代表。从距今四五千年的新石器时期开始，建城前的百越文化、建城后的汉越文化融合和中西文化交融，一直绵延不断，广州形成了鲜明的地域特色。从考古文物到文献记载，从历史遗址文化、建筑文化、民俗文化、园林文化、商业文化、宗教文化到各种文化艺术，都贯穿着一种开放、变革、重商、务实的意识。传统的文化艺术，从粤语、粤剧、广东音乐、广东曲艺、岭南画派、岭南诗歌、岭南建筑、岭南盆景、岭南工艺到岭南民俗，都反映出岭南文化的丰富内涵和独具一格。

2. 海上丝绸之路发源地

广州是见证海上丝绸之路发展演变历史的典型代表地，对于促进古代中国同世界各地的经贸往来，促进全球海上贸易体系的形成以及全球海丝贸易体系的发展变迁发挥了重要作用。广州是两汉时期海上丝绸之路始发港和海外贸易首要进出口岸，三国时期形成以广州为起点的南海远洋航线，隋唐时期广州是东方第一大港，时至今日留下了许多文物古迹和标志性建筑，如光孝寺、西来初地、华林寺、南海神庙、光塔、怀圣寺、黄埔村古港遗址、清真先贤古墓、怀远驿、十三行、竹岗外国人墓地、巴斯教徒墓地（含巴斯楼）、琶洲塔等，相关历史遗存时代跨度大、类型和数量丰富，体现了广州与海上丝绸之路共生共长的历史。

广州同时也见证了中国对外商贸和文化交流的历史进程，在中华对外文化交往及贸易发展史中具有重要地位。广州商业自南越国时期开始繁荣发展，唐代中国最早的海关落户广州，广州成为世界性的贸易港口城市以及中国和世界对话的平台。明末清初国内实行海禁和闭关政策，全国仅留广州一口通商，广州成为中国唯一对外开放的港口，

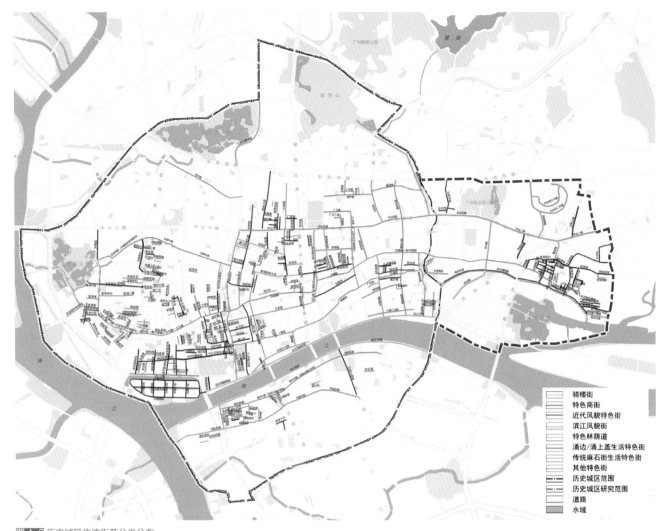

图 4-2 历史城区传统街巷分类分布

（资料来源：广州市规划和自然资源局、中国城市规划设计研究院、广州市城市规划勘测设计研究院、华南理工大学建筑设计研究院有限公司，《广州历史文化名城保护规划（2021-2035年）》）

垄断全国外贸，是广州海上贸易发展的巅峰。

3. 近现代革命策源地

广州是两次鸦片战争的发生地和见证地，是中国近代史的开端、近代中国人民反帝反封建的前哨。林则徐虎门销烟、珠江口激战、三元里人民抗英斗争等书写了近代中国人民反侵略战争的开篇。太平天国农民运动亦发源广州，沉重打击了清王朝君主专制统治秩序，同时有力地打击了外国侵略者，对近现代中国革命产生了巨大的影响。

广州是中国资产阶级民主革命的起点，是孙中山最重要的革命根据地和政治舞台，是近代中国民主革命的大本营和革命斗争策源地。孙中山在广州领导了1895年的"乙未广州起义"、1910年的广州新军起义、1911年的广州黄花岗起义等三次具有重要意义的革命实践活动，加快了

全国民主革命的进程。

广州是中国共产党探索中国革命新道路，最早进行革命实践和理论探索的城市之一。广州是中国革命统一战线发源地，通过开展第一次国共合作，推动中国民主革命进程。1927年，中国共产党在广州领导反抗国民党反动派的武装起义，即广州起义，是中国革命转折时期的新起点。广州起义后共产党领导建立广州苏维埃政府，是中国第一个由中国共产党领导的城市苏维埃政权机构，在中国共产党革命斗争史上具有重要意义。广州拥有数量丰富、类型多样的红色文化遗产，是中国共产党早期在广州开展的重要革命活动的历史见证。

4. 改革开放前沿地

广州是当代改革开放试验区的中心城市和窗口，在我

国改革开放中先走一步，实行"特殊政策，灵活措施"。1984 年以来，国务院先后决定把广州列为对外开放的沿海城市之一，全国科技改革、金融体制改革和市场经济综合改革试点城市。国家还批准广州市兴办经济技术开发区、高新技术产业开发区、南沙经济技术开发区和广州保税区，还兴办了出口加工区，进行全面的改革开放试验。

广州是中国较早启动现代化城市建设的城市，现代城市规划的理论和实践发展脉络完整。清末开始的沙面租界、西关住宅区、长堤大马路等现代化建设体现了西方城市规划理念早期在中国的应用。1914 年大沙头开发计划是中国人吸收组团开发、城市公园等先进理念自主进行的规划探索，形成了较完善的规划思路。

4.1.3 历史文化保护工作历程

自广州被公布为第一批国家历史文化名城以来，广州历史文化名城保护经历了从探索起步、体系构建、保护提升到保护活化协同等阶段。

1. 探索起步阶段（1982—1998 年）

在改革开放初期，工业化得到快速推进，城市化进程明显加快。老旧城区建筑破旧、设施滞后、土地利用效率低，历史文化资源在城市建设中不可避免受到破坏。1982 年，国务院公布广州为首批国家历史文化名城，广州市历史文化名城保护制度正式创立，但由于国家层面仅颁布了《中华人民共和国文物保护法》，历史名城可依据的法规较少，涵盖保护对象、保护措施、管理制度等内容的名城保护体系尚未建立。

《广州市历史文化名城保护与城市景观保护规划》于1983 年开展编制工作，划定了逢源街等三个"传统民居保护区"；1988 年《广州市城市规划管理办法实施细则》（穗府〔1987〕85 号）正式施行，明确了沙面、逢源大街等 7 个保护区，并制定保护要求和控制指标等。相较于之前侧重于古文化遗址、古建筑等点状文物的单体保护，保护对象涵盖的内容由点状文物逐渐扩展到文物建筑集中成片地区和传统民居，其内涵不断丰富。此时，广州市基本构建了点、线、面相结合的名城保护体系，但对名城保护的概念仍处于初步认识阶段，未能将其拓展至市域层面、名镇名村、历史文化保护区及历史建筑等其他层次。

在管理机制方面，广州市历史文化名城发展中心于1992 年成立，主要负责统一研究、宣传名城保护与发展工作。1996 年，广州市历史文化名城发展中心更名为"广州市国家历史文化名城办公室"，设于市政府办公厅。此时，广州已初步建立历史文化名城的管理机制，但对重大事项的议定、名城保护工作的监督指导、各职能部门的职责仍未有明确界定。

在此阶段，历史文化名城保护工作处于探索起步阶段，名城保护的概念较为笼统；对历史文化资源的摸查停留在市级以上文物保护单位；可依据的法律法规较少，难以指导具体的保护工作；管理机构的权责仍未明晰，机制体系仍未建立。

2. 体系构建阶段（1999—2010 年）

由于当时与历史文化保护相关的法律法规仅有 1982 年颁布的《中华人民共和国文物保护法》和 1990 年颁布的《中华人民共和国城市规划法》，且涉及历史文化保护的条款多为纲领性的原则规定，因此广州市历史文化名城保护工作早期以政策引导为主。《广州历史文化名城保护条例》于 1999 年正式实施，填补了此前广州历史文化名城保护工作在法律法规方面的空白，使得历史名城和历史文化街区的保护工作有法可依。《广州历史文化名城保护条例》的实施表明广州已逐步由政策引导转向法制建设。

在行政管理制度层面，1999 年 1 月，第一届广州市历史文化名城保护委员会正式成立，作为广州市名城保护工作的协调、指导、监督机构，其职责主要包括审核名城保护工作重大事项、监督指导名城保护工作、协调相关事宜、组织审核历史文化保护区等。名城委的建立首次为联动政府各职能部门及专家搭建了平台，提高了决策的科学性、合理性。

在规划编制层面，《广州历史文化名城保护条例》明确将历史文化名城保护专项规划纳入城市总体规划中。2003 年，广州市启动《广州市历史文化名城保护规划》编制工作，与此同时，一批历史文化保护区的保护规划开展编制并获批实施。历史文化保护区保护规划制定了精细化的"一表两图则"体系，即"建筑保护与更新导控表""保护建筑控制图则"和"环境要素保护图则"，针对具体的历史文化保护区提出相应的保护整治措施，并根据街区的特点选择建筑保护元素。保护规划的编制实施提供了具体的修缮、整治措施，精细化分类施策使得街区的历史风貌得以保留。

在保护要素层面，广州分别于1956年、1983—1984年及1999年进行了三次文物普查，均位于旧城范围内，普查对象均为文物保护单位。为丰富保护要素内涵，2006年广州开展了对近现代优秀建筑的两次征集。广州历史名城保护工作内涵逐渐由古文化遗址、古建筑等文物保护单位的单体保护拓展至传统民居等片区的整体保护，以及针对近现代优秀建筑的单体与群体保护等。

在此阶段，历史名城保护体系已初步建立，涵盖法制建设、行政管理制度建设、规划编制、保护要素等方面，保护理念逐步完整，对历史文化保护的认识逐渐提高，为后续历史文化名城保护工作奠定了基础。

3. 保护提升阶段（2011—2016年）

《广州市文化局职能配置、内设机构和人员编制规定》（穗编字〔2001〕86号）提出市文化局职能包括历史文化名城保护工作，内设名城处，加挂"广州市国家历史文化名城办公室"牌子。2011年，广州市规划局设立"名城保护处"，加挂"历史文化名城保护委员会办公室"牌子，进一步加强历史文化名城保护。自此，名城保护职能由市文物局调整至市规划局，强调了规划引领对于历史文化名城保护的地位和作用。

法规政策层面，2013年，《广州市文物保护规定》《广东省城乡规划条例》相继颁布实施，在地方层面提出历史文化街区等的保护要求。2014年，广州出台了《广州市历史建筑和历史风貌区保护办法》（市政府令第98号），针对历史建筑、历史风貌区制定了系统保护制度，明确历史建筑确定程序、资金保障等，在全国范围内率先设置历史建筑"预保护"制度。同年，《广州市历史文化名城保护规划》获广东省审批通过，建立了由市域到非物质文化遗产的六层次保护体系，并建立了全要素的保护名录。2016年，新一版《广州市历史文化名城保护条例》颁布实施，明确了保护规划的法律效力，创新普查前置和历史文化保护评估机制等。《广州市历史建筑和历史风貌区保护办法》《广州市历史文化名城保护规划》《广州市历史文化名城保护条例》共同形成了广州历史文化名城保护与管理的"三大宝剑"。

保护要素层面，广州市于2014年组织开展第五次历史遗产普查，相较于之前的历史遗产普查，此次普查规模更大、范围更广、内涵更丰富。在本次普查中完成近4000处不可移动文化遗产保护线索的登记造册，新掌握历史建筑线索791处，推荐传统风貌建筑线索3000多处。本次历史遗产普查基本摸清了广州市历史遗产的种类、数量、区位、环境及保护现状等，为历史文化名城保护工作打下了坚实基础。

在此阶段，负责历史文化名城保护工作的行政管理机构恢复设立，名城保护议事机制的建立，范围更广、内涵更丰富的历史遗产普查工作的开展，法律法规、保护规划等的相继颁布实施，均表明历史文化保护体系正不断完善，保护理念正不断加强。

4. 保护活化协同阶段（2017—2022年）

十九大报告中指出应"加强文物保护利用和文化遗产保护传承"。在此契机下，广州入选第一批国家级历史建筑保护利用试点城市，扎实推进一批历史建筑活化利用，出台一系列法规政策和标准，推动传统文化创造性转化、创新性发展。

2019年，《广州市历史建筑修缮监督管理与补助办法》（穗建规字〔2019〕15号）颁布实施。2020年广州市政府先后印发了《广州市促进历史建筑合理利用实施办法》（穗府办规〔2020〕3号）、《广州市关于深入推进城市更新促进历史文化名城保护利用的工作指引》（穗规划资源字〔2020〕33号）、《广州市非物质文化遗产保护办法》（市政府令第171号）等文件，针对历史文化街区、传统村落、传统风貌建筑等历史文化遗产的保护和活化利用提出了多项规定。

广州市先后出台了《广州市关于在城乡建设中加强历史文化保护传承的实施意见》（穗办〔2021〕10号）、《广州市关于在城市更新行动中防止大拆大建问题的实施意见（试行）》（穗办〔2021〕12号）、《广州市规划和自然资源局关于在规划管理中进一步加强生态环境和历史文化保护的通知》（穗规划资源字〔2021〕24号）等文件，均进一步强化在城乡建设、城市更新行动中的历史文化遗产保护要求。

至此，广州市历史文化名城保护工作已开展近四十年，其工作重心逐渐由各类历史文化资源的"冻结式"保护修缮，转变为"保用结合"的城市更新与历史保护协同的活化利用。

4.2　广州历史空间资源保护体系：系统机制与工作环节

广州历史空间资源保护体系可以总结为保护制度、管理机构、规划研究、要素名录四个方面。

4.2.1　构建保护制度，完善保护法规体系

为完善历史文化保护制度，构建"全专细"法规政策体系，广州总结世界成功经验，借鉴国际理念，健全长效机制。自1982年广州被公布为第一批历史文化名城，广州依据国家、广东省相关法规政策，结合广州实际，逐步完善历史文化名城的法规规章。同时，为实现城市更新与历史文化保护的协同发展，广州率先出台城市更新方面的名城保护专项政策。

1. 创新出台历史名城保护条例

多年来，为完善名城保护法规体系，广州市先后制定和修订了一系列法规文件，进一步明确了名城保护工作中的具体职能、保护对象等内容。20世纪90年代，广州市在国内率先出台《广州历史文化名城保护条例》《广州市文物保护管理规定》。2016年，《广州历史文化名城保护条例》修订，共7章78条，创设了普查前置、预先保护、适时评估等8项制度，强化政策法规的创新性和可操作性，让广州市历史文化名城的保护目标与要求、规划建设、部门管理、实施保障及监督等都有法可依，为广州市历史文化遗产的保护提供更加有力的法制保障。具体而言，《保护条例》有以下创新与亮点：

一是建立关于历史文化名城保护的议事机构。实际工作中市文管委、市名城委经常合并召开会议，且广州市开展的第五次文化遗产普查工作的范围涉及市文管委、市名城委工作职责。因此，《保护条例》将市文管委和市名城委职能合并，统一设立为"市文物管理和历史文化名城保护委员会"。《广州市文物管理和历史文化名城保护委员会议事规则》提出市文管委和名城委是市人民政府设立的文物管理和名城保护工作的协调、指导、监督、审议机构，其主要审议事项包括历史文化名城保护规划、重大政策措施等，并督促其落实；审议全市性文物重大政策措施；审议市级文保单位名单；指导、协调、监督有关工作等。会议视议题情况择期召开，原则上每半年召开一次，可邀请有关专家、人大代表、政协委员和公众代表参加，充分听取各方面意见。

二是注重压实区政府为保护主体的属地责任，构建横向到边、协同联动，纵向到底、层层落实的分工机制。2017年开始，广州市历史文化街区、历史风貌区、历史建筑等保护规划编制、上报及公布工作下放到各区人民政府实施。以区为主体的规定，形成"共编共管"，进一步体现各区的实际情况和发展诉求，加强了规划的可实施性，提高了历史文化保护的积极性。但区政府一般也是城市更新项目的责任主体，当面临城市更新与历史文化保护项目协同的情形，如何突出历史文化保护优先，则需要市政府及相关部门给予指导。

三是明确保护规划优先，效力等同于控规的法律地位，避免保护规划和控规两套流程重复。村庄规划和控规是目前法定的规划管理依据，而在实际的规划管理中，保护规划与村庄规划、控规的关系往往没有界定，导致"规划打架"，保护要求难以有效落实。由于保护规划内容的复杂性、审批部门层级均高于控规或村庄规划，《保护条例》第二十二条明确了控规和村庄规划应当符合经批准的保护规划。同时，《保护条例》对各类对象的保护规划明确了编制、审批和调整的程序要求，在编制程序上与控规和村庄规划予以衔接处理，提高规划编制效率。

四是构建部门管理实施机制。为使保护对象不被建设或者其他行为活动所破坏，除了需要做好保护规划，使得各项建设行为及其他行为能按照保护规划的要求进行以外，还需要相关部门对保护对象范围内的各类建设活动及其他

活动进行管理。《保护条例》明晰了各部门在历史文化保护工作中的职责，构建了全方位的部门管理实施机制。针对保护过程中的各种主体行为，如"新建、改建、扩建""日常使用、保养、添加设施和修缮""拆除和迁移"等，强化了城乡规划、文物、房屋、建设等主要部门的职责，明确了相关部门的管理程序。

五是长效保护的实施机制。历史文化名城保护工作是一项艰苦长期的持续工作，《保护条例》强化了长效保护的实施机制。首先，《保护条例》创新普查前置，将文化遗产核查工作前置于土地、房屋征收前，未完成普查或者调查的，不得开展征收工作。其次，创新历史文化遗产保护评估机制，将历史文化遗产保护影响评估（文评）与控规同步审查、公示、报批。同时，全面完善预先保护工作流程，被确定为预先保护对象的不得损坏或拆除，确保文化遗产保护线索在认定过程中不被破坏，期限为预先保护通知发出之日起 12 个月。

六是提出历史资源活化利用方式。除了明确各类对象的保护责任人、保护责任与要求外，《保护条例》还鼓励多样化的途径实现可持续的保护与利用，做到"在发展中保护、在保护中发展"。《保护条例》第五十二条提出，在符合结构、消防等专业管理要求和历史建筑保护规划要求的前提下，历史建筑保护责任人可以对历史建筑进行多种功能使用，例如用作纪念场馆、展览馆、博物馆、旅游观光、休闲场所、发展文化创意、地方研究等。同时，在符合相关要求的前提下给予简化程序的支持，例如，历史建筑实际使用用途与权属登记中房屋用途不一致的，无须经城乡规划行政主管部门和房屋行政管理部门批准。

七是明确行政管理机构的权责，明确处罚主体。为保障落实，《保护条例》专设监督检查章节（第五章），强化监督和处罚分责。对人民政府、部门的责任作出细致规定，对于区人民政府及其有关人员，如未按照条例规定组织编制保护规划、公布保护名录、履行保护责任、区政府向市政府进行汇报的，将对直接负责主管人员和其他直接责任人员依法追究行政责任；对有关部门，如未按照条例规定组织编制保护规划、核发建设项目规划许可、制定防火防涝安全保障方案、制定历史建筑分类保护和修缮技术规定的，由市人民政府或监察机关依据职权责令改正、通报批评，对直接负责主管人员和其他直接责任人员，依法追究行政责任。细化了对建设单位、个人或者其他有关主体违法的

处罚细则，明确了违法建设、违反禁止性活动、擅自损坏、拆除或者迁移建（构）筑物，尤其是擅自拆除历史建筑的责任。同时，根据部门各自职能，明确了各类违法行为的处罚主体。

2. 建立历史名城保护法规体系

除了《广州市历史文化名城保护条例》，广州市针对不同种类的保护对象还先后出台了一系列政策文件，其出发点在于解决不同类别的历史资源在保护活化利用中遇到的政策难点问题。除此之外，广州市还牵头编撰历史建筑数字化技术规范国家、行业标准和广东省地方性标准，内容涵盖规划编制指引、修缮造价标准、成果标准等，建立了较为完备的历史名城保护法规体系（图 4-3）。

广州市于 1999 年颁布了第一版《广州市历史文化名城保护条例》，将历史文化名城保护工作纳入地方法规，影响深远。针对在历史文化名城保护工作中遇到的难点问题，结合已批复的《广州历史文化名城保护规划》，对《广州市历史文化名城保护条例》进行修正，并于 2016 年正式施行。此外，在历史文化名城保护工作中存在修缮监管力度不足、修缮补助难落地、修缮利用审批不完善等问题，广州市出台《广州市历史文化名城保护条例实施工作方案》，强化相关职能部门和各级政府的工作职责，明确保护经费列入本级财政预算，设立区级历史文化名城保护委员会等，补齐工作短板。

在历史建筑方面，近年来广州市相继印发《广州市历史建筑修缮监督管理与补助办法》《广州市促进历史建筑合理利用实施办法》等规范性文件。《广州市历史建筑修缮监督管理与补助办法》明确了历史建筑修缮技术咨询、修缮计划制定、工程审核和许可、施工审批、竣工验收和修缮补助等全流程监督管理。《广州市促进历史建筑合理利用实施办法》在合理利用方式、土地出让环节管控、行政审批管理、消防安全保障等方面明确了促进历史建筑合理利用的具体办法。此外，针对历史建筑的修缮措施、造价标准、数字化规范等方面，广州先后出台了《广州市历史建筑维护修缮利用规划指引》《广州市历史建筑修缮图则》《广州市历史建筑修缮造价指标》《广州市历史建筑数字化技术规范》《广州市历史建筑数字化成果标准》等系列文件，确保历史建筑的修缮工作有章可循。

广州是较早将文物保护纳入地方政策法规体系的城市，

广州市政策文件

法规规章

《广州市历史文化名城保护条例》（2016年）

《广州市文物保护规定》（2013年）

《广州市历史建筑和历史风貌区保护办法》（2014年）

《广州市海上丝绸之路史迹保护规定》（2016年）

《广州市促进历史建筑合理利用实施办法》（2020年）

《广州市非物质文化遗产保护办法》（2020年）

配套文件

《广州市传统村落保护发展工作方案的通知》（2016年）

《广州市历史文化名城保护条例实施工作方案》（2018年）

《广州市不可移动文化遗产保护工作联动机制》（2015年）

《传统风貌建筑普查、认定、管理工作的指导意见》（2014年）

技术指引

《广州市历史建筑维护修缮利用规划指引》（2016年）

《广州市历史文化街区保护利用规划编制报批指引》（2018年）

《广州市文化遗产(不可移动部分) 查工作指南》（2014年）

传统村落保护发展规划编制报批指引》（2019年）

《村庄规划中传统村落历史文化保护专项规划编制要求》（2013年）

《历史文化遗产保护专章编制指导意见》（2014年）

《广州市历史建筑结构安全年度核查制度》（2018年）

《广州市历史建筑修缮监督管理与补助办法》（2020年）

《广州市历史建筑修缮图则》（2018年）

《广州市历史建筑修缮造价指标》（2018年）

保护对象

历史文化名城

历史文化名镇、名村及传统村落

历史文化街区

历史风貌区

不可移动文物

历史建筑

传统风貌建筑

非物质文化遗产

图 4-3 广州市与历史文化保护相关的部分政策文件

1994 年，广州颁布了地方性法规《广州市文物保护管理规定》。为进一步加大保护力度，夯实文物保护工作基础，加强文物保护机构和队伍建设，强化文物修缮保护和活化利用，大力推进城市考古和遗产保护，2013 年，广州市颁布《广州市文物保护规定》。2019 年，广州市文化广电旅游局印发了《广州市文物活化利用试行办法》，通过明确文物活化利用的基本要求和管理机制，发布文物活化利用技术措施指引，规范文物活化利用行为，调动社会各方参与文物活化利用的积极性。

非物质文化遗产也是广州市历史文化资源中不可分割的一部分。为更好地推动广州市非物质文化遗产的传承保护工作，切实、有效地解决在非物质文化遗产保护工作中遇到的难点问题，2020 年，《广州市非物质文化遗产保护办法》颁布实施，细化了非物质文化遗产项目的评审条件、明确了分类保护措施、规范了专家管理制度、规范了代表性传承人的管理，并鼓励和引导社会力量参与非物质文化遗产保护工作。

4.2.2　完善机构组织，探索保护机制创新

历史文化名城保护工作是一项综合性工作，除了完备的法律法规体系外，还需设立专门的议事机构对保护工作进行指导、协调、审议、决策。同时，保护工作还涉及规划、房屋、文物、城管等相关部门，需厘清各级机构的职能分工与管理权责。广州市注重完善历史文化名城保护的机构组织，构建市区之间、部门之间联防联控的名城保护工作机制，注重压实区政府为保护主体的属地责任，让名城保护的具体工作要求快速、准确、高效地传达到"最后一公里"。

1. 建立政府与全社会结合的联动制度

1）构建各职能部门之间协同管理的机制

历史文化保护是一项庞大而复杂的系统工程，城市历史空间资源的规划与保护是城市历史文化保护的重点方面，同样具有复杂性、系统性，涉及多个部门、多方主体。从广州的历史城区保护与活化来看，历史资源与周边民居相互穿插，空间上高度混合，对某项历史文化资源的保护与修缮，往往牵涉对周边民居建筑的整治提升；在保护与活化的内容方面，又往往涵盖产业功能的复兴、物质空间的提升、消防通道与设施的完善等，涉及城市商贸部门、规划与住建部门、消防部门等。从保护与活化的参与者来看，需要协调原业主的产权关系，如果要引入市场资金或企业主体，又需要注重保障公共利益，同时平衡业主、政府、企业等多方利益，从而实现政府与企业优势互补。

广州充分认识到部门联动、权责明晰对于有效实施历史文化保护的重要性。为充分调动全社会发挥保护历史文化名城的力量，政府出台相关条例，厘定各个部门在历史文化名城保护工作中的职责。依据《广州市历史文化名城保护条例》（2016年版）第五条的规定，历史文化名城保护涉及城乡规划行政主管部门、文物行政管理部门、房屋行政管理部门、城市管理综合执法机关及其他多个部门，涵盖了历史文化名城保护中大量的基础性、事务性的日常工作。

根据《历史文化名城名镇名村保护条例》（中华人民共和国国务院令第524号）等法规规定，大部分工作的具体管理、实施以城乡规划行政主管部门为主。广州市规划

和自然资源局主要负责组织各类保护对象的保护规划编制，并组织实施《保护条例》。《广州市人民政府转发市文化局关于明确文物保护单位管理机构请示的通知》（穗府〔1996〕20号）明确了广州市文化局是本市行政区域内的文物行政主管部门。广州市文化局负责各类法律、法规和《保护条例》规定的有关历史文化名城保护和监督管理的工作。广州市住房和城乡建设局的职责为保护范围内建筑物等的结构安全、使用、修缮等方面的监督管理工作。广州市城市管理和综合执法局则依据《保护条例》的规定行使行政处罚权。其余相关部门依据各自职责，共同做好历史文化名城保护的相关工作。

为了提高历史文化遗产保护利用的工作效率，形成多个部门的工作合力，需要做好以下几方面工作：第一，充分发挥"市文物管理和历史文化名城保护委员会"的平台功能，加强市政府统筹协调力度。第二，落实相关法规条文对"规划—住建—房屋—文物—城市更新"等主要部门的职责分工，充分发挥财政、城管、消防等部门的协调配合作用，切实保障相关政策的有效实行。第三，落实市、区两级政府实施主体责任，加快推进名城保护项目落地实施。第四，理顺区、街、居关系，重构街道管理框架，转变职能，更加注重公共服务和社会管理（图4-4）。

2）搭建政府部门与专家共同组成的议事机构

历史文化保护是一项跨越多种学科的工作，涉及人文社科与科学技术，如历史学、人类学、考古学、工艺美术史等，又涉及化学、地质学、建筑工程学、材料学等。因此，历史文化保护工作不仅需要政府及有关部门发挥各自职能，共同做好名城保护和监督管理的相关工作，更需要多种学科的学者专家提供专业知识与指导，从而进一步揭示文物的历史价值、艺术价值和科学价值。

2012年，广州市名城委对其组织架构进行调整，原市名城委只有政府委员，调整后包括政府委员与专家委员。新一届名城委中专家委员人数首次超过委员总数的二分之一，专家委员的地位和权威得到了提升，不再局限于为市名城委提供专业技术支持与建议，而是全面参与履行各项职责，与政府委员一同决策名城保护工作的重大事项。

为使各专业学者专家能更好地为历史文化保护工作建言献策，2015年将原市历史文化名城保护委员会和市文物保护委员会两个议事机构，合并为一个议事机构：市文物

图 4-4 广州名城保护管理机制

管理和历史文化名城保护委员会。设主任一名，由市长担任主任；副主任两名，分别由市委宣传部长、分管城乡规划的副市长担任；其他政府委员由相关职能部门的主要领导担任；专家委员会由考古、建筑、规划、结构、历史、博物馆、文物科技等专业的专家组成。

3）组织开展面向全社会的宣传推广活动

历史文化保护是全社会的共同责任，光靠政府力量、专家参与无法完成，还应当加强社会参与度。如果居民保护意识淡薄，文化素养不高，难以意识到历史文化遗产的价值，则建设性破坏行为将不可避免，因此提高文化素养、加强保护意识十分重要。为提升全民保护意识、促进多元保护利用、鼓励更多人参与历史文化保护利用实践、注重文化传承、展现"老城市·新活力"，广州市历史文化名城保护办公室开展了丰富多样的宣传活动，促进形成全社会合力保护传承历史文化的良好氛围。

自 2015 年起，广州市历史文化名城保护办公室组织指导举办了五届"广州历史建筑论坛"，为广州名城保护搭建了一个开放创新的学术与交流平台（图 4-5、图 4-6）。除论坛外，开展丰富多样的活动，如邀请专家学者分享保护利用工作经验；邀请专家学者导览历史文化遗产线路；制定路线探索打卡、体验城市风貌；以不同主题进行名城广州历史文化知识普及；组织社区、乡村、校园等参与活动；深度访谈历史专家学者以了解广州故事等。

2. 建立竖向行政监管、横向部门联动的行政保障体系

《广州市历史文化名城保护条例》（2016 年版）建立了"两级政府，三级管理"的纵向行政监管组织框架：发挥市人民政府、区人民政府、街道办事处（镇人民政府）、社区（居村委）各级管理机构的作用，要求市、区人民政府设立历史文化名城保护委员会，使其成为政府组织、协调有关行政管理部门做好历史文化名城保护工作的重要平台；明确市、区、镇（街道）三级政府历史文化名城保护的管理责任；区人民政府为历史文化名城保护的属地责任主体，镇人民政府和街道办事处依法履行日常巡查、报告等职责。强化属地职责，有利于历史文化名城保护日常工作的快速落实。

2017 年开始，广州市历史文化街区、历史风貌区、历史建筑等保护规划编制、上报及公布工作全部下放到各行

图 4-5 2015 年历史建筑合理利用粤港论坛
（资料来源：广州市规划和自然资源局）

图 4-6 2019 年"历史建筑的世界性与地方性"CanTalk 第五届广州历史建筑论坛
（资料来源：广州市规划和自然资源局）

政区实施。区人民政府作为历史文化名城保护的属地责任主体，其作用贯穿于各类保护对象的普查工作、保护规划编制工作、规划实施工作中。相较于市人民政府而言，区人民政府掌握更为详实的基础信息，对辖区内历史文化保护对象更加了解，有利于提高各类对象普查工作效率及保护规划编制效率；考虑到各行政区内部的实际情况、发展诉求与历史文化保护工作可能存在的冲突，区人民政府可统筹历史文化保护工作与区内经济发展工作，有利于提高保护规划编制的积极性；同时，区人民政府为保护规划的编制主体，则在编制过程中即可预先判断保护规划实施过程中的难点并提出相应的解决措施，极大程度地提高保护规划的可实施性。

除了纵向行政监管外，还建立了行政部门横向联动机制。包括历史文化遗产普查、保护个案、日常巡查及预保护方面的联动机制、应急处理机制等。《广州市历史文化名城保护条例》规定了历史文化名城保护工作涉及的市规划部门、市文物部门、市房屋部门、城市管理综合执法机关等的职能；规范了保护规划编制、保护对象的日常安全和维护、执法监督的全流程协同管理。

3. 调动社会积极性，共筑社会合力

1）实行全方位服务与监督

对于历史文化保护对象而言，其居民对历史文化有最深刻的了解和接触，也是该地区保护或改造产生的影响最直接的作用者。增加政府与居民的沟通，甚至可能增加政府与保护对象以外的广州市民的沟通，有助于取得保护及改造的宝贵意见和广泛支持。例如，2013 年 5 月中旬，越秀区金陵台和妙高台两幢民国建筑的去留在社会上引起广泛关注，金陵台经历了开发商的违规拆除、媒体的报道、公众的呼吁、专家的介入和原址重建过程，反映了全面保护意识的提高，有利于历史文化街区的保护。

除了公众监督以外，还需要具备专业知识与技能的机构为业主、政府等提供咨询和指导等服务。2015 年出台的《广州市历史建筑维护修缮利用规划指引》给予业主如何正确保护历史建筑的详细指引，并由广州市 3 家历史建筑修缮团队免费上门提供技术咨询和现场指导。截至 2018 年，已成功开展 86 处私人历史建筑的修缮工作。2019 年《广州市历史建筑修缮监督管理与补助办法》规定非国有历史建筑修缮可申请补助，最高可达 100 万元。

而历史文化遗产的空间权属十分复杂、社会关注度较高，其保护利用规划的实施必定是多方主体共同参与的，其中政府、市场和居民等不同主体对空间环境的诉求也大相径庭。第三方组织不仅可依法全程介入保护对象选择、保护内容确定、保护措施实施，还在一定程度上介入立法与执法中，在法制轨道中履行监督与咨询的权力，协助政府管理与民意沟通，是历史文化遗产保护体系的重要组成部分。

2）搭建共同缔造平台

以"政府组织、多方参与、社区自治"为策略，以成立工作坊为模式，构建平台，把党员、规划师、建筑师、法律工作者、居民等志愿者组织起来，形成党委领导、政府服务、社会协同、公众参与、法制保障的共建共治共享

模式，对涉及多方利益的问题进行协调、研究、决策。通过搭建这一多方交流技术平台，听取社会各界的意见，可以更好地开展历史文化保护工作。

以深井村共同缔造工作坊为例，为贯彻落实习近平总书记在党的十九大报告中提出的"打造共建共治共享的社会治理格局"目标要求，创新社会治理体系，将基层治理同基层党建有机结合起来，拓展群众参与社会治理途径和方式，推动深井古村落的保护和发展，广州市国土规划委、黄埔区国土规划局、黄埔区城市更新局、黄埔区文化集团、长洲街道、深井社区、深井经联社、广州市规划院组成结对共建党组织，为深井共同缔造工作坊开展古村微改造提供全面支持。内容包括深井茶话会、微改造策划方案公示、大学生规划设计课程、深井蜗牛市集等。

恩宁路历史文化街区成立"共同缔造"委员会，为各相关利益方发表意见、共同决策搭建了平台。恩宁路共同缔造委员会由九方面代表组成，具体是：荔湾区多宝街道办牵头，荔湾区城市更新局、荔湾区国土资源和规划局配合，统筹荔湾区人大代表、荔湾区政协委员、社区规划师、居民代表、商户代表、媒体代表、专家顾问等九方面成员共计 25 人参与。其中，改造范围内的居民和商户代表占了14 位，超过总人数的 50%。"共同缔造"委员会的建立为居民、商户等多元利益主体反馈意见、建议提供了渠道，并将各方意见进行梳理、汇总后提交给恩宁路指挥部决策参考，同时通过会议讨论、现场展示、媒体参与等多种方式将相关政策、方案公开宣传。

除"社区自治"的深井村共同缔造工作坊、恩宁路"共同缔造"委员会外，还搭建不同高校的师生、学者的学术交流沟通合作平台。2022 年 5—6 月，在广州市历史文化名城保护办公室、广州市规划和自然资源局、广州工业投资控股集团有限公司的指导下，由广州市城市规划勘测设计研究院、广州工控资产管理有限公司联合举办"广钢铁路新活力"联合工作坊。工作坊邀请知名专家、设计机构、高校和企业成立了广州名城保护联盟，集聚了华南理工大学、中山大学、广东工业大学、广州大学、广州美术学院五所高校的城乡规划、建筑学、风景园林等专业的 27 名学生和 10 名导师。工作坊充分调动社会力量，鼓励年轻人积极参与名城保护利用工作，将专业前沿的技术知识、公众的智慧创新等，运用至名城保护利用模式中。

4.2.3 强化规划编制，实现管理有章可循

广州市建立了历史文化名城各层次保护规划体系，与常规的法定规划体系对应和衔接。2014 年《广州历史名城保护规划》获得批准实施，北京路、传统中轴线、五仙观—怀圣寺—六榕寺等历史文化街区保护规划也相继开展编制并实施，各类规划编制工作标志着广州历史文化保护工作已进入了保护规划全覆盖的进程。通过规划的实施，历史城区传统格局、历史风貌和空间尺度得以传承，历史文化遗存得到有效保护。

除了历史文化资源本身的保护规划编制外，在城市更新中也始终把历史文化保护放在第一位。《广州市城市更新实现产城融合职住平衡的操作指引》等指引中强调，城市更新中涉及历史文化街区、历史文化名镇、历史文化名村、历史风貌区、传统村落，保护规划未经批准的，不得审批城市更新片区策划方案、详细规划方案和项目实施方案。

1. 保护规划的编制和实施

1）名城保护规划的编制

《广州历史名城保护规划》于 2003 年启动，2014 年正式批准实施。《保护规划》系统建立了广州的名城保护体系，明确了广州名城保护的基本方向，是指导广州历史文化名城保护的纲领性文件。《保护规划》构建了涵盖广州市域历史文化遗产—历史城区—历史文化名镇名村、传统村落—历史文化街区、历史风貌区—不可移动文物、历史建筑—非物质文化遗产六个层级的保护体系，提出了广州名城的整体城市设计框架为"山、水、城、田、海"特色的大山大海格局，构筑了"一闪一江一城八个主题区域"整体保护的空间战略；提炼了九大核心价值，确定了"历史悠久古都城、岭南中心文化城"等九大保护主题；明确划定历史城区范围，整体保护古城空间形态与格局，确定"一城二带多区"的历史城区保护结构。

《保护规划》要求尽快编制历史文化名镇名村等的保护规划。2017 年，中国历史文化名村广州市番禺区大岭村保护规划获得省政府的批复。截至 2021 年，6 个历史文化名村的保护规划已全部编制完成。保护规划对古村内的传统街巷、村落中的古井古树进行保护，对基础设施和服务

设施进行了合理配置，对湖面、鱼塘、河道和空间景观进行规划整治。改善古村落的人居环境、交通条件，完善基础设施水平，提高抗灾、防灾能力，并提出历史文化资源的适度活化利用策略。

广州市历史文化街区建立了"保护规划＋实施方案"的规划编制体系。2018年广州市将恩宁路历史文化街区保护利用规划和实施方案统筹编制，采用"保护规划＋实施方案＋建筑设计＋产业策划""四位一体"的创新方法，为历史文化街区保护利用提供全流程服务。方案编制从保护要求和实施更新两个视角同时切入，编制过程与保护规划和现场动态条件不断协调融合。

《保护规划》要求加快广州市域范围内历史建筑的普查工作，分批公布历史建筑名录。截至目前，第一至四批历史建筑保护规划已全部编制完成。依据《历史建筑保护规划》，广州每处历史建筑都有一张法定保护图则和一张核心价值要素信息图，将需要保护的内容逐一精准划定，并纳入控制性详细规划。

2）名城保护规划的实施及评估

2017年，广州市在新一轮城市总体规划开始编制的同时，针对已批实施的《历史文化名城保护规划》，开始推进全面的实施评估工作。在广州市国土资源和规划委员会的委托下，中国城市规划设计研究院、广州市城市规划勘测设计研究院、广州市岭南建筑研究中心三家单位联合工作，搭建起政府管理者、专家、企业、市民、民间团体等多方交流的技术平台，希望听取各界意见，对广州过去的历史文化保护利用实施工作进行评估，以更好地开展历史文化保护领域的前沿探索和创新实践。

《住房城乡建设部办公厅关于学习贯彻习近平总书记广东考察时重要讲话精神进一步加强历史文化保护工作的通知》（建办城〔2018〕56号）中指出"要加快建立历史文化名城名镇名村保护工作'一年一体检、五年一评估'的体检评估制度，制定反映历史文化保护状况的量化评价指标，形成动态监管机制"。结合住建部要求，广州市对历史文化名城名镇名村进行检查，认真梳理了现状资源的数量及变化情况，检验了保护格局和体系的完整性，深入检测保护要求落实情况，探寻保护规划实施过程中的新问题和难点。

《历史文化名城保护规划》实施后，广州历史城区的建筑高度、传统街巷均得到有效控制，对历史城区整体格局和风貌延续起到积极作用；26片历史文化街区均不同程度地进行保护修缮工作，周边环境要素得到有效整治；历史建筑保护的法规体系较为完善，保护名录基本确立。《历史文化名城保护规划》实施以来，保护工作取得一定成效，但仍存在一些不足之处。例如，历史城区内缺乏全覆盖的道路红线优化调整，名城规划与控制性详细规划的衔接较弱，管控要求并未统一；对历史城区的发展功能定位、空间品质提升等发展性研究与实践不足；历史文化资源修缮活化利用过程中，由于执法管理人员缺乏专业性知识，造成修缮错误、监管不力；保护修缮的资金保障仍有待进一步加强落实等。

2. 开展各类专项保护规划研究

为充分挖掘历史文化资源的价值，近年来广州开展了针对不同种类的历史文化资源、不同保护利用方式的专项保护规划研究。

除了开展广州市内的历史文化资源的保护规划研究外，广州市还联合其他地市开展了南粤古驿道的专项规划编制。2017年《广东省南粤古驿道文化线路保护与利用总体规划》基于全省域的古驿道系统调查，从文化线路视角，深入挖掘南粤古驿道的文化内涵，以活动促进保护，为沿线欠发达的历史城镇和乡村发展注入新动能。结合乡村振兴、乡村历史建筑保护，推进古驿道保护修复利用。

利用规划手段整合多种历史文化遗产资源，把旧有的街道、街区、建筑等历史资源点以步道的形式连接构成一个完整的历史文化保护系统及步行旅游系统，为人们提供了解历史的窗口。2018年《"最广州"丝路遗风＆古驿道历史文化步径规划设计》以广州历史文化资源为基础，综合考虑资源位置、文化特色、道路交通、建设条件等，策划了7条不同主题的历史文化步径，串联最能体现"广州味道"的文化资源，并开展沿线节点空间和街区的品质提升规划设计。

骑楼作为近代商住合一的建筑，见证了广州由古代向近代、现代转型的历程，彰显着传统岭南建筑特色，是广州历史文化遗产中不可或缺的一部分（图4-7）。2019年《广州市骑楼街保护利用规划》获广州市人民政府批准，确定了广州骑楼街"一环三带，四片十街"的保护格局，明确传统骑楼保护总长度26.5km，划定保护范围总面积47.05hm²，

图 4-7 北京路步行街骑楼

分类制定控制要求,并已全部纳入规划管理平台。

2021 年 10 月,《多宝路历史文化街区保护利用规划》经广州市审议批准公布,规划提出要严格保护街区内多条传统街巷和麻石板街巷,打造具有特色的慢行空间,让人们更好地体验西关风情(图 4-8)。多宝路历史文化街区以多宝路为主干,范围南至恩宁涌(元和街),北至逢源中约、经逢源东街至宝庆新北约,西至龙津西路,东至宝华路,街区保护范围面积 11.94hm²。多宝路历史文化街区以文化为脉络,建筑为媒介,形成西关风情体验区、粤剧文化体验区、众创空间、特色商住区四类功能区。

除此之外,与历史文化保护相关的其他规划也相继开展。例如,在交通方面,《历史城区控制性详细规划》兼顾名城保护与交通的需求,全面梳理修正历史城区的道路红线,实现历史城区传统风貌的整体保护;在规划实施评估层面,《传统街巷保护评估体系》挖掘广州市传统街巷的历史文化价值,以历史性城镇景观的研究方法对传统街巷进行整体价值分析,探索广州市传统街巷保护利用评价体系,以及广州市传统街巷分类保护与建设控制规划管理技术指引。

3. 整合统筹历史文化与城市更新项目

协同老旧小区微改造项目、历史文化遗产保护利用项目等与城市更新全面改造项目组合实施,在城市更新改造中探索在本区内跨项目统筹、开发运营一体的新模式,实行统一规划、统一实施、统一运营。

《广州市历史文化名城保护规划》中针对历史城区的建筑高度控制为"历史城区核心保护范围新建建筑高度控制在 12m 以下,建设控制地带控制在 18m 以下,环境协调区控制在 30m 以下",但在《保护规划》实施前已有许多项目办理了建设许可等。2016 年广州市北京路一个原规划为 158m 高的楼盘项目为减少其对北京路历史文化风貌的影响,进行"削顶瘦身",被"削"的建设量腾挪至东莞庄路地块上。

为保护历史文化街区而统筹区内其他城市更新项目,进行容积率的转移,可以将在老城区无法实现的开发量转移到其他地区,避免老城区大拆大建,对广州市历史文化名城保护意义重大。

街巷慢行空间
滨水慢行空间
人行道慢行空间
○○ 公共空间节点

图 4-8 《多宝路历史文化街区保护利用规划》慢行系统规划图
（资料来源：广州市规划和自然资源局、广州市城市规划设计有限公司，《多宝路历史文化街区保护利用规划》）

4.2.4　注重名录建立，实现全要素的保护

　　广州历史文化名城保护是一个全方位保护体系。在原国家标准《历史文化名城保护规划规范》（2005 年版）中确定的"历史文化名城、历史文化街区、文物保护单位"三个保护层次基础上，广州补充"市域、历史文化名镇名村、非物质文化遗产"等，其保护体系涵盖"市域—历史城区—历史文化街区和历史风貌区—历史文化名镇名村和传统村落—不可移动文物和历史建筑—非物质文化遗产"六个层次的历史文化资源，文化遗产普查范围涵盖全市域，同时构建文化遗产数据平台以实现对文物资源的全要素、整体性、系统性保护。

　　是否认定为文物资源，并不仅仅取决于建成年份，而是需要从历史价值、空间景观格局、建筑风貌、历史环境要素、社会价值等多方面判定历史文化遗产的价值内涵，经市文管和名城委审议后将推荐名单报市人民政府批准，然后正式公布。建立历史文化资源的保护名录，不仅实现全要素的保护，同时也是为了更好地进行城市更新。《关于深化城市更新工作推进高质量发展的实施意见》（穗字〔2020〕10 号）中强调"传承文化""保护'山水城田海'总体空间格局和'两带三廊、三道十区'的保护传承总体

结构"，鼓励延续历史文化遗产的传统格局、历史风貌，开发文化旅游等。保护名录的建立，明确了城市更新分类施策的对象，促进了城市更新的发展。就以旧村改造来看，文物保护规则构建是至关重要的，建立保护名录明确文物资源清单、保护措施等，避免企业等市场主体拆除或毁坏历史文化遗产，以牟取超额利润。

1. 建立全要素保护体系

　　广州率先建立全要素的保护体系。《广州历史文化名城保护规划》于 2014 年 11 月 11 日获广东省人民政府批准实施（粤府函〔2014〕233 号），《保护规划》建立了广州市六个层次的保护体系，并建立了全要素的保护名录。

　　在对市域历史文化遗产价值评价的基础上，根据广州历史文化名城的特色及保护主题，结合历史文化遗产的空间分布特征，在市域范围内构筑"一山一江一城八个主题区域"整体保护空间战略。"一山"指白云山以及向北延伸的九连山脉；"一江"指珠江及其大小河涌；"一城"指历史城区；"八个主题区域"包括莲花山自然人文主题区域、从化传统村落主题区域、沙湾镇岭南市镇主题区域、黄埔港丝绸海路主题区域、越秀南先烈路革命史迹主题区域、三元里抗英斗争主题区域、长洲岛军校史迹主题区域、

珠江沿岸工业遗产主题区域。

2. 推进全面的文化遗产普查

文化遗产普查工作是做好历史文化保护工作最为重要的前提。如果城市管理者、居民对自己所在的城市和地区"文物家底"不甚了解，无法清醒地意识到我们所拥有的历史文化遗产的资源价值，文物保护意识淡薄，将导致拆除、损坏文物等严重后果。

1956 年 2 月，第一次全国考古工作会议在北京召开，会议建议制定"文物普查保护管理办法"。此后，广州采取灵活措施，开展文物普查工作。1983—1984 年，全国开展第二次文物普查，规模远超第一次文物普查，但由于资金、技术受限，此次普查仍存在漏查。1999 年，广州进行了第三次文物普查。三次文物普查范围均位于旧城范围内，公布了六批共 219 处市级以上文物保护单位，159 处市登记保护文物单位。随着《中华人民共和国文物保护法》于 2002 年修订，人们对文物保护的意识逐渐提高，广州市于 2003 年 6 月在全市 12 个区、县级市内开始进行为期三年的"地毯式"文物普查，此次普查获得文物新线索 3000 多条，公布了一批共 134 处广州市登记文物保护单位，抢救了大批将被毁的历史文化资源，推动完善了文物保护法规等。

为建立全要素保护体系，2014 年广州市政府组织第五次文物普查和历史建筑普查。普查工作于 2015 年全面完成，此次普查历时近两年，是广州市历史上规模最大、范围最广、内涵最丰富的全市文化遗产普查。第五次文化遗产普查首次将历史建筑和传统风貌建筑列入普查范围，普查对象涵盖从文物保护单位到包括不可移动文物、历史建筑和传统风貌等在内的文化遗产。通过地毯式的普查和查漏补缺，旨在全面摸清文化遗产种类、数量、分布区域、场所环境，

了解掌握保护状况，健全完善文化遗产保护体系。第五次文物普查和历史建筑普查共完成近 4000 处不可移动文化遗产保护线索的登记造册，新掌握历史建筑线索 791 处，推荐传统风貌建筑线索 3000 多处，为后续的历史文化名城保护工作打下了坚实基础。

3. 建立历史文化遗产数据平台

广州完成第五次历史遗产普查后，已基本摸清广州文化遗产家底。2015 年广州市城市规划勘测设计研究院利用数字化平台构建全市域、多类型的文化遗产信息管理平台，解决了普查工作中外业采集成果为纸质表格、更新困难、缺乏精准的地理坐标信息等问题，保护对象包括不可移动文物、历史建筑、传统风貌建筑、古树名木等，实现了全要素保护。

以往绝大部分数据均以纸质形式存在，缺乏电子记录。信息管理平台综合 GIS、网络、软件开发、CAD 等技术，在统一的技术标准和数据标准的基础上，将历史文化遗产的数据纳入统一的信息平台进行"一张图"管理，确保数据格式统一、数据成果标准统一、数据坐标系统统一等，实现历史文化遗产信息的协同共享和动态维护，保障数据的实时性，为历史文化遗产的保护利用提供数字技术支撑。

平台可实时更新数据和动态维护，市级部门可对各区县进行动态监控。平台实现了与总规、控规等相关法定规划的协调和衔接，通过实时预警功能避免了规划审批结果与不可移动文化遗产"一张图"的矛盾。以往各级各类文物管理均基于电子表单、纸质档案等，平台将文化遗产保护工作纳入城市网格化管理的内容中，形成高效"一体化"的管理平台。此外，平台还可对公众开放，并基于信息平台开发手机 App，形成向公众共享、宣传、教育、传承保护文化遗产的公开信息平台。

4.3　广州城市更新与历史保护的协同：困难与探索

随着城市的发展，城市更新和历史文化保护从某种对立、冲突的关系逐渐迈向相互促进的方向。在以城市现代化建设为主要目标的城市更新过程中，最大限度地保护历史文化资源，寻求保护历史文化资源的有效途径，已成为城市建设中不可缺少的内容。城市更新不是将老城市变成冰冷的、割断历史的全新城市，城市更新不意味着"推倒重建"，历史文化保护并非"原封不动"，在保护"旧"风貌的基础上，活化利用注入"新"的活力。只有平衡两者的关系，在城市更新中做好历史文化保护，一方面深化历史研究、优先保护，另一方面做好规划、活化利用，才能促进历史文化遗产的可持续发展。

实施城市更新行动在《中共中央关于制定国民经济和社会发展第十四个五年规划和二○三五年远景目标的建议》中被明确提出，《建议》中强调"强化历史文化保护"是实施城市更新行动的目标任务之一。习近平总书记强调，要"加强文化保护，坚定文化自信"，由此可见在当前城市建设阶段，探索城市更新与历史文化保护的协同关系已愈加重要。

多年来，广州始终把历史文化保护放在城市更新工作中的第一位，以"修旧如旧"，保留原有街巷肌理，充分尊重历史、保护旧城风貌为工作原则，以"绣花"功夫，注重保护城市肌理、历史人文风貌，留住广州的记忆与乡愁，为实现"老城市·新活力"保驾护航。

4.3.1　城市更新与历史文化保护

当前，广州告别了以增量用地为主的时代，城市建设已进入存量焕新、内涵增值的时期，需要改变侧重盘活存量用地、追求土地经济效益的单一目标，将城市更新上升到城市发展战略的高度来看待，更注重改善人居环境、促进产业转型升级、传承历史文化、激发城市活力等多元目标的实现。

城市文化已成为促进城市转型发展的核心动力之一，历史文化资源在历史街区的更新提升中将发挥越来越重要的作用。对于具有历史文化积淀的街区，城市更新时不应大拆大建，而要通过可持续性的方式，推动城市微改造和有机更新。

广州实施城市更新行动历来高度重视历史文化保护，严格落实历史文化名城保护条例和保护规划。2016年1月1日颁布执行《广州市城市更新办法》，第六条明确规定"城市更新应当坚持历史文化保护，延续历史文化传承，维护城市脉络肌理，塑造特色城市风貌，提升历史文化名城魅力。城市更新应当根据不同地域文化特色，挖掘和展示名城、名镇、名村和历史街区、旧村落、历史建筑等文化要素和文化内涵，传承城市历史，发挥历史建筑的展示和利用功能，实现历史文化产业保护与城市更新和谐共融、协调发展"。广州首创"微改造"模式，作为改善老城区人居环境、历史文化街区保护活化的主导方式。

广州率先出台城市更新方面的名城保护专项政策。2020年广州市委、市政府印发实施《关于深化城市更新工作推进高质量发展的实施意见》，广州市规划和自然资源局同步配套出台《广州市关于深化推进城市更新促进历史文化名城保护利用的工作指引》，是全国首个城市更新方面的名城保护利用专项政策。《指引》从工作目标、基本原则、主要内容、监督实施四个方面，明确了广州在新时期城市更新工作中历史文化保护传承的各项要求，强调应以习近平总书记视察广东的重要讲话精神以及关于历史文化保护的重要指示为根本遵循，深入推进城市更新与历史文化保护传承、创新活化利用、人居环境提升协同互进，高度重视历史文化保护，不急功近利，不大拆大建，突出地方特色，注重人居环境改善，注重文明传承、文化延续。以传承和弘扬优秀传统岭南文化，加快建设岭南文化中心和对外文化交流门户为目标，坚持保护优先、合理利用、惠民利民、鼓励创新的原则，实现广州老城市新活力，推动高质量发展。

2021年6月以来，中央、部委相继印发《关于在实施城市更新行动中防止大拆大建问题的通知》《关于在城乡建设中加强历史文化保护传承的意见》等文件，提出了在城乡建设中要系统保护、利用、传承好历史文化遗产等工作要求。针对中央、部委的要求，广州市第一时间出台落实文件，包括《广州市关于在城乡建设中加强历史文化保护传承的实施意见》《广州市在城市更新行动中防止大拆大建问题的实施意见（试行）》，进一步强化历史文化遗产保护要求。

广州市规划和自然资源局于2021年10月印发《关于在规划管理中进一步加强生态环境和历史文化保护的通知》，《通知》中强调，要加强底线管控和历史文化遗产调查，开展历史文化遗产影响等各类专项评估，注重延续城市特色风貌，加强对古树名木和自然植被的保护。

保护好历史文化名城是未来广州彰显文化自信的有利抓手。面向2035年，广州将以"美丽宜居花城、活力全球城市"为建设目标。因此，加强历史文化遗产的保护与利用，是实现"老城市·新活力"的重要环节，是延续广州历史脉络，提升城市活力与美丽度的重要举措，更是广州增强城市文化认同，提升城市文化软实力的必然要求。

4.3.2　更新保护协同存在的难点

1. 保护与更新之间存在矛盾

随着社会经济、产业的高速发展，城市有必要对现有物质空间等进行更新改造，以适应新的社会经济客观环境。历史文化保护工作则强调历史文化遗产的延续，如肌理格局、特色风貌等多种历史文化特征。而城市更新、历史文化保护往往存在多种矛盾。就以建筑高度为例，广州历史城区内严格控制建筑高度，而建筑高度受限将直接导致建筑所有者难以享受到完整的土地权益；部分开发商或业主为了追求一时的经济利益，罔顾历史保护要求，突破建筑高度限制、增加建筑面积，以攫取经济利益，从而导致部分优秀的历史建筑被拆除、历史街区的保护难以推行等问题。拆除重建类的城市更新，以经济为导向，一味地追求全球化、现代化的城市发展方向，将导致传统街区、特色风貌遭到破坏；而"冻结式"的历史文化保护，

对历史文化保护和活化采取消极态度，则会造成片区发展停滞，甚至倒退。因此，如何在城市更新中统筹兼顾历史建筑保护活化和所有者的财产权、发展权，从而实现"在发展中保护、在保护中发展"，就成为更新保护工作的重难点。

2. 文物保护资金来源单一

修缮、保护历史片区内的历史建筑，提升片区内基础设施等往往需要大量的资金，为保障资金充足，其他国家除了公共财政投入以外，还探索多种途径获取文物保护资金。例如，埃及将金字塔考古直播权卖给电视机构，从而筹得大笔资金，同时又求助于国际社会，联合国教科文组织及多国专家对其进行援助。法国政府出台相关政策，鼓励有实力的基金会、企业和个人出资支持文化遗产保护事业。我国历史文化保护工作的资金基本源自政府拨款，融资渠道单一、狭窄，流入省、市、县的文物保护资金较少，导致地方政府对保护工作的资金投入不足。目前，多元化的社会投资体制尚未建立，资金流入渠道不够通畅。文物保护资金相对匮乏，因此许多历史建筑、历史片区得不到较好的修缮和保护。

3. 产业低端、活力不足

一旦被认定为历史建筑或历史文化片区，受相关法律法规限制，片区的发展将受到一定程度的制约。非历史片区的建筑可能由于满足"三旧"政策等的条件而进行城市更新，实现快速现代化的改造，从而引入高端现代产业。相反，历史片区发展可能会相对滞后于非历史片区，同时，由于缺乏保护资金，历史片区内基础设施建设落后，建筑得不到维护、修缮，造成人居环境恶劣、居民逐渐外迁、片区内建筑长期处于闲置状态，未能得到活化利用等一系列问题；由于人口外迁，片区整体活力不足，导致产业业态愈加低端，最终将形成产业低端、人口外流、片区活力不足的恶性循环。

4. 面向公众的组织模式缺失

组织模式的缺失，将会导致居民、政府与第三方沟通不畅。例如，在历史片区更新保护过程中，鲜有公众参与、发声的平台。事实上，在更新保护规划编制时，公众很难真正参与；而一旦方案公示，推翻或大幅修改方案的可能

性较小。无论是保护修缮还是拆除重建，公众作为权利主体之一，往往只能被动地接收信息，没有相关的渠道反馈意见，无法及时与政府沟通。因此，公众参与的缺失、信息的不对称，导致居民与政府主体、设计建设团队等存在较大矛盾。

除了在更新保护规划中的公众参与，在实际的建筑修缮保护工作中，公众的实质参与权、话语权同样需得到保障。以沙湾古镇的建筑修缮为例，美术施工队常以工期短、成本高等理由擅自变更修缮所使用的材料，而居民往往等建筑修缮工程结束后才发现，但已无法挽回。例如，大巷涌路35号安装彩色玻璃铁艺花窗，由于材料被施工队擅自变更而导致窗户重量翻倍，存在坠落的安全隐患。考虑到他人的安全，业主平时只能开一小扇窗，而将其余窗口封闭，导致室内采光变差，居住质量大为下降。

4.3.3 广州在更新保护协同中的探索

1. 灵活多样的更新改造方式

针对不同种类、不同特征的历史文化资源，广州探索了多种更新保护改造方式，例如针对历史文化街区的成片连片、整体保护的方式，以及针对不同建筑单体的精准修缮保护的方式和针对规划定位尚未明晰的"临时建设性"更新方式。不同于"冻结式"的静态保护，因地制宜、分类施策，才能使得各类历史文化资源得以在保护传承中提升空间品质、改善人居条件，实现更新保护协同发展。

1）成片连片保护方式

恩宁路历史文化街区作为广州市历史文化街区中第一个进入更新实施的街区项目，采用"绣花"功夫，从全流程规划的角度，对广州历史街区保护及活化利用作了一次积极实践。恩宁路历史文化街区以恩宁路为主干，是广州最完整和最长的骑楼街的重要组成部分，被誉为"广州最美骑楼街"。恩宁路作为老西关地区的重要组成部分，是近代广州粤剧曲艺、武术医药、民间手工艺等传统文化传承最密切的地区之一。

不同于针对单一历史建筑的修缮保护，成片保护利用模式是对历史文化街区整体保护利用的方式，推动成片改造可以激发片区活力，提高历史文化街区的整体效益。在

城市规划和建设中高度重视历史文化保护，坚持城市修补与历史文化保护活化相结合的原则，"修旧如旧"保护原有街巷肌理，在科学合理的活化利用中促进保护，在保护改造中完善片区功能，真正"让城市留下记忆，让人们记住乡愁"。推进成片连片微改造理念，因地制宜制定历史文化街区改造方案，对历史文化底蕴深、商业氛围浓的片区实施整体策划改造，挖掘、延续历史文化特色，促进历史文化保护与城市发展相融合，进一步探索研究、总结经验，促进老城区品质提升和历史文化街区的有机更新。

恩宁路历史文化街区保护规划范围16.03hm²，其中微改造范围11.37hm²，实施方案设计范围6.6hm²。恩宁路保护规划与实施方案同时编制，一并提交名城委审议。实施方案内容包括保护传统肌理街巷；保护67株现状树木；保护提升640m骑楼街道品质；活化贯通500m公共水岸；增加约9000m²公共活动空间；落实保护规划13处公服设施并新增多处传统文化、当代艺术、社区服务和旅游服务设施；活化4栋文物周边场所、5栋历史建筑、2栋传统风貌建筑和22处不可移动文化遗产保护线索等。

2）分类施策，精准保护

泮塘五约微改造项目位于荔湾区中山八路以南、泮塘路以西、荔湾湖公园东北，东北面临近仁威古庙。泮塘村是广州历史城区中几乎仅见的保留有完整清代格局、肌理和典型朴素风貌特征的多姓宗族共居的乡土聚落，与广州常见的宗族村落不同，泮塘五约的形态具有更浓厚的自然特征和来自神祇、乡约制的影响。

泮塘村有近千年的历史，本应能较好地保持原有的村落格局与基本风貌，但由于泮塘村北面中山八路以及批发市场带来了巨大的交通压力，巨大的批发库房需求迫使泮塘村北部大量新建房成为物流库房，村落的东、南、西面与荔湾湖公园用围墙相隔，使村落与周边城市基本完全隔断。旧村内的无序翻新导致历史价值遗失；复杂产权、传统业态和外来人口的影响导致古村落的功能性衰落；与公园的分隔，带来了公服设施配套不完善、消防隐患、内涝等问题。

由于建造年代、所在区位、建筑体量、居民活动等不同因素影响，即使是都位于泮塘村内的建筑群，其外观、结构等各方面也存在较大差异。因此，建筑的更新修缮工作应分类施策，依据不同建筑的特点采取差异化的更新方式。

在现有征收条件的基础上，梳理并恢复原有街巷与传统风貌景观；对重点公共空间节点进行升级改造，对征收房屋进行保护修缮、适度微改造；改善村内及周边的居住环境；增加必需的生活配套设施以改善民生条件。对改造范围内全部建筑房屋分类给予针对性的改善措施（图4-9）：一是修缮类（文物、历史建筑），基于组织现场测绘与研究分析确定保护的方法，通过科学而严谨的修缮方式恢复其原有风貌；二是改善类（传统风貌建筑），在保留建筑价值部分的前提下，通过局部改造、功能置换等办法进行微改造更新；三是保留类，对部分建筑质量较好，不影响村落整体风貌的房屋予以保留；四是整修类，对大量普通房屋在整体考虑村落传统风貌的前提下，进行整修性的微改造；五是拆除类，对部分年久失修的倒塌房屋和不具有任何历史价值、临时搭建的公产房屋予以拆除，抽疏村落空间作

为景观和公共空间。同时，对主要历史巷道进行重点整治，运用传统材料恢复传统历史风貌（图4-10、图4-11）。

3）"临时建设性"城市更新

红专厂前身为筹建于1956年的亚洲最大的罐头食品加工厂——广东罐头厂。1994年广东罐头厂更名为广州鹰金钱企业集团公司。2004年，政府将红专厂地块收为储备用地，由鹰金钱公司代管。后来鹰金钱公司整体搬迁至从化，罐头厂地块闲置。2009年集美组入驻，将其更名为红专厂并正式对外开放。由于广州"三旧改造""退二进三"等政策影响，天河区政府决定保留红专厂，并成立"红专厂艺术设计有限公司"来进行管理运营。之后，红专厂逐渐发展为知名的艺术文化社区，与政府机构、艺术文化机构、领事馆、大使馆、高等院校等建立了友好合

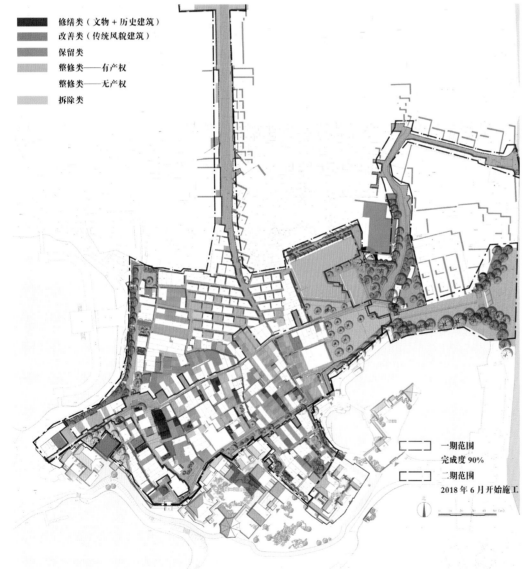

图例
■ 修缮类（文物＋历史建筑）
■ 改善类（传统风貌建筑）
■ 保留类
■ 整修类——有产权
■ 整修类——无产权
■ 拆除类

▢ 一期范围
完成度90%

▢ 二期范围
2018年6月开始施工

图4-9 泮塘五约建筑分类分策示意图
（资料来源：广州市荔湾区建设项目管理中心、广州象城建筑设计咨询有限公司、广州市民用建筑科研设计院，《广州泮塘五约微改造项目》）

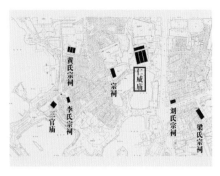
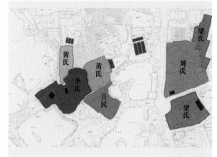

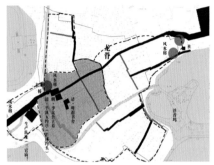

图 4-10 泮塘五约传统风貌肌理梳理示意图

（资料来源：广州市荔湾区建设项目管理中心、广州象城建筑设计咨询有限公司、广州市民用建筑科研设计院，《广州泮塘五约微改造项目》）

图 4-11 泮塘五约改造前后对比

（资料来源：广州市荔湾区建设项目管理中心、广州象城建筑设计咨询有限公司、广州市民用建筑科研设计院，《广州泮塘五约微改造项目》）

作关系，并成功举办了数百场展览、文化活动、论坛、讲座等。2010、2011 年红专厂被列为广州市重点建设项目，并入选首批"国家级文化产业试验园区"名单。2013 年，园区地块被纳入广州港国际金融城二期规划范围内，陷入拆迁风波。为避免受拆迁影响，部分企业和工作室选择在首次租约到期后迁出，因此红专厂园区日渐衰落。2015年年底，广州市政府复函称红专厂将"部分保留，部分开发"，保留部分苏式厂房及价值较高的建构筑物，将其整治修葺后予以活化利用，其他地块规划为文化设施用地、商业商务用地、居住用地和交通站场用地，形成多功能综合片区。

工业遗产的保护和再利用模式较多，将其改造为文化创意产业园区的模式最为常见。在工业遗产基础上发展起来的文化创意产业园，有机地将工业遗产的保护、文化艺术的创作、展示、商务办公、文化旅游等相结合，有利于文化创意产业集群的形成发展，也有利于工业文化遗产得到集中保护。红专厂的更新改造内容，主要为将原有生产车间、厂房等转换为展览馆、设计工作室、画廊、餐饮店铺等。改造中保留了原来的建筑结构，对建筑外立面进行了必要的修缮和加固，同时移除了原有的生产设备和机械装置，以适应新的使用功能。保留了原厂区的红砖烟囱，成为红专厂的艺术地标。

红专厂改造为文化创意产业园区的改造模式带有"临时建设"性质，这种改造模式可以避免工业遗产的仓促规划、盲目开发或长期闲置，从而避免导致存量空间资源浪费的问题。在具体实施过程中，可参考荷兰阿姆斯特丹工业遗产的柔性开发策略，在工业遗产暂未制定活化利用计划或明确其具体功能的过渡期内，开展一系列基于遗产保护、以盘活闲置空间为目标的临时性功能置换或建筑改造，在遗产空置期提高存量空间资源利用效率，同时为广州城市文化艺术等活动提供低成本的空间载体，提升创新创意环境。红专厂文化艺术机构在罐头厂地块土地收储管护期间，租下这一场地进行开发利用，转变为文化创意产业园区，无论是建造资金成本还是时间成本均远低于新建园区，给当时的文化创意产业提供了相对廉价的生存空间与孵化环境，为设计师、艺术家或机构提供了一个大的空间和良好的氛围，促使他们个性化地生存发展；在社会效益方面，避免了拆除建筑产生的噪声、粉尘污染，对保护生态环境起到一定的积极作用，更有助于激发市民对工业遗产的保护意识。

2. 兼顾多方权益的管控方式

在历史文化保护工作中，往往需要对底线进行严格管控。例如，由于既定的历史城区物质空间环境，历史城区的"容量"有限。为保护历史城区的整体风貌，避免"容量"遭受突破，历史城区内的建筑高度、开发建设总量等指标将受到一定的管控。以道路红线为例，历史片区的空间肌理往往通过道路网络呈现，如果随意突破红线、拓宽道路，将对整体风貌造成破坏，且将大幅超出片区内交通承载力。此外，广州进行了多种探索，例如将开发权转移至非历史文化保护区域等，在坚守历史文化底线的同时保障了居民的权益。

1）部分街巷"永不拓宽"，保护历史城区整体格局

广州市历史城区呈现"一环四轴、多脉贯通"的古城结构。历史城区的道路往往沿袭于历史，基于"马车时代"构建的历史城区路网承载力不足，但由于历史城区位于城市中心区位，与其他地区交通联系紧密，交通供给与需求之间的矛盾日益突出。一方面，依据当斯定律，新建的道路设施会诱发新的交通量，如政府不加以管控，一味地新建道路或改扩建现状道路，将难以从根源解决历史城区交通供需不平衡的问题；另一方面，大规模的道路修建、拓宽将严重影响历史风貌保护，破坏固有的街巷空间肌理，违背历史文化保护优先的原则，同时从空间上也将导致道路两侧交互环境的割裂，原本和谐共存的交互活动受到破坏。

路网结构是历史城区空间肌理的基础，也是城市意象的组成部分之一，因此道路网络本身也是一种历史文化遗产。《广州历史文化名城保护规划（2021-2035年）》提出对历史城区内的传统街巷进行分级保护和管控，其中一级街巷共66条，对历史城区整体风貌格局具有骨架意义，建议将一级传统街巷优先公布为"永不拓宽的街巷"名录（图4-12）。

2）开发权转移激励促进历史文化保护

余荫山房位于广州市番禺区南村镇罗边村北大街，始建于清代同治三年（1864年），以其小巧玲珑、布局精细的艺术特色著称，充分表现了古代园林建筑的独特风格和高超的造园艺术。余荫山房与顺德清晖园、东莞可园、佛山梁园合称"清代广东四大名园"。2001年余荫山房被列入第五批全国重点文物保护单位名单。

为保护余荫山房周边整体风貌，在建筑高度控制方面，余荫山房周边建筑依照20、30、50m的退线进行建设高度的梯度控制，其对应控制高度为9、12、18m。罗边村旧村改造项目与余荫山房规划充分衔接，严格落实余荫山房保护控制要求。余荫山房周边建筑按照由近及远分为六个高度控制等级进行规划，分别为小于10m、10～27m、27～36m、36～45m、45～69m、大于69m。此外，为保障罗边村村民的合法权益，在罗边村旧村改造项目控规调整中，将改造范围内约19万m²的集体物业建设量转移至罗边村东区征地返还留用地内，以保障余荫山房视廊，协调片区建筑风格，塑造岭南风韵（图4-13）。

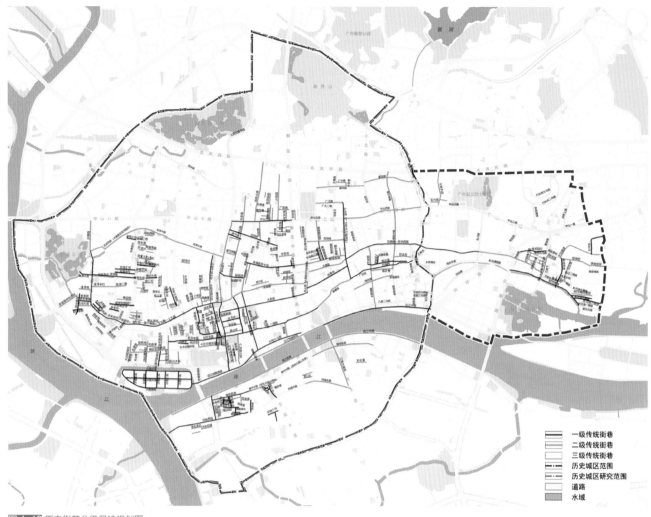

图 4-12 历史街巷分级保护规划图

（资料来源：广州市规划和自然资源局、中国城市规划设计研究院、广州市城市规划勘测设计研究院、华南理工大学建筑设计研究院有限公司，《广州历史文化名城保护规划（2020-2035年）》）

图例：
- 一级传统街巷
- 二级传统街巷
- 三级传统街巷
- 历史城区范围
- 历史城区研究范围
- 道路
- 水域

3. 创新更新保护资金来源

《广州市城市更新办法》第四十二条提出，城市更新可多渠道筹集更新资金来源；第四十六条提出，按照"政府主导、市场运作、多方参与、互利共赢"的原则，创新融资渠道和方式，注重发挥市场机制的作用，充分调动企业和居民的积极性，动员社会力量广泛参与城市更新改造。建设—经营—转让（Build-Operate-Transfer, BOT）模式是政府与民间资本的合作模式之一，政府与企业达成协议，将某块政府用地的所有权转移给企业一段时间，在该段时间内企业享有对其建设、经营及收益的权利。

早期，受广州"中调"战略思想影响，恩宁路片区成为广州市第一批危破房改革试点之一，以政府主导、拆旧建新、原地回迁的方式进行改造。在这一阶段，恩宁路的

历史文化遗产受到不同程度的破坏，居民的权益遭受损害。2009年，荔湾区政府公布了《恩宁路历史文化街区保护开发规划方案》，对恩宁路片区的开发思路逐渐转变为历史文化保护。

2016年，广州市开始尝试采用"建设—经营—移交"（BOT）模式进行恩宁路 期永庆片区改造提升，政府在保持房屋所有权不变的前提下变更房屋使用功能，出让所持物业15年的经营权，通过公开招标吸引社会企业投资运营，以促进历史建筑原地升级。万科获得15年的土地使用权，对永庆坊片区进行投资、建设以及运营，自负盈亏，并在15年以后无条件偿还给政府。2018年永庆坊二期纳入全市历史建筑试点重点项目，继续通过BOT模式探索历史文化保护与城市发展相融合的创新发展路线。2021年完成二期全面提升并对公众开放。

图 4-13 余荫山房视线通廊示意图

（资料来源：广州市番禺区人民政府、广州市城市规划勘测设计研究院，《番禺区南村镇罗边村旧村改造方案》）

永庆坊项目通过空间改造与产业融入，对地区受损的空间肌理、格局与社会组织进行缝补修复，以丰富的传统文化资源聚合创新产业，为街区注入新活力，带动老城价值提升，改善地区经济衰败及产业老化的问题。在 BOT 模式之下，永庆坊片区的开发可以有效降低政府的财政负担，企业有效分担政府需要承担的风险，并且运用企业的优势可以与政府实现优势互补，使得永庆坊的微改得到重要的推动。

4. 传承保护与产业活化协同

将城市历史储存于街区、建筑、景观、公园等空间物质载体中，可以有效地融合在地群体记忆与本地文化，搭建城市记忆、人、城市文化三者的桥梁。对历史文化资源的保护传承及活化利用，使得历史文化得以延续、展示，是提升市民认同感的重要手段。

1）北京路步行片区改造提升

自古至今，北京路都是广州最繁华的商业集散地，浓缩了广州 2000 多年不断代、不迁址的历史底蕴和文化特质。2017 年，北京路步行街被世界优秀旅游目的地组织授牌，正式成为世界优秀旅游目的地。

目前，实现历史文化名城产业提升的主要方式是发展以文化旅游和都市休闲为主的第三产业。通过发展文化产业、旅游与休闲产业，可以促进历史文化名城优化景观，替换原本较为低端、初级的业态，提高产业业态多样性，从而保持历史文化名城的活力、增加吸引力、提高认知辨识度。北京路步行片区在发展文旅产业的基础上，强化千年商都文化的演绎与形式转化，重塑骑楼街历史氛围，精心修复已破损的重要传统骑楼及传统构筑物。坚持文商旅联动，推动老字号、老店品牌形象升级，以支持在地独特的商业特色；优化北京路业态组合结构，强化文化体验和文化消费，将历史建筑活化利用与业态提升相结合；通过主街环境品质的提升以及背街里巷空间价值的挖掘，着力推动后街经济、小店经济、楼上经济、地标经济、夜色经济、遗产经济等创新业态模式的发展，实现业态差异纷呈、立体多元发展。

2）新河浦馨园活化利用

在赋予历史街区新功能的时候，其使用方式需要跟历史文化的内涵产生一定的契合，从而结合建筑的特点，赋予历史建筑新的创意功能。文化创意产业是一种较好的选择，既能留下老建筑的历史气质，也符合当地的空间氛围。

馨园是越秀区保护利用历史建筑的试点之一。馨园位于越秀区东山街道瓦窑后横街 1 号，建于 1923 年，是民国时期广州第一任警察署署长的官邸，是西洋建筑风格与岭南建筑风格融为一体的小洋房，主体三层，总建筑面积约 200m²。外墙为清水红砖墙，保留有西式栏杆、水磨石、花阶砖、琉璃陶瓶等特色构件。2015 年，馨园被评为传统风貌建筑线索。馨园在活化利用之前作为普通住宅使用，2016 年馨园古建酒店负责人与瓦窑后横街 1 号馨园产权人协商达成一致后，将馨园打造成为颇具岭南文化特色的馨园古建酒店。活化利用赋予了这栋老建筑新的价值。走进馨园古建酒店，中式酸枝家具、西式壁炉、西式吊灯等元素构成一幅中西合璧的东山风情画，酒店庭院的馨园咖啡藏身小洋楼内，别致的装饰成为新河浦又一网红打卡点。"东山少爷、西关小姐"的城市记忆、城市文化被注入馨园中，提供了外界了解广州历史文化的窗口，而产业活化筹集的资金又可用于历史建筑的保护修缮中。

5. 完善公众参与组织模式

1）共同缔造工作坊，构建多方参与平台

深井村位于黄埔区长洲街道，作为具有 700 多年历史的岭南古村落，深井村分别被列为广州市第一批历史文化街区之一（2000 年）、第一批广东省传统村落（2014 年）、第五批中国传统村落（2018 年），具有丰富的历史文化资源，海事文化、中西文化、近代工业文化在此汇聚交融。近年来，在快速城镇化的冲击下，深井村发展面临人口外流、产业基础薄弱、古村整体传统风貌逐渐丧失等问题。

2016 年 4 月，广州市更新局、黄埔区政府、黄埔区城市更新局委托中山大学城市化研究院、广州市城市规划勘探设计研究院、广东城印城市更新研究院联合长洲街道办、村经联社共同组建深井共同缔造工作坊，通过建立有效协商制度，多方参与，提升村庄人居环境，推动深井古村活化。以街道、村经联社为实施主体，村民享有决策权，从规划初期就参与改造，表达自身的利益诉求。为方便与村民沟通协商，工作坊租下了丛桂坊 8 号为工作室，天天开门，让村民自由出入。工作坊以问题为导向，以群众为主体，

以空间为载体，以参与式规划为方法，边编规划边作参与，公众参与的过程即为规划编制的过程。工作坊的方式便于有效渐进地协调私人利益与公共利益的关系，并且在达成共识的领域落实土地利用与公共服务设施布局，制订出可实施的项目方案。

除了引导公众参与规划编制，工作坊还累计组织约 30 余次公共参与性活动。如通过组织大学生走访、举办摄影征文比赛等活动，引导深井村周边年轻力量认识深井；通过举办大学生规划作品展示、微改造策划方案公示讨论会等，建立与新老村民，多方主体共商共谋的沟通机制；通过举办新春蜗牛市集、女红体验课等，给公众提供具有公共性的公共空间，建立公众参与交流的沟通平台。同时，工作坊也以多种方式挖掘社区历史价值，例如挖掘和保护根雕、刺绣、手指画、雕塑等多样化的民间艺术，开展艺术创作空间布置、立面装饰、交通导引等建设内容，推动古村保护。

2）历史建筑修缮活化全周期服务

自 2015 年起，广州市规划管理部门通过购买服务的方式，委托多家技术单位提供面向历史建筑保护责任人的免费上门咨询服务，针对每一栋历史建筑的日常维护、修缮等活动，依据保护利用规划，结合建筑实际情况和保护责任人的个性化诉求，提供包括咨询服务申请、咨询服务意见、立案申请、咨询服务阶段的技术和材料审查等服务，定制精细化的修缮维护方案，从修缮技术和行政流程上对申请人进行建议与引导，促进广州市历史建筑的保护与利用。

以农林上路 14 号民居为例，2014 年农林上路 14 号民居被评为广州市第一批历史建筑。2016 年历史建筑的承租方提出修缮申请，技术服务队伍上门详细了解修缮方案后，发现第一轮方案对建筑物原本的立面作了较大的调整，门廊、檐下构件、铁艺栏杆等核心价值要素被隐藏。后来，经技术服务队伍多次上门积极宣传建筑的历史文化价值，并协助优化修缮方案后，承租方最终确定能完整保留并展示核心价值要素的第二轮修缮方案，并按"轻微修缮"的方式实施。修缮施工期间，技术服务队伍进行全程跟踪服务，定期回访巡查、提供技术指引、拍照存档，监督和记录了建筑改造的全过程。2017 年 5 月，农林上路 14 号民居修缮完工后，正式作为文化企业总部投入使用（图 4-14）。

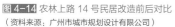
图4-14 农林上路 14 号民居改造前后对比
（资料来源：广州市城市规划设计有限公司）

承租方表示，历史建筑独有的历史文化价值为该企业提供了更强的品牌效应。

通过农林上路 14 号民居可以看出，技术咨询服务在历史建筑的修缮过程中发挥了宣传保护知识、指导监督修缮、节省行政成本等作用。在咨询服务中，技术服务队伍与业主的互动协商也是由保护责任人与设计施工单位、政府部门等各方主体下沉到项目现场，以"一户一议"的方式共同探讨个性化、具体化的修缮方案，寻求利益和需求平衡的过程。

第五章

"三园"整治多管齐下

广州市的城市更新不仅仅局限于旧村庄、旧厂房、旧城镇等"三旧改造"类城市更新项目，村镇工业集聚区、物流园区以及专业批发市场等"三园"的整治提升也逐渐成为广州城市更新的重要组成部分。"三园"分布广泛，曾经有力推动了广州经济和社会发展，但由于其土地利用效率较低，难以适应新时期的发展需求，亟待更新提升。同时，广州市"三园"的空间分布与"三旧"项目存在较多重叠，在城市更新实践中更加注重通过权属整合统筹各类项目，推进成片连片更新改造，在此基础上推动村镇工业集聚区转型提升、专业批发市场分类疏解、物流园区分步重构。

5.1 村镇工业集聚区：应运而起到转型提升

5.1.1 村镇工业集聚区定义

村镇工业集聚区（以下部分简称"村园"）是我国农村工业化与城镇化过程中形成的一种土地利用模式，是由村集体或村民基层单位组织投资为主，在所辖村域承担工业建设的产业园区。根据《广东省自然资源厅 广东省工业和信息化厅关于开展珠三角村镇工业集聚区摸底调查工作的通知》（粤自然资函〔2020〕223号），村镇工业集聚区（早期也称为村级工业园）是指珠三角地区各市面积在2hm²以上的成片村镇工业园区或工业用地连片区域。在改革开放之初，这种"村村点火、户户冒烟"的工业园在珠江三角洲地区应运而生，成为乡镇企业的"温床"，为珠三角广大地区的初级工业化和快速城镇化起到了重要的推动作用。

5.1.2 村镇工业集聚区特点

自1980年代"三来一补"（来料加工、来料装配、来样加工和补偿贸易）企业在农村集体建设用地上爆发式增长以来，村园见证了广州市产业经济的飞速发展，成为广州市工业企业与产业链发展的重要空间载体。根据2019年全市企业数据分析，在全市约130km²的村园内，集聚了约2.43万家企业，企业集聚密度达到189个/km²，是全市工业用地企业集聚密度的1.4倍。

然而，村园在其形成阶段缺乏全局性、一盘棋的空间统筹谋划，为了尽快应对资本快速涌入、政府规划工业用地不足的局面，村园短时间内仓促承接了大大小小的工业项目，尽管在一定程度上补充了产业空间，但也导致产业空间分布零散、周边用地混杂。村园在建设前通常未经过编制、审批相关规划，大部分缺乏合法用地手续，在村园逐步成为村集体经济组织重要经济来源、相关建设已成既定事实后，整治提升难度较大。同时，因自发建设过程中利益最

大化选择导致公共服务配套设施严重不足、环境品质较差，难以满足如今产业升级和高素质人才入驻的需要。

村园一方面存在时代的局限性，另一方面以其低成本产业空间吸引成本敏感型企业，为产业发展提供了低成本的生长土壤。根据2019年公布的全市工业租金指导价格，广州市大部分的村园租金低于13元/m²，低成本的产业空间载体吸引了大量租金成本敏感型中小微企业，占到全市中小微企业的53%。

5.1.3 村镇工业集聚区价值认识

村园曾作为助推广州经济和社会发展的时代功臣，但如今疲态尽显，呈现出"总量大、规模小、分布散、绩效低、管理乱"的低质低效发展特征，亟待以有机更新方式推进空间、产业的双转型。在新的历史机遇期，应重新认识其对经济发展、乡村振兴和空间重构三个维度的价值。

一是经济发展价值。全市村园现状以建材五金、电器机械、服装化妆品、皮革皮具等行业为主，侧重加工制造、仓储物流等功能。其中，约90%的企业属劳动密集型企业，而电子信息、新材料、新医药、新能源、高端装备制造等高新技术产业占比仅约3%。随着广州经济发展进入提档升级期，村园转型升级成为产业高质量发展的重要抓手。经初步统计，目前共有55.8km²的村园用地位于全市工业产业区块内，占比达到43.4%，可为产业创新升级提供一定的空间保障。因此，村园既需要通过保留整治方式，优化传统产业的发展空间，又要通过更新提升方式，提供创新产业空间载体，以空间供给侧改革促进产业迭代升级。

二是乡村振兴价值。党的十八大以来，"乡村振兴"上升为国家全面深化改革的重大战略。乡村振兴进入决胜攻坚期，广州市委、市政府印发《关于推进乡村振兴战略的实施意见》（穗字〔2018〕19号），要求盘活集体经营性

建设用地，以多种方式推动村园升级改造，保障村集体收益和民生改善。可见，村园升级改造已上升为乡村振兴战略的核心部分。

三是空间重构价值。全市村园总面积约 130km²，占现状工业用地面积的约 30%，但产值仅占全市工业总产值的 10%，税收仅占全市工业企业税收总额的 6%。城市化进入存量发展的下半场，村园必然成为城市空间重构的重要载体，其改造提升成为打开城市更新新局面的关键。

5.1.4 村镇工业集聚区发展历程

1.1978—1991 年：爆发生长阶段

1978 年，我国正式实施改革开放，家庭联产承包制促进了农村劳动力的解放，使得劳动力由农业生产自发地流向工业企业，工业对用地的需求急速增加。1986 年，面向珠三角等地对工业用地的现实需求，《中华人民共和国土地管理法》确定了农用地转为集体建设用地的三条通道，国家层面鼓励和支持乡镇企业发展，此时村园的建设为改革开放初期发展民营经济提供了重要的空间载体。此外，1991 年颁布的《广东省土地管理实施办法（修正）》进一步扩大了地方对于三条通道的审批权限，地方村园建设的积极性进一步提升。

这一阶段，广州依托其区位、商贸物流等优势大力发展"三来一补"产业，为村园的发展提供了重要的产业机会。大量农地转化为集体建设用地，分散爆发式的村园建设迅速增长，出现乡镇企业占地高潮期。

2.1991—1998 年：蓬勃增长阶段

1993 年，广州市政府颁布土地使用出让金的标准，促使地价差异的产生，同时在广州大力发展工业的背景下，工业企业开始向郊区迁移，形成大批远郊工业园，进一步促进村园规模的扩大。在农村股份合作制改革后，广州开始探索以土地为中心的集体土地集中经营的趋势，村园逐渐形成了"以土地股份合作制为核心、以行政村统租为主、用地使用权能够依法合理流转"的模式，为村园建设提供了一定的政策基础。

这一阶段，受产业发展和地价差异的影响，广州市村园建设进入快速发展时期，但布局分散、缺乏规划指导、土地利用效率低。随着农村集体建设用地增长过快，滥占耕地现象严重，政策上开始收紧集体建设用地的进一步增长。

3.1998—2009 年：集聚发展阶段

1998 年颁布的《中华人民共和国土地管理法》收紧集体建设用地的管制，明确农转用应符合土地利用总体规划、年度计划，涉及农转用的应办理农转用审批手续。由于规模和指标难以获得，集体建设用地量大大减少，此时广州市村园的建设以集体建设用地隐形流转和违法用地为主。

在农转用管制收紧和产业结构优化的大背景下，广州市村园进入集聚发展阶段，逐步开始向产业和功能提升方面转换，为上下游产业及配套服务补充载体。

4.2009 年至今：转型提升阶段

2009 年出台的 78 号、56 号文正式开启广州"三旧改造"、城市更新的相关工作，并陆续出台了针对旧村及村园改造提升的相关政策，"三旧改造"为村园提供了新的发展出口。2013 年开始国家及省市层面陆续出台相关政策明确集体建设用地权可依法流转。逐步颁布允许集体建设用地建设运营集体租赁性住房、集体经营性建设用地入市等政策，并在新版《中华人民共和国土地管理法》中破除了农村集体建设用地进入市场的法律障碍。

2019 年广州市针对村园的整治提升出台了专项政策和行动计划，标志着村园的发展再次进入全面提速时期。同年，广州市成立村镇工业集聚区领导小组，出台《广州市村级工业园整治提升的实施意见》（穗府办规〔2019〕9 号），在传统更新改造方式的基础上按"三个一批"思路推进村园整治提升，实现功能转换一批、改造提升一批、淘汰关停一批，助力推进集约节约利用土地，全面提升产业结构及单位产出，完善相关配套设施的系统目标；结合全市工业产业区块划定工作，鼓励现状零散的村园合理整合，连片整治提升。同时，由市工业和信息化部门牵头，出台《广州市村级工业园整治提升三年行动计划（2019—2021 年）》（穗工信〔2019〕4 号），提出 33km² 整治提升任务，要求转变传统粗放式发展模式，转为环境优美、功能完善、产业专精、运营专业、效益可观的精耕细作发展新模式。

这一阶段三旧改造政策和产业升级需求倒逼广州市村

行政区	核定面积（km²）	三年完成整治提升面积（km²）
荔湾区	2.98	0.75
海珠区	1.78	0.47
天河区	3	0.75
白云区	59.9	14.98
黄浦区	1.72	0.43
番禺区	25.02	6.26
花都区	22.21	5.55
南沙区	10.19	2.55
从化区	0.07	0.05
增城区	4.85	1.21
合计	131.72	33

表 5-1 各区村级工业园整治提升三年目标任务
（资料来源：广州市工业和信息化局，《广州市村级工业园整治提升三年行动计划（2019—2021年）》）

园转型提升，由粗放式主动转向精细化的运营模式，汲取发展新动力。

5.1.5 村镇工业集聚区整治提升策略与实践

1. 完善顶层设计，破解改造提升痛点问题

以《广州市村级工业园整治提升的实施意见》为纲，以《广州市村级工业园整治提升三年行动计划（2019—2021年）》为工作指南（表5-1），广州市有效解决了村园整治提升过程中政策指引不足、准入门槛高等痛点问题。同时，上述两份文件与工业产业区块划定工作及已出台的《广州市提高工业用地利用效率实施办法》形成了有机衔接，构成了一套完整的政策组合拳。

2. 明确改造分类，创新整治工作体制机制

通过"关停淘汰一批、功能转变一批、改造提升一批"分批次有步骤地进行村园整治提升，建立"留改拆"渐进式更新框架，分步骤淘汰污染及落后产能。并以整治提升

工作为契机，完善区域市政基础及公共服务设施，如变电站、垃圾站、公厕、菜市场等。

淘汰关停类指位于敏感更新地区，尤其是位于国土空间规划一二级管控分区内的村园，经论证不符合现有产业、环境保护等准入要求的，采取严格措施限期关停，按规划推进土地复垦复绿等，提升人居环境。

功能转换类指主要位于工业产业区块外、城镇开发边界内的村园，在满足城市配套设施、符合环保及土壤要求的前提下，鼓励转型为创新孵化平台，也可根据城市规划及城市更新计划转变为居住、商业等功能。

改造提升类指位于产业区块内的村园，以及位于工业产业区块外但生产环境较好、符合产业准入、生态环保要求的村园，以改造提升为主。改造后的园区仍维持工业及相关产业为主导，可引入研发、设计等新型产业功能以及配套办公等相关支撑功能（图5-1）。

3. 制定实施细则，加快创新政策落地实施

在《广州市村级工业园整治提升的实施意见》和《广州市村级工业园整治提升三年行动计划（2019—2021年）》出台后，市工信局组织各区相关部门、街镇、村集体以及

园区运营机构集中开展了业务培训，对政策进行全面宣贯。此外，市工业和信息化局、市规划和自然资源局、市住房和城乡建设局紧密联动，出台实施路径指引和产业监管指引，指导各区制定更加清晰明细的实施细则，加快相关政策落地。

实践中，明确提出一系列村园整治提升支持政策与工作重点。

划定产业区块，在更新中保障区块内工业用地的主导功能。制定工业产业区块划定和村园整治提升分类标准，划定工业产业区块一级线和二级线范围。工业产业区块一级线范围内的村园，除完善必要配套外，应保障工业用地功能；位于工业产业区块二级线范围内的村园，在一定时期（5～10年）内需维持工业主导功能，以"工改工""工改新"为主。

简化控规调整程序，允许符合条件的更新规划项目局部修正控规。位于工业产业区块内且现行控制性详细规划为其他用地性质的村园，经所在区政府、空港委组织开展城市规划、环境影响、产业发展、交通影响等方面的评估论证后，适宜保留普通工业性质的，可按土地使用权出让合同、有效历史审批文件以及《广州市提高工业用地利用效率实施办法》的规定，对控制性详细规划进行局部修正。

着力落实村园更新工作中的产业提升。把村园整治提升工作与广州市传统产业的转型升级相结合，重点围绕化妆品产业、皮革皮具产业、音响产业、服装产业、珠宝产业等产业基础较好的消费品工业，将产业链中的研发、设计、销售等高附加值环节留在广州，打造出一批高端的消费品产业集群，推动传统优势产业集聚升级发展。

完善通过综合整治方式推动村园更新改造的实施路径。对一定时期内适宜保留用来发展工业和战略性新兴产业、远期需结合城市功能调整用途的村园，在保障建筑、消防安全和符合环境保护要求的基础上，允许通过综合整治的方式提升利用效率。对于村园内具有合法手续的用地，通过局部扩建、加建、改建等方式实施综合整治，优先解决配电房、公厕、消防设施、垃圾站、污水处理站等市政基础及公共服务配套设施。加建、扩建增加的建筑面积原则上不超过原有合法建筑面积的20%，且不突破《广州市提高工业用地利用效率实施办法》规定的工业用地容积率上限。其他用地在不增加用地面积及建筑体量的前提下，允许通过原状整饰、局部拆建的方式达到消防和安全整改要

求，保障园区正常运转。

为提高土地利用效率，明确拆除重建类村园更新项目容积率范围。位于工业产业区块内的连片改造的村园"工改工"和"工改新"拆除重建项目，除位于规划特殊区域内或安全、消防等有特殊规定的项目外，"工改工"项目工业用地容积率一类工业用地原则上不低于2.0，不高于4.0；二类工业用地原则上不低于1.2，不高于3.5；三类工业用地原则上不低于1.2，不高于3.0。生产工艺有特殊要求的工业用地容积率不低于0.8。"工改新"项目工业用地容积率原则上不低于3.0，不高于5.0。

鼓励成片连片更新改造，打通土地权属壁垒。针对村园权属复杂、零星散乱分布的问题，广州市创造性地推出"土地互换"政策。允许村园"工改工"和"工改新"拆除重建类项目，在权属清晰、程序合法且满足"净地"条件的前提下，按照"价值相等、自愿互利、凭证互换"的原则，进行土地互换，包括集体建设用地与集体建设用地之间、国有建设用地与国有建设用地之间的土地互换。同时，涉及多个土地权属人的村园改造项目，允许协商确定一个改造主体归宗改造项目，开展改造。

审定权下放，提高村园更新规划审批效率。将符合控制性详细规划的村园"工改工"和"工改新"项目实施方案的审定权下放各区政府实施。

根据相关政策指引，广州市花都区美东工业园、海珠区乐天智谷等村园实施了整治提升行动，更新成效显著。

4. 聚焦难点堵点，创新土地规划管理政策

2022年8月，广州市针对村园更新改造实践中面临的完善历史用地手续推进困难、用地指标和规模不足、改造积极性不高等一系列问题，出台了《广州市支持村镇工业集聚区更新改造试点项目的土地规划管理若干措施（试行）》（以下简称《若干措施》），《若干措施》学习借鉴顺德等地村级工业园改造先进经验，提出试点先行、以点带面、分类分策稳步推进村镇工业集聚区更新改造的工作策略。

创新改造路径，推动解决用地手续不完善等历史遗留问题。《若干措施》允许对试点项目中符合"三旧"改造条件而未完善手续的历史用地及现状地上建筑物作出罚款处理决定后，按现状建设用地分类完善手续。对落实省、市重点项目和重点产业项目等的，由市级保障新增建设用

地指标和规模。

完善激励机制，提高村园改造积极性。试点项目纳入标图建库范围内的，按照"三旧"用地审批要求办理集体土地完善转用手续的村集体历史用地，无须抵扣留用地指标；完善历史用地手续后，除按规划提供公益性设施用地外，移交政府经营性用地比例由 20% 降为 0；提高改造容积率及产业用地配套设施比例，允许试点项目内普通工业用地参照新型产业用地（M0），容积率原则上不低于 3.0 且不高于 5.0，配套行政办公及生活服务设施计容建筑面积的比例由 15% 提高至 30%，且该部分建筑面积不额外计收土地出让金。

以上述试点措施为抓手，广州市力争到 2025 年整治提升村园 10000 亩以上，改造后可供应产业空间超过 1500 万 m²，产出效益实现倍增，打造出 10 个以上产业高效、空间集约、配套完善、环境优美、运营专业、租金合理的特色产业园区。

图 5-1 广州市海珠区乐天智谷村级工业园改造效果图
（资料来源：《广州市村级工业园整合提升规划》（2020 年），广州市规划和自然资源局）

5.2 专业批发市场：自然演变与分类疏解

5.2.1 专业批发市场定义

专业批发市场包括专业市场和批发市场，专业市场主要是指具体品类的分销市场；批发市场则是综合了数个品类的市场，但二者在业态上高度相似。因此，本书不细化二者区别，作为统一的研究对象。对于专业批发市场的研究，主要关注业态和空间两个方面。在业态方面，重点梳理专业批发市场发展面临的挑战、存在的问题以及转型升级的趋势；在空间方面，从交通物流、空间布局等方面分析专业批发市场的形成机制及其空间演进过程。

5.2.2 专业批发市场的形成

广州专业批发市场群的形成起源于广州举办的中国进出口商品交易会（以下简称"广交会"）。广交会创造了一年两度的"会展经济"，提供了打通加工业产业链和供应链的起点，为构建珠三角区域经济生态圈奠定了重要基础。

从 1957 年春季开始创立至今，广交会是新中国成立以来少有的、具有连续性的对外经济交往机制，可以视为中央早年在广东设立的"特区"。20 世纪 60 年代中期，信息和通信技术革命引发全球产业链重构，东亚国家和地区基于劳动力成本和土地资源的优势，承接了西方国家转移出来的制造业。广州的发展参照系就是 20 世纪 60 年代之后我国台湾、香港等地区发展出口加工业的经验，也承接了台湾、香港等地区的产业转移。

20 世纪 80 年代初，广州、深圳、东莞、佛山等珠三角城市及其管辖的城镇在劳动力、优惠政策等方面的比较优势迅速显现，香港的大部分制造业（如电子、机械、五金、化工、塑料、纺织、服装、玩具、食品等）逐渐北移，以"三来一补"的形式生产运营，带动了珠三角本地加工企业的成长，逐步形成了"前店后厂"的地域分工模式：广深

等珠三角城市成为香港的制造业基地，香港转为提供厂商服务。

广交会一年设春季和秋季两届，主要集中和有重点地解决部分企业进出口贸易洽谈的需求。更多企业较为日常的贸易需求，则以广交会为依托、以整个广州市为基地、以市场自主发展为基本方式得以满足。由此，整个广州市成了包罗万象的商品交易市场的集聚地，不同的专业批发市场散落在广州市各个片区，从根本上改变了广州市的贸易经济格局。

至 2019 年年初，广州市专业批发市场已形成 713 个专业批发市场，包括 20 个专业批发市场群和 567 个单个市场，其中还包括 11 个大宗商品电子交易市场。经初步统计，广州市批发市场共占地约 23km²。

这些专业批发市场"群落"在广州的发育，事实上形成了一个每天都在进行的"广交会"，会址就是整个广州城区。由此，广州逐渐发展为全国乃至亚太地区最大的商品贸易中心。广州市场上服装、塑料、金属、音像、茶叶等商品的价格走势，甚至能主导和影响全国市场价格波动，被称为"广州价格"。

5.2.3 专业批发市场现状与面临的问题

随着广州城市空间的发展与演化，专业批发市场也逐渐暴露出一系列问题，面临发展困境。直观体验上，因专业批发市场多为自发形成，以中小型专业批发市场为主，存在大量沿街业态的小型批发市场，功能分区较为混乱，周边大量的住宅改为商铺或仓库，形成集仓储、加工、住宿等功能于一体的场所。

空间上，专业批发市场主要集中在越秀、荔湾、海珠、白云四个城区（图 5-2），造成大量人口、交通、低端服务业在老城区集聚，产生了交通拥堵等问题，对城市形象和环境也存在较大负面影响；物流方面，自发形成的市场

布局与货运物流系统不匹配，导致配送体系不完善；市场演变方面，随着电子商务兴起，不少生产厂家绕过专业批发市场，通过连锁零售店或网络方式销售，专业批发市场的影响大不如前，利润遭到挤压。此外，相当一部分专业批发市场配套功能缺乏，环境质量较差，存在消防安全隐患。

广州许多批发市场与城中村融为一体，批发市场的疏解问题往往与城中村改造相关联，很多批发市场至今利润丰厚，租金昂贵，其搬迁或改造涉及众多商户，甚至存在大量"二房东""三房东"等群体，拆迁和改造成本相对较高。从城市运营的角度，中心城区的更新与产业升级如果能够顺利推进，可以更好地提升城市中心的空间价值，从而增强广州的城市竞争力。对于城市规划而言，推动老城区更新和产业升级存在强大的动力，问题只是如何推进。

广州老城区的系统性更新和产业升级，不仅涉及自身的更新改造，而且连带着影响整个珠三角地区传统产业的升级转型。在传统产业仍有一定的利润空间之际，置换传统产业尤其是众多专业批发市场的成本较高，而能够消化这一成本的新产业相对不足，围绕专业批发市场进行城市更新的博弈因此更为激烈。

5.2.4 专业批发市场转型疏解策略与实践

为解决批发市场在老城区集聚产生的交通拥堵等问题，有序推动广州市中心城区非核心功能疏解，促进存量用地功能提升，广州市从2014年开始着手制定一系列规划、政策，提出专业批发市场转型疏解的路径。

1. 通过划分"五个一批"，推动批发市场分类更新

2019年，广州市商务局印发《广州市加快推进专业批发市场转型疏解三年行动方案（2019—2021年）》，提出通过转型升级、转营发展、拆除关闭、搬迁疏解、规范整治五种方式对专业批发市场进行分类处理。

一是转型升级一批。对于广州市行业影响力大、硬件条件好、符合产业布局、转型升级意愿强的专业批发市场，推动其向国际化、展贸化、信息化转型升级，打造成为行业的标杆示范。同时，发挥行商会和龙头市场作用，在广州市传统优势行业，如纺织、服装、玩具、精品、皮具、

皮革、电子、化妆品、眼镜、汽配、酒店用品、珠宝等，分类确定一批转型升级的重点市场，制订市场转型升级的具体方案。

二是转营发展一批。对于广州市发展前景不好、经营不善、谋求转营以及有意愿改建的专业批发市场，支持其转营发展其他服务业，促进提高土地利用效率，优化区域产业结构，改善人民群众服务供给。将专业批发市场的转营发展纳入各区城市更新工作重点，按年度梳理形成专业批发市场转营的项目库及储备项目，结合省、市城市更新改造政策，推动此类专业批发市场地块的开发利用。

三是拆除关闭一批。对于涉及违法建设、属于临时建设以及存在较大消防安全问题的专业批发市场，依法依规拆除或者关闭。

四是搬迁疏解一批。对物流量较大，对城市交通、消防安全、空气质量、环境卫生等产生较大影响，以及不符合城市规划、噪声扰民严重的市场，逐步引导其向中心城区以外区域搬迁疏解，抽疏中心城区的专业批发市场密度。

五是规范整治一批。对难以转型升级、转营发展、搬迁疏解、拆除关闭的市场，连同周边地区，加强城市环境、消防安全、噪声污染等方面的综合整治，提升品质化、精细化管理水平。

对专业批发市场进行分类处理，避免"一刀切"，一方面为新型产业的发展腾挪出空间、疏解中心城区交通压力；另一方面大量原有批发市场仍将长期存在，为传统经济生态的转型发展提供了缓冲空间，也为中小企业和平民创业继续提供成本较低、更有亲和力的环境。

2. 树立批发市场升级典型，加强更新示范引导

广州市通过举办第六届中国（广州）专业市场发展大会暨专业市场行业模式创新论坛，举办了"专业市场转型升级成果展"，发布了《2019广州专业市场转型升级创新模式汇编》，组织省市主流媒体现场采访报道UUS九龙国际时装城、广州联合交易园、中港皮具城等专业批发市场的转型疏解成效和亮点，营造良好的宣传氛围和示范带动作用。

3. 各区精准施策，批发市场转型疏解成效初显

越秀区通过对列入2019年转型疏解名单的专业市场进行逐一实地走访，与市场所在街道办事处进行座谈研究，

组织区内各单位力量和资源，已完成区内广州 UUS 九龙国际时装城、白马服装市场等的转型升级。

海珠区以中大布匹市场群为重点，积极推动传统市场向时尚创意产业转型，打造时尚创意品牌，大力推进批发市场领域的违章建设拆除和"五类车"整治工作。

荔湾区以人民南路地区综合整治为突破，疏堵结合方式开展"六乱"整治，并引导基础条件好的中佰电子城、明之升数码港进行升级改造，实现由传统"三现"交易向现代展贸式交易平台转型。

天河区制定印发《天河区商贸载体整体环境提升优化工作指引》，引导百脑汇、天河电脑城等市场加强软硬件改造、环境改善和业态升级。

白云区结合城市更新改造，拆除关闭了陈田兴隆汽配城、陈田湛隆汽配城、齐富酒店用品市场等市场，推动阿里巴巴与天健装饰材料市场合作，将传统批发市场转型打造为天健 DCITY 创意园，推进中港皮具城、新汇豪皮具商贸城、祥茂皮具城等的升级改造。

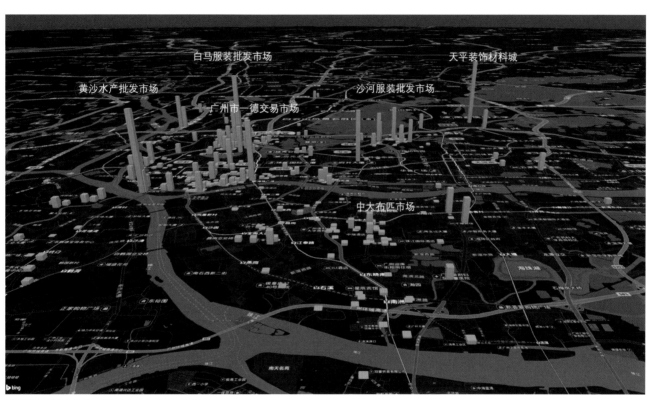

图 5-2 广州市中心城区批发市场空间分布示意图
（资料来源：《广州市专业批发市场发展动态监测及规划应对研究》（2020 年），广州市城市规划勘测设计研究院）

5.3　物流园：分步整治，重构生产批发流通网络

5.3.1　物流园定义

物流园是为了实现物流设施集约化和物流运作共同化，或者出于城市物流设施空间布局合理化的目的而在城市周边等区域，集中建设的物流设施群与众多物流从业者在地域上的物理集结地。

物流园的形成与村镇工业集聚区、专业批发市场联系密切。村镇工业集聚区作为工业生产基地，专业批发市场作为交易市场群落，而物流园搭建起生产与交易之间的桥梁，主要提供库存控制、分配调度与供应链服务功能。三者基于快速工业化时期产业发展的需求，共同构成了商品生产、商品流通以及资金、信息、人才流通的良性循环，形成了大规模的产业集聚，以及较为完整的产业链和供应链。

5.3.2　物流园现状与面临的问题

物流园区对广州城市的负面影响主要集中在中心城区范围。2019 年，广州市交通运输局对中心城区越秀区、海珠区、荔湾区、天河区、白云区、黄埔区、番禺区等七个区的物流园的摸查结果显示，中心城区共有物流园区 110 个，其中白云区 78 个、黄埔区 21 个、海珠区 7 个、番禺区 3 个、荔湾区 1 个，越秀区和天河区没有物流园区。从区域分布看，中心城区物流园区主要集中在白云区（占 70.9%）和黄埔区（占 19.1%），两区共有物流园区 99 个，占比达到 90%。从企业性质看，物流园区绝大多数是民营或集体企业，在中心城区物流园区中占比达 90%。从园区用地看，民营企业的用地主要以租赁村集体用地的方式取得，国有企业的用地大多数为自有用地。

1. 物流园区规划管理有待提升

自发形成的物流园区整体规划和管理不够科学合理。全市物流园区分布分散、业态低端、管理无序、用地粗

放，既挤占新兴产业发展空间，也容易滋生交通、消防、安全生产、治安等城市管理难题。以白云区为例，全区占地规模 1 万 m² 以上的物流园区共 78 个，总占地面积 613 万 m²，2018 年全区规模以上物流企业共 202 家，贡献税收仅为 25 亿元，且各类消防、安全生产事故频发。

2. 通过土地收储方式推进物流园区整治面临瓶颈

由于建设用地指标和建设用地规模制约，以土地收储方式推进物流园区整治提升的方式受限，被征收土地的开发需求在短期内将难以得到满足，部分项目的农村集体经济组织留用地一时无法落实到位，可能存在社会稳定风险。

3. 短期集中整治物流园区可能导致物流供需失衡

据统计，2018 年广州市货运量 1278 亿 t、货物周转量 21487.22 亿 t·km，物流业增加值 201.05 亿元，快递业务量累计完成 50 亿件（居全国第一），物流仓储行业需求量巨大，大部分物流园区常年处于供不应求的经营状态，如短期内对物流企业开展集中大规模的整治关停，疏导政策难以落实到位，将降低广州市物流运输能力，势必会对各领域的生产生活活动产生负面影响。

5.3.3　物流园整治提升策略与实践

1. 推动整治工作试点，积累疏解实践经验

根据传统货运站场主要聚集在白云区的情况，在白云区选择试点村镇街道探索适合广州市物流园实际情况的有效疏解模式和配套引导、支持政策，以点带面，为广州市物流园区转型疏解工作全面开展提供经验支撑。

2. 加强政府统筹，制定三年行动计划

广州市通过印发《加快推进广州市物流园区整治提升

三年行动计划（2019—2021年）》和《加快推进广州市物流园区整治提升2019年工作安排》，明确了需要整治提升的62个物流园区。其中，在2019年年底前完成整治提升物流园区18个，2020年计划完成整治提升物流园区29个，2021年计划完成整治提升物流园区15个。

广州市物流园区整治提升坚持政策引导和市场化运作相结合，以重点项目、重点通道建设和全面推进物流园区疏解相结合的思路，按照先易后难、分步推进和国企带头的工作方式，推动一批非中心城区功能的物流园区疏解，构建符合城市物流需求的物流配送体系，形成支撑广州市物流园区合理布局、集约发展的路网体系。

3. 结合相关规划要求，分类处置现有物流园

结合广州市国土空间规划和物流发展布局规划，对中

心城区物流园区按已明确的分类处理意见，结合产业调整和城市更新等方式逐步进行清理和转型。对保留的物流园区，推动提升园区的管理水平，提高物流园区发展的效能。

4. 预留物流发展用地，引导园区向城市外围转移

城市更新在物流规划用地上给予政策支持，在商贸、工业项目以及建设交通枢纽的用地规划中预留配套物流产业用地，为物流园区从中心城区向城市外围发展提供用地保障（图5-3）。

图 5-3 广州市黄埔区京东亚洲一号仓库分拣系统
（资料来源：《广州市仓储物流用地特征和发展策略研究》（2021年），广州市城市规划勘测设计研究院）

第六章

城市更新助力产城融合、
职住平衡

随着城市化进程的快速推进，通勤难、住房难等"大城市病"为广州的高质量发展带来了制约与挑战，而城市更新是落实城市存量空间功能提升、产业升级、品质改善的最主要手段。因此，推进更高质量的城市更新行动是治理"大城市病"并推动城市向更高效、更宜居、更和谐的现代化大都市发展的重要路径。广州的城市更新政策与实践始终围绕着产城融合、职住平衡的目标，针对居住与就业空间在供给数量、空间分布、使用效率、环境质量等方面存在的问题，从"保量""增质""提效"三个维度持续推进职住空间供给的优化与改善。

6.1 职住空间现状问题：结构失衡、效率较低

职住空间，即城市中的居住与就业空间，关于职住空间的理论研究与政策制定通常着眼于城市居民居住地与工作地之间的空间联系和位置关系，包括居住、就业和通勤三大主题内容，是城市空间结构研究的重要内容。国内外城市地理和城市规划研究的主流观点认为职住空间的理想状态是"职住平衡"，即在一个城市或给定的地域空间内，劳动者数量大致等于就业岗位数量，大部分居民可以实现就近工作，通勤的距离和时间均在合理范围之内。

而与"职住平衡"的城市理想相对的，便是城市发展过程中伴随着人口、产业的空间集聚而普遍出现的职住空间错配的现实问题。职住空间错配，或称"职住空间失配／衡"，是西方城市地理和城市规划研究的重要话题之一，源自于凯恩（John Kain，1968）提出的"空间错位假说"。他认为工作岗位的郊区化和城市中的居住隔离导致职住空间失衡，并造成内城居民普遍失业率较高、收入相对较低和通勤时间偏长的问题。1990年代，西方学者针对上述现象提出"新城市主义"理论，倡导塑造多样化、人性化、社区感的城镇和居住可达性、就业可达性皆较佳的城市，最大限度地保证居民的职住平衡。

对于职住空间的关系测度主要从"平衡度"和"自足性"两方面展开，即研究单元内的就业岗位和居住人口在数量上是否匹配，以及居住并且就业在该单元内的居民数量占总居住人口的比例。将这一测度落到空间供给上，也就是一定尺度单元内居住空间与就业空间在数量上是否匹配、在分布上是否均衡，从而优化职住空间供给的"数量"与"分布"，也就成为城市更新中破解职住空间错配难题、实现职住平衡的重要手段。基于上述"数量"与"分布"两个维度判断，广州市的职住空间总体上存在着商务办公等就业空间供应缺口较大、就业与居住空间布局失衡、工业用地利用效率偏低等现状问题。

6.1.1 商务办公空间供应缺口较大

在当前以数字经济、人工智能、生物医药为代表的新一轮科技革命和产业变革的背景下，广州提出完善创新体系、以创新引领经济转型和高质量发展，支撑引领粤港澳大湾区国际科技创新中心、综合性国家科学中心建设，提升广州国际科技创新枢纽能级，以新基建加快数字经济产业化、传统产业数字化，引领第四次工业革命。然而，对标全球城市则会发现，广州市当前的产业空间供应规模与品质尚显不足，难以为更好地提升广州城市能级和综合竞争力提供最有效的支撑，为高质量发展塑造新空间。

首先，广州市产业空间供应总量不足。产业空间供应规模通常使用"产居比"指标进行衡量，即产业空间建设量占产业和居住空间建设总量的比例（不含工业），东京全市范围内这一指标约为24%，新加坡则约为23%，广州全市范围内这一指标则仅为约15%，供应缺口较大，产业供应规模距离世界一流城市还有较大距离。

其次，广州市商务办公及甲级写字楼等高品质产业空间的供应缺口问题则更加突出。根据现状数据，广州市商务办公建筑总量约3822万 m²，约占全市商业、服务业建筑总量（1.05亿 m²）的37%。截至2020年第三季度，广州市甲级写字楼存量约542万 m²，约占商务办公建筑总量的14%。且广州市商务办公及甲级写字楼的空间分布较为不均衡，珠江新城仍占据存量市场主导地位，现有存量占全市总存量的52.3%，新增供应则主要集中于琶洲等新兴商圈，老牌核心商圈的供应量严重不足。横向对比，广州的商务办公及甲级写字楼总量与顶级世界城市相比仍有较大差距。广州市商业、服务业建筑量约1.05亿 m²，在全市总建筑量中占比约为15%，低于东京的24%、新加坡的23%。同时，广州市的商务办公总量（3822万 m²），与顶级世界城市纽约（4810万 m²）、东京（4500万 m²）之间也存在着一定的差距。广州市甲级写字楼存量约520万 m²，约占商务

办公总量的 14%，与国内一线城市北京（1240 万 m²）、上海（1330 万 m²）、深圳（740 万 m²）也存在较大差距[①]。

再次，除了商务办公建筑总量供应不足外，广州市甲级写字楼近年供给量也呈下降趋势。近 5 年的年平均新增供应量为 42 万 m² 左右，远低于北京、上海、深圳三市；年平均净吸纳量在 43 万 m² 左右，高于新增供应量，近两年更是出现吸纳量高于供应量一倍左右的现象。广州市甲级写字楼的空置率也持续下降，2020 年第一季度，广州市甲级写字楼空置率为 5%，低于北京、上海、深圳等国内其他特大城市，在全国一、二线城市中也是排名末位，远低于全国市场平均空置率，反映广州市甲级写字楼的市场需求较高。与此同时，租金变化却呈现与空置率相反趋势，持续升高，市场需求趋势强劲，然而未来三年年均供应量却小于 100 万 m²，与其他城市差距较大。

6.1.2 就业、居住空间的失衡

除了商务办公空间为主的就业空间自身供给规模不足、品质不高所带来的问题外，就业空间与居住空间之间在供给规模与空间分布上的不匹配更加值得关注，就业、居住空间的失衡将直接导致交通拥堵、通勤时间过长等"大城市病"的出现。

2005 年至 2020 年，广州市常住人口从 1118 万人增长至 1868 万人，增长了 67%。与此同时，广州市的平均通勤距离从 5.3km 增长至 8.7km，增长了 64%，平均通勤耗时则从 26.9min 增长至 38min，增长了 41%。平均通勤时间与通勤距离在过去二十年内持续增长，中心城区内部交通出行强度及交通流动性高。当前，广州市通勤距离、通勤时间总体在国内的超大城市、特大城市中处于中段水平。虽然交通系统整体运作水平在北上广深四座超大城市中处于前列，但近两年的通勤问题改善状况则居于末位，仍具有较大的改善提升空间。而随着城市规模继续扩张、常住人口持续增长，未来广州市的平均通勤时间、通勤距离预计将持续增长。根据《2021 年度中国主要城市通勤监测报告》的相关数据，按目前的增长态势，预计 2035 年广州市平均通勤距离将超过 12km，在既有运作水平下，平均出行耗时将达到 56min，届时平均通勤耗时将会超过

45min 容忍阈值。

事实上，广州市轨道交通覆盖通勤比重在国内的超大城市、特大城市中处于领先水平。而上述通勤问题的长期存在，则从侧面反映了广州市的城市内部空间存在突出的职住分离问题，即产业、居住空间的现状与新增供给在总量与分布两方面均存在失衡。

首先是产业、居住空间供给总量的不匹配。市场主体出于逐利原则，对于"工改商""工改居"类型的更新改造项目参与意愿强烈，从而导致产业用地的开发受到压制。广州市当前规划工业用地出现减量趋势，存量工业用地保量的任务艰巨。近年来，广州的产业、居住新增建筑量供应主要来源于城市更新和土地储备两大板块。在更新板块中，旧厂改后以新增产业空间为主，旧村改后以新增居住空间为主。根据《广州市城市更新三年行动计划（2019-2021 年）》，全市近三年共计 231 个旧厂房改造项目，其中 98% 为工改商，平均容积率 2.52。旧村全面改造中，改造后新增产业空间占比 28.3%，居住空间占比 60.7%。而土地储备供应方面则以新增居住空间为主，全市土地供应市场近五年的年平均供应商服建筑面积约 407 万 m²，居住建筑面积 836 万 m²，供应比例约 1：2。

其次，相较于人口密度的空间分布，产业、居住空间供给在空间分布上也呈现不均衡，广州市就业岗位密度分布更加呈现核心集聚的特点。从 2005 年到 2020 年，广州市人口增长主要分布在中、外侧圈层，就业岗位的增长则集中在中、内侧圈层，城市职住空间进一步分离，"钟摆式"通勤加剧。居住用地与就业中心空间耦合不够紧密，居住用地供应未能充分配合就业中心选址，就业地居住用地供应总量与结构未能满足就近就业人口的需求。广州市接近一半的常住人口工作地点与居住地点之间的距离在 5km 内，15% 的常住人口工作地点与居住地点之间的距离超过 15km。50% 的常住人口工作地点与居住地点之间的通勤时耗在 30min 内，85% 的常住人口工作地点与居住地点之间的通勤时耗在 50min 内，95% 的常住人口工作地点与居住地点之间的通勤时耗在 60min 内。参考《2020 年全国主要城市通勤监测报告》中基于通勤数据计算得到的职住分离度指标，在北上广深四大一线城市中，广州的职住分离度为 3.70km，仅低于北京的 6.57km，高于深圳和上海。

---

① 资料来源：第一太平戴维斯物业顾问（广州）有限公司。

6.1.3 工业用地利用效率偏低

广州市 2018 年制造业和批发零售业的从业人员合计约 427 万人，占就业人口的 51.32%，工业用地是广州市就业空间中无法忽视的重要构成。在讨论职住空间问题时，不仅需要关注商务办公与商业服务等办公空间，工业用地供给的规模总量、空间布局、利用效率同样是值得关注的问题。

总体而言，相比国内同等规模的特大城市，广州工业用地规模偏小。广州现状工业用地约 430km²，工业用地总规模偏小，低于北京（约 600km²）、上海（2020 年工业用地总规模控制在 550km²）等城市。近三十年内，广州市工业用地供给量呈现波动下降的整体趋势，2018 年的工业用地供应面积仅为 389.23hm²。同时，广州市工业用地在空间分布上也呈现不平衡的特征，主要分布在增城、番禺、黄埔等区。其中，增城区工业用地供应面积远远超过其他区，供应量为 9228.25hm²，占 1992-2018 年工业用地供应总面积的 35.43%，番禺区和黄埔区的工业用地供应面积处于中等水平，面积占比分别为 17.53% 和 15.32%，荔湾、越秀、海珠、天河四区的工业用地供应量整体偏低。

除去上述总量偏低、空间分布不平衡的问题，广州市存量工业用地还存在着开发强度低、产出效率低等突出问题。全市 95 个产业园区（区块）工业用地中有半数以上的综合容积率在 2.0 以下。2016 年广州市工业用地供应总量排名居于粤港澳大湾区 9 市第一位，然而单位工业用地产出却不高，在大湾区 9 市中排名第四，低于东莞、佛山和深圳[1]。2015 年单位建设用地产出 10.13 亿元 /km²，低于深圳的 16.5 亿元 /km²，不到新加坡（45.21 亿元 /km²）的 1/4，离香港的 58.9 亿元 /km² 更是相差甚远。

而当前广州全面实施"制造业强市"战略，打造"中国制造 2025"试点示范城市，强化顶层设计和空间布局，大力发展新兴产业，特别是近年密集引进一批高端项目落地。广州工业用地的有限、低效供给，与加快发展先进制造业的"刚需"之间的矛盾愈加突出。为破解这一困境，必须加强对低效工业用地二次开发，盘活存量用地，提升工业用地供给的数量与质量，同时促进工业用地资源优化配置和合理利用，提高土地资源节约集约利用水平，推动产业发展与工业用地有效协调衔接，切实提高工业用地的供给质量和产出效益。

---

① 陈章喜，吴振帮. 粤港澳大湾区城市群土地利用结构与效率评价[J]. 城市问题，2019(4)：29-35.

6.2 产业空间保量:"产居比"管控指标与管理圈层划定

6.2.1 "产居比"破解城市更新产业配置难题

传统以市场为主导、过度房地产化的城市更新项目推进模式,带来了产业空间供应不足与分布不均,低成本住房配建短缺与类型单一,公服配套区域短板且标准较低等一系列问题,难以满足新时期城市高质量发展的要求。

参考纽约、伦敦、东京、新加坡等顶级世界城市的发展经验,其发展过程均高度重视产业配比、节约集约用地,从而实现产业空间的有效集聚,促进了城市品质提升、就业和产业结构升级,并以此吸引全球优质企业和人才资源,保障城市在世界的领先地位。目前,广州的产业结构和配比与顶级世界城市有一定的差距。

结合问题和目标两方面考虑,广州市规划和自然资源局于 2020 年印发实施了《广州市城市更新实现产城融合职住平衡的操作指引》,并于 2022 年 9 月发布修订稿。通过合理划定面向城市规划建设的管理圈层,对每个圈层合理配置城市更新单元产业建设量占总建设量的比例(其产业建设量中包含商业商务服务业、新型产业、产业的公建配套)进行控制。该《操作指引》是广州市乃至全国首次针对城市更新提出产业建设量占总建设量的最低比例要求,意图以城市更新为契机,将"产居比"指标的管控作为切入点破解广州城市更新的产业配置难题,增加产业空间供给、提供高质量的产业发展空间,从而吸引高端产业向中心城区聚集,进一步优化城市功能和人口布局,缓解交通压力,实现产城融合、职住平衡的目标。

6.2.2 规划建设管理圈层划定与"产居比"要求

广州市以国土空间总体规划的城镇发展空间布局为基础,结合重点功能片区、城市重要道路、行政边界等要素,划定三个城市规划建设管理圈层,进而明确每个圈层的城市更新单元产业建设量(含商业商务服务业、新型产业、产业的公建配套)占产居总建设量的最低比例要求。基于城市规划建设管理圈层划定和产居比红线刚性指标管控,通过城市更新为产业发展提供拓展空间,特别是加强中心城区核心区和重点功能片区的产业用地保障,吸引高端产业向中心城区聚集,促进高质量发展。

第一圈层覆盖广州环城高速以内面积 220km² 的区域,主要包含越秀区、海珠区北部、荔湾区东部、天河区南部等传统老城区。该管理圈层的发展重点在于破解老城区人口过度密集、公共配套不足等瓶颈,增添高质量增长引擎,激发创新创业活力和动力。第一圈层内,城市更新单元产业建设量(含商业商务服务业、新型产业、产业的公建配套)原则上占产居总建设量的 50% 以上;或城市更新单元融资地块上产业建设量(含商业商务服务业、新型产业、产业的公建配套)原则上占融资地块产居总建设量的 50% 以上。

第二圈层覆盖广州环城高速以外面积 397km² 的区域,东至天河 – 黄埔、番禺 – 黄埔区界,南至广明高速,西至广州 – 佛山市界,北至华南快速,主要包含海珠区南部、荔湾区西部、天河区北部、白云区南部、番禺区北部等。该管理圈层的发展重点在于强化中心城区核心区以及广州南站、万博商务区、国际创新城等重点功能片区的高端要素集聚,推动广州高质量发展。第二圈层内,城市更新单元产业建设量(含商业商务服务业、新型产业、产业的公建配套)原则上占产居总建设量的 30% 以上;或城市更新单元融资地块上产业建设量(含商业商务服务业、新型产业、产业的公建配套)原则上占融资地块产居总建设量的 30% 以上。

第三圈层则覆盖广州市除第一与第二圈层以外的全部区域,主要包含白云区北部、番禺区南部、黄埔区、花都区、南沙区、从化区、增城区等。该管理圈层的发展重点在于促进产城融合发展,提升综合承载能力与内生动力,构建城乡一体发展格局。第三圈层内，除已经纳入重点功能片区按规划控制外，其他区域城市更新单元产业建设量占产居总建设量的比例，可由所在区结合片区产业发展规划和城市更新单元实际，自行制定指引。

以上述明确精准的圈层划定与指标要求为抓手，广州的城市更新项目得以充分面向产城融合、职住平衡的目标，保障中心城区和重点功能片区的产业用地供给。以位于广州设计之都西部、白云区中部的黄边片区为例（图6-1），该片区处在广州市城市规划建设管理圈层的第二圈层，在实施更新改造的过程中，自方案阶段便将广州设计之都片区职住平衡需求充分纳入考虑，精细落实到建设规模的测算、产居比估算中。改造后黄边片区更新单元范围内产业建设量占产居总建设量的比例达38%，满足第二圈层内城市更新单元产业建设量原则上占产居总建设量30%以上的产居比管控要求，从而保障该片区能够通过成片连片更新改造有效地承载产业用地布局，补足生产和生活服务配套，整体上提升片区人居环境。

图 6-1 黄边片区城市设计总体鸟瞰图
（资料来源：广州设计之都城市设计优化）

6.3 产城融合增质：职住平衡指标体系的制定

6.3.1 从单一指标到多级、多维指标体系

进入新时代，城市发展从过去的粗放式高速发展，进入注重精细化和品质化的高质量发展阶段。新时期的城市更新，也应当从过去简单的"三旧"改造，转向以"存量与增量联动、产业与空间结合、文化与活力并重"为特征的有机更新。5G 时代加速到来，人工智能、大数据、移动互联网、区块链技术兴起，主导产业模式正在发生转型，未来产业空间的需求也将从过去的生产型产业空间为主转向以办公型产业空间为主。

面向广州市当前所面临的宏观背景与发展愿景，仅仅依靠"产居比"的单一指标推进产业空间供给规模增加是难以应对高质量发展的新需求的。立足于高质量发展关键阶段，广州市在国土空间规划的引领下，通过构建产城融合、职住平衡指标体系，将城市更新纳入国土空间规划"一张图"，形成以存量资源再利用为主线的空间发展模式，建立总体规划定目标、定重点，专项规划建路径、建机制，详细规划控指标、定功能的城市更新规划管控机制。

6.3.2 基于多空间层级的综合指标体系

广州市规划和自然资源局依托过去开展城市更新工作的经验与基础，围绕产城融合、职住平衡的目标与路径开展深入研究，基于多空间层级构建多维度职住平衡指标体系，辅以多种举措，通过城市更新的推进实现产城融合、职住平衡的发展目标。

产城融合、职住平衡指标体系涵盖市域、行政区、商圈

就业中心 30min 通勤圈三个层级，每层级 5 项，共计 15 项指标，特别是微观层面的交通需供指数、轨道可达指数、公服配套指数、职住平衡指数、低成本住房指数 5 项指标（图6-2）。通过明确各类指标的计算方式与合理值区间，为广州市城市更新项目的效果监测、行政管理、规划管控提供依据。

1. 宏观监测：全市域

宏观层面针对市域范围提出平均通勤距离、平均通勤时间、轨道覆盖率、职住比和产居比 5 项效果监测指标，通过这 5 项指标对全市域范围内的总体职住平衡与通勤状况予以监测。

平均通勤距离，即以上下班为目的的单次出行距离。一般平均通勤距离越短通勤幸福感越高。平均通勤时间，即以上下班为目的的单次出行时耗。一般平均通勤时间越短越好，低于 30min 被称为幸福通勤时间[1]，研究表明，大部分人以 45min 为阈值去选择居住和就业地。轨道覆盖率，即市域范围内居住地和就业地两端均在轨道站点800m 半径范围内的通勤人口数量和通勤人口总规模的比值，会直接影响公共交通分担率，一般越高越好。职住比，即市域范围内就业岗位数和居住总人口数的比值，市域范围内职住比的合理区间在 55% ~ 60% 之间[2]，这一指标越高代表就业机会越多。产居比，即市域范围内产业建设量与总建设量的比值，这一指标延续广州市规划和自然资源局于 2020 年印发实施的《广州市城市更新实现产城融合职住平衡的操作指引》中的相关规定，对广州市三个管理圈层内城市更新单元产业建设量占总建设量的比例进行管控。

---

① 这一标准依据"马尔凯蒂定律"，意大利物理学家马尔凯蒂发现，不论城市尺度如何，人们每天有大约1h的通勤预算，即单程30min通勤时间。

② 依据《广州市职住平衡测度及关联性实证研究》（《城市交通》，2020年第18卷第5期第27-33页），职住比在55%~60%区间内片区内部出行占比最高，动态职住平衡效果最好。

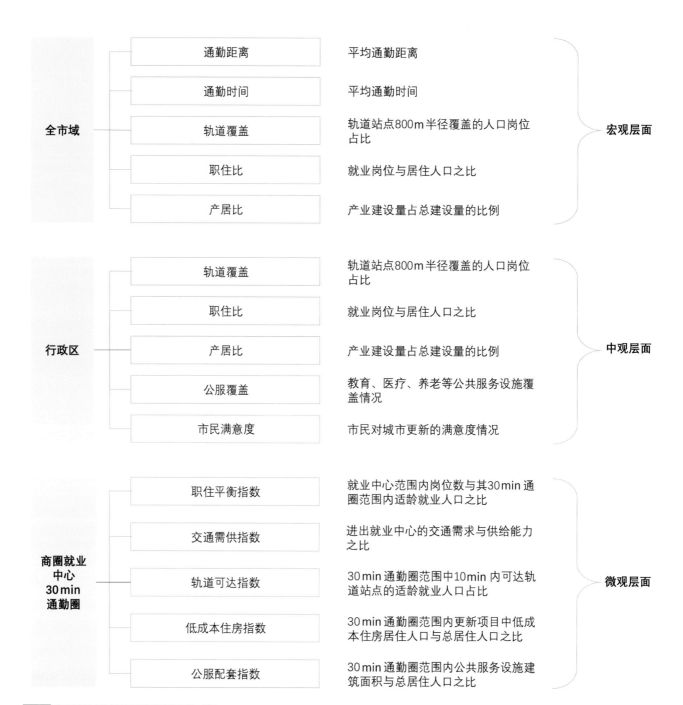

全市域	通勤距离	平均通勤距离	宏观层面
	通勤时间	平均通勤时间	
	轨道覆盖	轨道站点800m半径覆盖的人口岗位占比	
	职住比	就业岗位与居住人口之比	
	产居比	产业建设量占总建设量的比例	
行政区	轨道覆盖	轨道站点800m半径覆盖的人口岗位占比	中观层面
	职住比	就业岗位与居住人口之比	
	产居比	产业建设量占总建设量的比例	
	公服覆盖	教育、医疗、养老等公共服务设施覆盖情况	
	市民满意度	市民对城市更新的满意度情况	
商圈就业中心30min通勤圈	职住平衡指数	就业中心范围内岗位数与其30min通勤圈范围内适龄就业人口之比	微观层面
	交通需供指数	进出就业中心的交通需求与供给能力之比	
	轨道可达指数	30min通勤圈范围中10min内可达轨道站点的适龄就业人口占比	
	低成本住房指数	30min通勤圈范围内更新项目中低成本住房居住人口与总居住人口之比	
	公服配套指数	30min通勤圈范围内公共服务设施建筑面积与总居住人口之比	

图 6-2 广州市产城融合职住平衡指标体系构成图

2. 中观管理：行政区

中观层面针对各行政区范围提出轨道覆盖率、职住比、产居比、公服覆盖率与市民满意度 5 项行政管理指标，将这 5 项指标纳入各行政区范围内开展各项城市更新工作的管理指标。

轨道覆盖率，即行政区范围内居住地和就业地两端均在轨道站点 800m 半径范围内的通勤人口数量和通勤人口总规模的比值。轨道覆盖率会直接影响公共交通分担率，

一般越高越好。职住比，即行政区范围内就业岗位数和居住总人口数的比值。这一指标越高代表就业机会越多，各行政区应当根据自身发展定位而定。产居比，即行政区范围内产业建设量与总建设量的比值。这一指标延续广州市规划和自然资源局于 2020 年印发实施的《广州市城市更新实现产城融合职住平衡的操作指引》中的相关规定，各区依据所处的管理圈层对城市更新单元产业建设量占总建设量的比例进行管控。公服覆盖率，即行政区范围内三类公共服务设施（教育、医疗、养老）覆盖人口数的平均值与

总居住人口的比值。这一指标越高代表公共服务设施覆盖越好。市民满意度，即行政区范围内受访者中满意城市更新效果的人数与受访者总人数的比值。这一指标越高代表市民对城市更新工作越满意。

3. 微观管控：商圈就业中心 30min 通勤圈

微观层面针对商圈就业中心及其 30min 通勤圈，提出交通需供指数、轨道可达指数、公服配套指数、职住平衡指数、低成本住房指数共 5 项市民可切身感知的规划管控指标，从而落实全生命周期管理理念，体现服务均等化。指标设置中全面考虑不同阶层、不同年龄市民对美好生活的需求，尤其是关注低收入人群、青少年和老年人等，力图营造有温度的和谐美好家园。

交通需供指数，即就业中心 30min 通勤圈范围内道路出行需求与道路通行能力的比值和轨道出行需求与轨道通行能力的比值乘上各自的分担权重之和：

$$交通供需指数 = \frac{道路出行需求}{道路通行能力} \times 道路分担权重 + \frac{轨道出行需求}{轨道通行能力} \times 轨道分担权重$$

其中，道路（轨道）出行需求是指就业中心进出需求中，使用道路交通或轨道交通出行的那部分需求，单位为人次 / 小时；道路（轨道）通行能力是指就业中心进出道路或轨道站点能够为片区提供的客流运输能力，单位为人次 / 小时；道路（轨道）分担权重是指就业中心总出行需求中分别使用道路或轨道的分担占比，其中轨道分担权重受片区轨道覆盖率影响且基本与片区轨道覆盖率成正比。参考道路饱和度和服务水平基本标准，交通需供指数不宜高于 0.85，中心区可适当放宽至 0.9。轨道可达指数，即就业中心 30min 通勤圈范围内轨道站点 10min 可达的适龄就业人口与总的适龄就业人口的比值。对于中心城区的片区，轨道可达指数不宜低于 0.75，外围城区的片区则不宜低于 0.45[1]。公服配套指数，即就业中心 30min 通勤圈范围内公共服务设施建筑面积与总居住人口的比值。这一指标反映人均占有的公共服务设施建筑面积情况，越高代表公共服务配置情

况越好。职住平衡指数，即就业中心提供的就业岗位数与就业中心 30min 通勤圈范围内适龄就业人口数的比值乘上低成本、小户型住房调节系数[2]，这一指标越高代表就业中心所具有的就业功能越强，其合理范围为 0.3 ~ 0.5。其中，低成本、小户型住房调节系数的计算方式为：

$$调节系数 = 1 + \frac{低成本、小户型住房建设量}{住房总建设量}$$

低成本住房指数，即就业中心 30min 通勤圈范围内的城市更新项目中低成本住房居住人口与总居住人口的比值。这一指标反映一定片区的城市更新项目中提供的低成本住房可满足居住人口的占比情况。

6.3.3　面向指标体系的分阶段实施路径

基于上述宏观监测、中观管理、微观管控的多维度职住平衡指标体系，为确保其中的各项指标自上而下地有效落实，从而切实引导城市工作的开展能够朝着产城融合、职住平衡的发展目标迈进，广州市针对城市更新、存量规划工作中的顶层设计、规划审批、实施管理三个阶段提出"3+2+3"的具体保障措施。

1. 顶层设计阶段

（1）进一步提出创新措施。学习借鉴先进城市经验，深入了解城市更新的周期、程序、流程和政策，以及在产城融合职住平衡方面的主要做法，进一步明确广州市城市更新的范围和重点，提出下一步加快城市更新的创新措施。

（2）进一步完善政策体系。加快出台《广州市城市更新条例》《广州市关于建立健全"多主体供给、多渠道保障、租购并举"住房体系的指导意见》《广州市城市更新地区规划指标管理办法》等法规政策文件，将职住平衡指标体系内容转化为刚性条款，为加快推进广州市城市更新工作、促进产城融合职住平衡提供强有力的保障。

（3）进一步强化政策培训宣传。深入开展市、区、街道（村集体）各层面针对行政部门、设计单位、改造主体、开发企业等不同对象的城市更新相关政策培训，确保各项

---

① 《城市综合交通体系规划标准》GB/T 51328-2018对超大城市的覆盖率建议值为中心城区不低于65%，鉴于微观片区规划管控是实现中、宏观目标的基础，因此微观层面覆盖标准应当较上述标准更高。
② 由于提供低成本、小户型住房会增加居住人口，就业岗位数与适龄就业人口数的比值将会降低，为在职住平衡指数指标中直观体现政策鼓励方向，因此在模型引入低成本、小户型住房调节系数进行修正，科学反映片区职住平衡水平。取值区间为1~1.3。

政策读懂用好，落实到位。同时，通过主流媒体、新媒体等加强政策宣传引导，形成全社会合力推进城市更新的良好舆论氛围。

2. 规划审批阶段

（1）规划传导。产城融合职住平衡指标体系研究成果可作为总体规划－专项规划－详细规划编制的参考依据。将三级职住平衡指标要求嵌入国土空间规划三级传导机制，宏观（市域）指标要求纳入国土空间总体规划，中观（行政区）指标要求纳入专项规划，微观（商圈 30min 通勤圈）指标要求纳入详细规划，严格做好落实，定期开展检讨修编。

（2）规划管控。实现职住平衡的有力保障是微观层面的规划管控，为确保职住平衡指数、交通需供指数、轨道可达指数、低成本住房指数、公服配套指数等微观指标的预期成效得以实现，在规划中对指标的各类影响因素作出明确要求，如产业配置、交通设施布局、保障性住房建设、公服设施配建等。并在项目实施方案中，严格落实法定规划中的上述要求。

3. 实施管理阶段

（1）充分发挥区政府作为第一责任主体的统筹力度。在城市更新中统筹做好中小户型融资住房及复建租赁住房建设，教育、医疗、养老、文化等公服设施配建，建立健全产业空间供给、产业导入及运营的管理机制，强化交通设施建设与城市更新项目协同推进。

（2）充分发挥国有企业参与全周期开发的实施力度。鼓励国有企业作为市场主体的全周期整体开发模式，充分发挥国有企业的综合实力和社会责任感，严格按照实施方案，优先保障产业、交通设施、保障性住房及公服设施的建设，实现经济发展与人居环境改善的双赢。

（3）充分发挥纪检部门推动高质量发展的监督力度。针对广州市贯彻落实城市更新工作要求情况，特别是城中村产业导入、产城融合、配套保障方面落实情况，定期开展专项监督，确保深化城市更新领域工作、促进老城市焕发新活力各项任务措施落地见效。

6.4 工业用地提效：工业产业区块与土地资源配置优化

6.4.1 保障工业用地规模与提高利用效率

广州市存量工业用地中存在大量的村镇工业集聚区、旧厂等低效空间，布局分散、产业低质、土地低效的工业用地难以支撑广州市传统优势产业转型升级、提升产业科技创新能力、发展新兴产业等高质量发展需求。而城市更新正是在城镇化发展接近成熟期时，通过维护拆除、完善公共资源等合理的"新陈代谢"方式，将已经无法满足当前及未来城市发展需求的城市功能空间作必要的、有规划的改建，从而对城市空间资源重新调整配置，使之更好地满足人们的期望需求、更好地适应经济社会发展实际。通过城市更新，广州市能够在当前存量发展为主的用地模式下，通过推进"严控总量、盘活存量、精准调控、提质增效"的建设用地策略，在保障工业用地总量的同时，提升低质低效的现状工业用地的使用效率与产出效益，更好地支撑广州市实现培育战略性新兴产业，引导先进制造业集聚，打造一批承载国家战略功能的大型先进制造产业基地和世界级产业发展平台的产业发展愿景。

2018 年，广东省人民政府印发《广东省降低制造业企业成本支持实体经济发展的若干政策措施（修订版）》（粤府〔2018〕79 号），要求各地市划设工业用地控制线或区块线，年度建设用地供应计划要充分保障工业用地供给。以上述要求为基础，广州市创新性地提出工业产业区块划定，通过划定全市域范围内 621km² 工业用地红线，"像保护耕地一样保护工业用地"，控制工业用地流失，稳定工业用地总规模，从而积极强化制造业空间保障，加强实体经济发展空间保障。并在此产业区块划定的基础上完善管控要求，有效提高工业用地节约集约利用水平，促进产业高质量发展。

2019 年 4 月，广州市人民政府办公厅印发《广州市提高工业用地利用效率实施办法》（穗府办规〔2019〕4 号），要求提高工业用地利用效率，遵循"统筹布局、引导集聚、

健全标准、严格准入、加强监管"的基本原则，促进工业用地合理布局和规模集聚。2020 年 2 月 25 日，经市委常委会、市政府常务会议审议通过的《广州市工业产业区块划定成果》正式印发实施。2020 年 11 月，市工业和信息化局、市规划和自然资源局联合印发《广州市工业产业区块管理办法》，形成了针对工业产业区块的从划定、修改到管理、落实的全流程实施路径，进一步提高工业用地利用效率、保障工业用地节约集约利用、促进产业转型升级，为城市更新行动落实产业高质量发展目标、保障工业发展空间提供了清晰明确的政策依据与管控要求。

6.4.2 工业产业区块划定

工业地块是指用于推动产业项目集聚发展而专门划定的工业园区、连片工业用地、产业园区、价值创新园等，由市工业和信息化部门会同市规划和自然资源、发展改革、生态环境等部门及各区政府、广州空港经济区管委会组织开展全广州市市域范围内的工业产业区块的划定和调整。其划定遵循以下原则。

1. 规模控制，分级管控

为保障广州市工业用地总规模，明确以工业为主导功能的区块范围，广州市提出划定工业产业区块并予以管控。其中，所指工业用地包括普通工业用地、新型产业用地和用于支持工业发展的仓储、港口、铁路货运站场等类型用地，以及现行规划用地性质尚未明确、但对未来国民经济和产业发展有重大保障作用的工业发展备用地。

根据广州市工业用地实际情况，工业产业区块按一级控制线和二级控制线两级进行管控，其中一级控制线是为保障城市长远发展而确定的工业用地管理线，是先进制造业、战略性新兴产业发展的核心载体；二级控制线是为稳定一定时期工业用地总规模、未来可根据城市发展需求适

当调整使用性质的工业用地管理过渡线。全市划定工业产业区块总规模 621km², 其中一级控制线 443km², 二级控制线 178km²。

全市工业产业区块划定后, 各区经论证确需优化个别工业产业区块范围的, 遵循"底线规模不减少、产业布局更合理"的原则。工业产业区块的优化分为"修正"和"调整"两种类型, 工业产业区块的修正由区政府批准, 工业产业区块的调整由各区政府报市政府批准。

2. 保障生态, 高质发展

广州市工业产业区块的划定还考虑了生态环境、现状工业用地情况、未来产业布局等因素, 因而并不是所有的工业用地都被划入了工业产业区块。以下工业发展用地, 原则上应纳入工业产业区块: 国家级经济技术开发区, 国家级高新技术产业开发区, 省级经济开发区, 市、区级重点工业集聚区的连片工业用地; 规模以上工业企业、全市百强工业企业、骨干产业链企业等重要企业的工业用地; 规划新增连片工业用地、重点工业项目意向用地以及其他对未来国民经济和产业发展有重大保障作用的工业备用地; 经各区研究需保障的用于支持工业发展的其他用地。而工业产业区块内用地如涉及永久基本农田、生态保护红线、饮用水水源保护区、环境空气质量功能区一类区、河涌水系、

历史文化名城保护对象以及国土空间总体规划、城市环境总体规划、区域空间生态环境评价、历史文化名城相关保护规划等上位规划划定的刚性管控空间要素的, 应按照相关法律法规和管理要求管控。

例如, 增城区在划定工业产业区块时, 按照"一加、一减、二减、调入"思路落实位置, 进行分类划定(图 6-3)。一加是指对市区重点发展园区、市区级重大产业项目、倍增企业、骨干企业、规模以上企业等重要企业所在工业用地优先纳入区块线实行保护; 一减是指结合基本农田、城镇开发边界、生态保护红线、水源保护地等筛选保护, 将涉及刚性管控要素的区域剔除区块线, 确保工业产业区块的合法性; 二减是指将不符合产业空间结构和破碎的不属于产业集聚区的地块剔除, 优化结构; 调入是指将符合产业结构、属于产业集聚区的地块调入, 由此框定总量规模, 形成调入库。

6.4.3 工业产业区块管理

以上述工业产业区块划定与修改的成果为基础, 广州市工业和信息化局会同广州市规划和自然资源局制定《广州市工业产业区块管理办法》, 为各区政府和市直有关部门有效管理工业产业区块的实施提供依据, 进一步促进工业用地节约集约利用和产业转型升级。

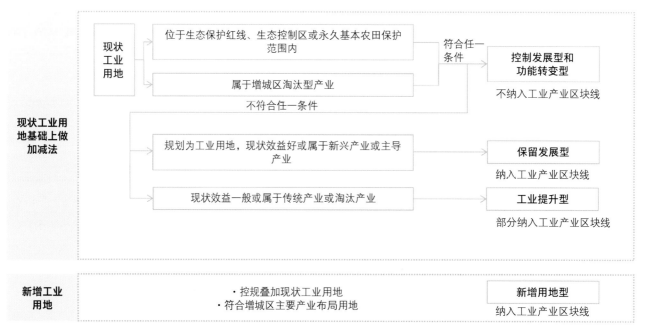

图6-3 增城区工业产业区块判断示意图
(资料来源: 李婕. 对广州市增城区工业产业区块划定的思考 [J]. 山西建筑, 2021(11): 32-34)

1. 统筹布局，稳定规模

《管理办法》明确了划定依据、管理对象、管理原则和各部门的职责，工业产业区块管理遵循"统筹布局、严守底线、刚弹结合、提质增效"的基本原则，稳定工业用地总规模，提高工业用地利用效率，促进工业用地合理布局和规模集聚。除总规模外，《管理办法》还对各区作出了相关规定，各区纳入工业产业区块的规划工业用地面积占全区规划工业用地面积比例原则上不少于80%，新建普通工业项目原则上在工业产业区块内选址。

2. 用途管制，工业优先

为保障工业产业区块内的工业主导功能，《管理办法》中还明确规定单个区块内工业用地面积占比不得低于该区块面积的55%，剩余45%的用地应优先保障市政基础设施、环保设施、生产性服务设施、人才公寓、租赁住房和配套设施等支持工业发展的用途。未达到工业用地纯度要求的一级控制线，各区政府在开展区级国土空间规划编制工作时应予以落实。未达到工业用地纯度要求的二级控制线，除市政和交通基础设施、经各区认定服务于工业发展的科研设计设施（包括A35〔科研用地〕和B29〔其他商务设施用地〕两种类型的用地中服务于工业发展的科研设计设施）外，原则上不得调整为其他非工业用途。工业产业区块内推进的各项城市更新行动，应在符合上述工业用地纯度要求下统筹各类用地安排[1]。

3. 分级管控，论证优化

城市更新行动可依据工业产业区块分级划定成果，结合区域功能定位与发展要求，合理选择相应的更新改造策略。在划定的工业产业区块范围内，推进以"工改工""工改新"为主的城市更新，鼓励产业主体升级改造，给予一定的政策补助，缩小与"工改商住"之间的收益差距。

经各区论证确需优化工业产业区块范围的，应遵循"底线规模不减少、产业布局更合理"的原则。一级控制线的优化应进行规模占补平衡；二级控制线的优化原则上进行规模占补平衡，因市级以上重点项目建设和市级重点功

能平台发展需要，或符合其他相关要求的，经市政府批准可进行规模优化。实施工业产业区块占补平衡不能以工业产业区块外的不可开发用地置换区块内的可开发用地。工业产业区块的调整方案须包含以下内容：①工业产业区块调整原因及依据；②工业产业区块现状及相关规划情况；③工业产业区块调整方案；④工业产业区块调整前后方案对比；⑤工业产业区块指标（面积、工业用地占比、规划指标等）前后对比；⑥意见回复及采纳情况。

4. 产业引导，集聚发展

《管理办法》鼓励各区根据全市相关产业规划、全市产业用地指南等，结合本区工业产业区块划定成果，制定重点功能片区的产业发展规划，引导符合产业规划的项目在工业产业区块内集聚。城市更新单元详细规划涉及工业产业区块的，应当依据区块的现状产业基础、重点功能片区产业发展规划等要素编制产业规划专章，且区块内的用地布局、用地指标、配套设施等应满足相应主导产业的发展需求。

重点依托国家级经济技术开发区、国家级高新技术产业开发区、省级经济开发区、市区重点工业集聚区等，着力推进战略性新兴产业、先进制造业、生产性服务业等产业项目在工业产业区块内集中布局。鼓励在工业产业区块内布局拥有独立法人研发机构的国家级高新技术企业、广州市城中村改造合作企业引入及退出指引中要求承诺引入的指定系列榜单企业（或机构）的相关制造业项目，着力提升传统产业产品质量和效益、引入产业链关键环节、推动核心技术发展。支持村经济发展留用地在工业产业区块内选址。由于城市更新、土地整备、不符合生态环境要求等原因需收回位于工业产业区块外的规模以上工业企业、全市百强工业企业、骨干产业链企业等重要工业企业用地的，鼓励企业搬迁到工业产业区块内继续生产经营，各区可结合本区实际制订奖励措施。工业产业区块，同时也是工业用地和产业扶持相关政策落地的重要适用范围，其划定与管理能有效促进工业用地节约集约，引导产业空间集聚，强化产业链建设，解决工业用地配套设施不全问题，从而促进产业高质量发展，提升工业用地产出效益。

---

[1] 广州市人民政府公报（2020年第35期）《〈广州市工业产业区块管理办法〉政策解读》。

第七章

有机更新与城市治理深度融合的未来更新之路

在增量土地资源紧约束的背景下，广州市通过十余年全面开展的城市更新行动，实现土地供应的保障、用地效率的提升及人居环境的改善，同时促进产业的转型升级；过程中也积累了系列配套政策，逐步推动更新制度的完善与更新规划技术的成熟。展望未来，广州市将进一步深化城市更新的顶层设计与系统实践，以国土空间规划为统领，推动以城中村和低效工业用地改造为重点的低效用地再开发，从治理模式、公共保障、收益分配与制度完善四方面，努力实现更多元的城市更新格局、更广义的公共产品供给、更协调的利益平衡机制和更高效的规划传导与实施制度，在率先转变超大城市发展方式上走在前列、当好示范。

7.1 趋势：更综合的有机更新理念

城市是中国式现代化的重要载体，当前我国城镇化率已超过 60%，步入城镇化发展的中后期，发展模式从外延增量式扩张转向增量结构优化、存量提质更新双路径的内涵集约式提升，城市更新成为下一阶段城市建设的重要命题。党的十九届五中全会通过的《中共中央关于制定国民经济和社会发展第十四个五年规划和二〇三五年远景目标的建议》明确提出实施城市更新行动，这是以习近平同志为核心的党中央站在全面建设社会主义中国式现代化国家、实现中华民族伟大复兴中国梦的战略高度，准确研判我国城市发展新形势，对进一步提升城市发展质量作出的重大决策部署，为中国式现代化城乡建设提供了战略引领，是我们当前和今后一个时期必须遵循的行动指南。

实施城市更新行动，是适应城市发展新形势、推动城市高质量发展的必然要求；是坚定实施扩大内需战略、构建新发展格局的重要路径；是推动城市开发建设方式转型、促进经济发展方式转变的有效途径；也是推动解决城市发展中的突出问题和短板、提升人民群众获得感幸福感安全感的重大举措。2021 年以来，国务院及其部委先后印发《关于在城乡建设中加强历史文化保护传承的意见》《关于扎实有序推进城市更新工作的通知》等文件，对实施城市更新行动要顺应城市发展规律，转变开发建设方式，系统保护、利用、传承历史文化遗产，坚持"留改拆"并举，加强修缮改造，补齐城市短板，注重提升功能，增强城市活力等提出明确要求。

在增量土地资源紧约束的前提下，广州市通过十余年的更新行动，保障了城市的发展再生，保障了基本的土地供应，促进产业转型升级的同时，提升土地利用效率，改善人居环境水平，同时作为三旧改造试点，积累起系列配套政策，更新制度日益完善，更新规划技术水平也不断成熟。

然而在经济下行压力持续加大的背景下，城市更新也暴露出诸如空间增量的得与失、拆除重建的快与慢、开发强度的大与小等问题。

新一轮城市更新工作中，我们迎来低效用地再开发的崭新命题。实施低效用地再开发，是全面贯彻习近平总书记重要指示精神，持续落实党中央、国务院要求，切实转变土地利用方式，提高土地利用效率，促进形成节约资源和保护环境的空间格局、产业结构、生产方式、生活方式。今后工作面临"五大转变"。一是理念转变，要从"增量发展"转向"存量发展"，释放存量空间价值；二是要素转变，要从"土地要素"转向"全要素"，加强探索资源资产组合开发利用；三是用地转变，从"单宗"土地利用向"片区"综合开发转变，探索不同用途地块混合供应，"肥瘦搭配"联动改造，将零星用地与低效用地一并供地、共同开发；四是政策转变，从"单一政策"工具向"综合政策"工具转变，强化规划与土地政策的紧密融合，打通低效用地再开发、全域土地综合整治、城乡建设用地增减挂钩等政策融合路径；五是工作转变，由"单部门"向"多部门"高效协同转变，强调要政府统筹，自然资源部门作为牵头部门，发改、财税、产业、金融相关部门共同参与，研究出台配套政策措施，形成工作合力。

广州为实现"美丽宜居花城、活力全球城市"的目标愿景，需要以有机更新的发展理念为引领，以统筹城市规划建设管理为路径，贯彻国家实施全面节约战略重要部署，落实低效用地再开发、积极稳步推进城中村改造的最新要求，顺应城乡发展规律，尊重人民群众意愿，坚持国土空间规划引领和刚性管控，走向有机更新与空间治理深度融合的高质量发展道路，塑造新动能新优势。

7.2 治理：更多元的城市更新格局

随着我国改革开放步入深水区，社会经济呈现新常态，对政府的治理能力也提出了更高的要求。中共十九大、十九届四中全会、二十大均明确了党中央对推进国家治理体系和治理能力现代化的决心。与强调政府权威的"管理"相比，治理更加强调多方参与，需要政府通过技术和工具来引导治理而不是利用权威进行管理。规划作为公共政策，其理念的变革必须放在中国转型期政府职责转变的背景中理解，转型期政府职责的定位（政府和市场及社会的分工）、政府干预市场的力度和方式、政府在效率和公平之间的倾向，都决定着规划工作的内容和方法。

国土空间规划体系的建立是实现新时代治理能力现代化在空间资源配置方面的重要抓手，在空间产品的规划和供给过程中，权利配置和执行方式也应从原来单一、计划性的行政过程逐渐转变。顺应现代国家治理体系完善与国土空间改革体系思路，新一轮城市更新工作要求政府角色从守门员走向引领者，从行政管理走向协同治理，统筹城市发展目标和公众意愿，调动全社会参与的主动性和积极性，深度引导市场、社会等多元主体参与到空间治理中来。以多元协同为重要路径，发挥政府的守门员角色，坚持市场主体对资源配置的决定性作用，并不断完善公众参与、专家智库与社会机构的角色定位，形成多元共治、凝聚共识的城市更新格局，助力城市更新多维综合目标的实现。

7.2.1 强化政府"引领者"角色

在有效的城市更新管理中，政府的积极作用不容忽视，既起到维护公众利益、创造有利于各利益团体参与的条件的作用，也可以通过政策法规等管理机制，确保公共要素配置完善和实施落地，平衡更新中的公共利益与私人利益，在更新改造中扮演着举足轻重的协调、决策、执行和监督的角色。随着过去十年间市场开发主体和拥有可改造资源的业主参与更新的意愿日益高涨，市场利润最大化的目标与政府的发展意图矛盾逐渐暴露。伴随城市更新地区容积率调整限制尚不明确，对房地产市场等经济要素的影响判断相对不足等，规划阶段市场主体以经济账平衡为出发点与政府规划管理部门不断讨价还价，倒逼规划用地功能、公共配套、容积率指标不断向市场利益妥协。以容积率不断攀升为代表的规划退让，实质是在以未来城市发展的整体风险作为代价，危险且不可持续。

政府作为改造过程中的重要行为主体，有必要完善统筹引领和平台搭建的职能，从守门员到引领者，建立更加多元的城市更新目标，并通过干涉、引导作用，促使更新工作健康、有序、稳步推进。坚持以规划引领城市更新，围绕城市发展战略谋划城市更新的空间安排，通过重大项目建设牵引、公共空间综合整治带动等方式，撬动多元主体，以点带面，推动地区更新。一是结合重点功能平台建设、珠江景观带提升、生态修复整治等城市重大项目发展需求，梳理周边地区城市发展诉求，摸清周边地区配套设施短板，研判存量资源更新改造可行性，借助重大项目建设机遇推动周边地区城中村、老旧厂房、村镇工业集聚区等提质增效；二是借鉴东京轨道交通站点带动周边地区城市更新的经验，重视轨道场站建设，促进站点与周边存量商业、办公、居住功能深度融合，强调土地复合利用和高强度开发，促进土地集约高效利用；三是以空间品质整治提升为抓手，因地制宜打造口袋公园、滨水空间，增加公服设施、补足市政短板，提升街道、社区环境品质，变背街小巷为活力街巷，变低效角落为文化橱窗。

7.2.2 畅通社会资本

与传统的单个项目开发相比，城市更新项目，特别是改建扩建类和拆除重建类项目，开发体量大，开发内容多，项目涉及征地拆迁、基础设施建设、公共设施开发以及产业开发运营等环节，项目周期长，资金需求量大。"十四五"规划背景下，城市更新更加强调可持续性，力求保持低债务率的同时实现城市更新升级与可持续发展。面对高数量与高质量要求，城市更新项目如何有效地获取资金，如何有效保障项目经济收益与社会效益，成为城市更新项目顺利推进的关键。在当下政府财政捉襟见肘、房地产经济略显疲态的背景下，新一轮城市更新工作有必要充分激发市场活力，调动不动产产权人、市场主体和社会力量等各方积极性，畅通社会资本参与路径，形成多元化更新模式。

一是鼓励市场主体盘活自有资产，制定跨区资产统筹发展规划，有序推动闲置用地、房产整合提升，将低效用地优先保障科技创新、高精尖产业项目与政策性住房等民生保障项目，激活存量资产经济价值与社会效益。二是鼓励资产运营，通过合作、租赁等途径开展存量轻资产运营，通过专业化运营提升资产品质和盈利能力，如通过"改造＋运营＋物业"等模式参与老旧小区改造，实现低效资产提升为运营型高效资产，实物资产升级为金融型资产。三是借助金融工具，在城市更新贷款、专项债券、信托、基金等渠道，创新支撑手段，针对性解决城市更新各细分领域融资需求。借鉴上海、重庆、南宁等地的城市更新基金、北京的建设银行金融产品工具箱（涵盖超长贷款期限、经营权贷款、公积金提取等）等做法，进一步化解城市更新资金困境的难题。

7.2.3　拓展公众参与渠道

真正意义的公众参与，必须以公众利益为核心。根据美国学者谢里·安斯坦提出的公众参与阶梯理论，目前我国城市更新中的公众参与停留在基本的通告和咨询阶段，

公众参与以教育性、咨询性、形式性为主，环节较少且形式单一，租户、周边市民等其他利益主体对话渠道不畅通，公众参与的意识也有待进一步培育，关注点仍在于诉诸更多赔偿，缺乏对更新带来的关于产业、交通、配套等承载力的正负面影响的考量。未来的城市更新应当在既有的政府主体、市场主体和权利主体之外，更多地关注租户、市民等利益相关方以及媒体、专家等智库群体，建立起促进各方主体良性互动的机制。只有城市更新利益分配格局受到更大范围的代表公共利益群体的监督，才能实现城市更新资源再分配的相对均衡，并在这样的更新过程中，不断培养起民众参与社会治理的意识和能力。

一是通过广开言路，明确各方利益主体的参与机制与角色作用。完善专业设计人员参与城市更新的社区规划师制度，搭建专家学者智库平台；健全规委会议事规则，完善专家和公众代表参与城市更新决策机制；发挥人大、政协议事协商凝聚共识、建言资政的职能优势，积极深入城市更新实践，反馈公众诉求；发挥群团组织和社会组织的作用，凝聚市场主体、新社会阶层、社会工作者和志愿者，将无序的个人意见整合成为理性化的集体发声，实现个人意愿的有效表达。二是畅通议事渠道制度，建立多方主体间顺畅的沟通协商机制。探索建立覆盖城市更新全过程的听证会制度，从更新项目的立项、推进到实施、评估，开展切实多样的听证、论证会，在保障公众知情权、监督权的同时，进一步了解公众需求，保障决策准确性；充分利用好现有的基层各类综合服务平台，发挥基层网格化管理经验，充分运用互联网、智能化、5G等现代信息技术和信息手段，搭建城市更新协商议事的"云平台""微信公众平台"等，充分注重民情、采纳民意，调动公众参与城市更新的积极性、主动性，最大限度地使城市更新成为公众城市生活与情感的体现。

7.3 共享: 更广义的公共产品供给

城市更新作为一种空间资源再配置的手段，相较于其他规划类型，涵盖政府、市场、个人等多元主体间的复杂利益协调，资本力量不容忽视。在强大的资本推力下，公共利益的保障一直是更新项目最大的博弈焦点。公共利益来自于社会群体的公众需求，并以制度、权利、物理环境等形式表现出来。舒适的街道、便捷的交通、宜人的公园等事关社会福祉的公共产品都是公共利益的重要载体，是城市拥有吸引力与活力的价值保障。广州市在城市更新政策体系的构建过程中，一直将各类公共产品的保障作为重要内容，2015 年《广州市城市更新办法》中规定，城市更新应当增进社会公共利益，完善更新区域内公共设施，注重区域统筹，确保城市更新中公建配套和市政基础设施同步规划、优先建设、同步使用。在后续的政策中，又进一步明确了关于高标准公共服务设施、保障性住房、开放空间等满足公共利益诉求的配置标准。然而，在有限的存量空间资源约束下，公共服务设施一定程度上被迫摆在开发建设的对立面。

7.3.1 更明晰的公共利益内涵

《广州市城市更新办法》及后续出台的系列政策并未对公共利益的内涵进行过明确的界定，公共利益作为一个极为丰富的概念，随着社会的不断发展，人们对于它的诉求也在不断深化。一方面，要解决公共利益如何在不侵害私利的前提下得到更好的落实。在我国现行法律体系里，对于公众利益的认知没有清晰一致的认定，在公共利益和私利发生冲突的情形下，主张和实现公共利益难免意味着对私人利益的限制。在私利得到物权法、民法典等法律法规保障的背景下，城市更新过程中更需要明确公共利益的衡量标准与程序，让公共利益在不侵害私利的前提下得到保障。另一方面，在城市生活品质不断提高的情况下，公共利益的内涵及其延伸应当如何考虑。在广州的更新实践

中，通常意义的公共利益保障主要涉及土地贡献、公共服务配套设施、产业空间保障、保障性住房、历史文化保护等方面，通过设定比例标准、划定红线范围等方式予以保障，并最终体现在法定规划的规定性指标上。但对于符合城市多元需求的公共空间活力塑造、城市记忆、邻里关系等软性公共利益保障机制的构建常常被忽视，在下一轮的更新工作中，公共利益的内涵有必要进一步延展。

7.3.2 侧重低成本空间的供给

城中村、专业批发市场利用良好的地缘优势、低廉的土地成本、城市化的周边建设，承载大量外来人口与廉价劳动力，保存了底层人群生活的最后一道防线。过去城市更新实践中，往往随着大规模的推倒重建，摇身一变为高档社区、高端商务办公区，原有廉价劳动力的生存空间被严重挤压。以专业批发市场和城中村为代表的低成本高密度空间在应对公共卫生事件时也暴露出极大的脆弱性。高密度的人口聚集、复杂的人流货流、欠缺的设施配套、缺位的监督管理，共同将低成本空间的治理问题推到公众面前。低成本空间要改造，但无论采取全面改造或微改造等何种方式，都不应忽视原有弱势群体的职住需求，不能忽略广州市一直贯彻的城市包容性与温度。

考虑到广州产业结构的转型是一个稳步缓慢的过程，未来的广州既需要重视高端创新研发载体的培育，也要重视重要的实体经济根基，通过城市更新实现产业功能的多元化培育与产业空间的迭代式供给，维系市场活力、科创、人才和资金的低成本可能性。为更好地鼓励新产业新业态的发展，在创新活跃、创业空间需求大的地区，通过旧厂房改造、村镇工业集聚区提质升级、微改造功能置换等模式，提供多样产业载体，规避高额的改造成本，缩短更新周期。在以商贸产业为支柱的地区，在改造后的方案中，预留充足的标准厂房、零售交易空间，以原有产业根基培育升级

133

专业批发市场，为地方经济固定并做大税源。目前，广州印发的《广州市支持村镇工业集聚区更新改造试点项目的土地规划管理若干措施（试行）》，正在探索村镇工业集聚区试点项目，鼓励通过试点项目的实施，形成示范效应，实现工业用地供给能力与中小微、个体企业用地用房的保障，同时促进生态环境得到有效保护、违法建设得到有效治理、基础设施配套更加完善。

与产业空间密不可分的住房供给同样是关系群众切身利益的重大民生问题，在当前房价居高不下的大趋势下，政策性住房建设成为满足人民群众住房需求的重大任务。近年来，受整体住房供应市场的波动影响，以城市更新为主要手段的存量土地再开发受到市场单位的追捧，与此同时，住房市场也在不断细分，保障房、人才房、安居房、共有产权房、廉租房等按人口需求不断细化。在政策性住房方面，尽管目前已印发《广州市人民政府办公厅关于进一步加强住房保障工作的意见》《关于城市更新项目配置政策性住房和中小户型租赁住房的意见》，但政策的关键内容仍为旧村全面改造项目中原则性的中小户型配建比例，在目前防止大拆大建的政策背景下，城中村改造推进节奏放缓，有必要进一步在旧城旧厂更新、微改造、存量公房活化等多类型城市更新项目中推动人才公寓、廉租房等弱势群体或新市民住房需求的认定标准、建设运营要求、财税政策支撑等。

7.3.3 发挥市场配置的积极作用

公共产品和公共服务提供的主体是政府，这不仅是西方公共财政学的主流看法，也是由政府的公共性和市场失灵的必然性所决定的。但根据边际效用学派的理论，市场也可以提供公共产品和公共服务，如果从效率出发，其效果有时还要好于政府，但考虑到公共物品、外部效应、信息不对称等问题，市场无法实现资源配置的最优与公平，二者应该形成以政府为主体、市场为辅助的有机体。为了维护社会资源公平分配，同时提高公共服务的配置效率，西方国家的公共服务供给由政府单一主体垄断向政府、市场、个人及第三部门等多元主体配合转变。我国经济发展进入新常态后，也在不断推进供给侧结构性改革，2020年中共中央、国务院发布的《关于新时代加快完善社会主义市场经济体制的意见》对放宽服务业领域市场准入，向社会资本释放更大发展空间，提出了新的建议。

借鉴这一做法，在城市更新领域可以通过放宽社会资本的准入要求，鼓励多元主体通过多种途径参与公共服务设施供给，推动公共服务在供给端发力。政府不再作为公共服务的单一供给方，而是转向成为公益设施供给多方参与机制的监督和协调方。通过构建适当的合作机制与激励措施，促进多方合作最优运作，实现方式可归纳为以下几种：一是政府购买公共服务，政府将原来直接提供的公共服务事项如加装电梯、管道改扩建等，通过专项债资金、公开招标等，以投资方式交给有资质的社会服务机构完成；二是社会组织提供公共服务，对于社会关系紧密的基层社区，鼓励建设街道级社会组织服务中心，形成社会组织培育发展新模式和综合平台，引导和协调社会组织开展各种养老、照护等服务活动；三是由经营性组织提供公共服务，对于老旧小区的物业管理、医疗教育、环卫清洁等服务，可由业主委员会自由选择市场化的物业公司来完成，进一步提供公共服务的专业化和市场化。总之，通过探索更为市场化的公共产品供给竞争机制，逐渐为政府松绑，提高公共产品供给的质量、效率以及综合效益。

7.4 公平：更均衡的利益协调机制

从城中村形成原因看，城中村是城乡二元体制下快速城市化的空间拓展政策使然，是以追求经济效益为初衷、各类利益相关者的不同利益诉求相互联结的产物。广州现阶段的城市更新具有特定的发展背景和诉求，充分市场化的改造模式推动了广州城市更新利益共享的局面：城市政府寄希望于城市更新作为城市建设和经济发展的妙计良方，在降低财政投入的基础上，仍获得推动重点区域改造、改善人居环境、优化产业布局、获得土地出让金、促进房地产发展、推动基础设施建设等效果；房地产开发商获得大量用于开发的土地，并通过后续开发获利；居住者则获得货币补偿、改善居住条件或者获取改善后的巨大升值空间。然而更新项目改造过程中市场经济目标凸显的同时，改造空间所承载的社会、城市发展目标被忽略，暴露出来的诸如部分居民改造意愿被忽视、租户空间丧失、社区网络破坏、混合功能空间消失、城市文化割裂、合理居住密度丧失、天价赔偿等，都是对现有改造机制下社会不公问题的警醒。这些冲突既影响了更新工作的推进效率，也影响着改造过程中城市公共利益的实现。

利益协调的核心目标是对利益协调制度进行重新调整，对各方主体的利益关系予以引导、规范、约束和激励。随着市场经济体制的逐渐成熟和法制的不断完善，广州市的城市更新格局进入多元利益主体日趋分化的阶段，城市更新由单一利益主体分化为政府、房地产开发企业、权利主体、公众等多元利益主体，主体间利益诉求互不相同又彼此关联。存量土地再开发的本质在于既有利益格局下资源的高效再分配，这一过程中，必然涉及众多主体的利益调整，也会带来个人、集体、公众、城市间的利益冲突，以及当前利益与长远利益、物质利益与精神利益之间的冲突。为了实现资源的高效公平配置，必然要构建起与之相匹配的利益协调制度，及时削减城市更新的负外部性。

7.4.1 从土地财政到可持续运营

城市更新是实现国土空间规划美好蓝图与管控意图的重要抓手，绝不应该成为"后土地财政时代"的增值手段，从以往依赖土地级差产生溢价，转向依靠建成用地再开发产生溢价。在政府公共财政吃紧、房地产市场降温、土地财政受控的背景下，作为供给端主力的城市更新版块，也面临新的转变，从全面改造带来的一次性资本转向有机更新的资产长期增值，通过持续性流动收益，获取多元复合的经济增收，保障房地产与土地市场的平稳健康发展，从而避免城市发展成本不断攀升导致城市竞争力下降的风险。从政府端来说，需要改变土地的供给模式，通过掌握一定的公共物业、建立差别化的税收体系，针对性地降低城市成本，持续提升城市吸引力与活力，尤其对年轻科创人才的吸引力；从市场端来说，借鉴香港、纽约等城市关于开发项目租售比、自持比例的管控方法，将现有城市更新全面改造项目的一次性出售比例降低，自持物业比例提高，同时延长现行的更新项目核算周期，使一次性的巨额投入和收益改为渐进式的长期经营和收益，变相降低房地产金融风险，遏制过度上涨的房价等城市生存成本。

7.4.2 收益分配模式的转变

城市更新实施的主要动力来源于相关利益主体可以参与分享未来的土地增值收益，而收益主要来源于土地用途与强度的改变。因此，目前的全面改造类项目其本质即为对土地性质与开发容积率的调整，对于这类更新项目，亟需构建起完善的增值收益分配制度。当前经济发展新常态下，城市更新更为注重可持续发展，其收益平衡机制也需要持续的调整和完善，有必要综合运用经济手段（租、税、费）、行政管理手段（公共服务设施供应）、规划管理手段（容积率）、法律管理手段（审批监管）等方式，统筹平衡各方主体的利益。一是利益主体方面，从房地产市场健康发展的角度出发，增强房地产企业的融资调控，尤其是加强城市更新领域的融资管控，逐渐去杠杆，避免将土地使用的决定权过度让位给投机资本，同时合理控制产权主体的补偿水平，避免富者愈富、穷者愈穷的同时，让渡部分利益空间用于弱势群体的职住空间维系；二是项目类型方面，从土地市场均衡发展来看，有必要平衡全面改造项目与微改造、功能置换等项目的盈利水平，防止全面改造项目获利过大，尤其是补充微改造、工改工、工改商类项目的政策扶持引导；三是增值维度方面，增加更新增值收益的调控与共享，避免"一锤子买卖"，促进土地产权关系的高效、合理转化，保证政府、开发主体、权利人以外的周边居民及城市能共享通过城市更新做大的利益"蛋糕"。

7.4.3 多元利益的协调

在广州的城市更新实践中，围绕不同阶段的更新目标，一直在探索制定平衡政府、市场、公众收益的更新规则，但面对不停变换的外部经济环境与发展要求，新的利益博弈也不断涌现，必须根据社会经济发展现状审时度势地进行调整。随着城市更新项目负载了越来越多城市公共服务设施的建设诉求，逐渐暴露出系列经济不平衡、可开发建设地块容积率过高等问题。为平衡各方利益，需要更加审慎协调，探索建立一套以社会公共利益为主导的多方制衡、相互协商的机制，通过政策约束，避免政府、市场主体、权利主体等任何一方话语权优先，推动城市更新利益分配的合理化和整体平衡。一是探索政府扶持，政府可以视情况对开发主体进行相应程度的财政补贴或部分降低保障房、公服设施的配建标准，但是仍保证在更新单元内能统筹满足原有公服诉求；二是逐步构建鼓励贡献的市场机制，借鉴我国香港、台湾等地区开发权转移与容积率奖励的做法，对于落实历史文化保护要求或实际土地与公共服务设施移交率超出政策标准的项目，可按照超出面积核算转移的建筑面积，但也要防止探索容积率奖励成为变相推高容积率失控的元凶；三是丰富收益分配的层次性，现有的收益分配制度，对复杂情况的适配性较低，缺乏人本关怀，仍需补充针对房屋面积小的困难户的最低补偿标准，流动性租赁人口在承租期、过渡期内的权益保障以及对小产权房的利益让渡等弱势群体或复杂社会矛盾的关注。

7.5 制度：更高效的规划传导与实施

政府和市场的良性博弈有效推动了广州城市更新制度体系的不断创新。市场经济条件下的城市更新是理性决策和利益博弈综合作用的结果，促使政策体系不断优化调整，将更好地实现城市更新对未来空间利用与资源分配的引导、调控和组织功能。在城市发展过程中，城市更新政策作为城市管理的主要工具之一，其中既包含根据城市长远发展目标制定的原则和底线，也包含有利于项目实施的技术和程序调整，涵盖土地、规划、建设管理、财税金融等方方面面，需要根据城市发展不同阶段的不同需求作出快速反应并不断调整，才能使不同类型项目获得差异化政策指导，并在城市更新政策约束和指引下，守住城市底线、明确各方价值，达到效率与质量并重的良好局面。优化城市更新政策体系也需充分认识实施城市更新行动的系统复杂性和局部差异性，在统筹考虑顶层设计和微观实践、战略规划和实施计划、长期愿景和短期目标的过程中，丰富和完善城市更新政策体系。

7.5.1 以顶层设计强化更新动力

从发达国家经验与国内先行城市探索来看，推动城市更新立法很有必要。广州市近年来积累了关于城市更新政策创新的丰富经验，已有政策对技术规范、审批流程、实施路径以及文化、绿化、产业、公服等约束要求进行了翔实的规定，亟待通过立法形式，将实践经验和制度政策进一步明确和固化，上升为更顶层的纲领性法规，为城市更新提供顶层立法保障。要加快推进城市更新的顶层设计，强化《广州市城市更新条例》的立法授权，发挥城市更新专项规划的衔接和引领作用。统筹国民经济和社会发展规划、国土空间规划、城市更新专项规划和行动计划的关系，进一步规范城市更新规划和计划类文件的起草、制定原则、标准和流程。城市更新规划专项规划应当根据国土空间总体规划并结合国民经济和社会发展规划相关要求进行编制，

编制内容要扩展到重点领域和区域及实施政策、行动计划等方面，并实现与本地国土空间规划"一张图"校核。同时，城市更新规划与计划经审批后应纳入总体规划和详细规划，融入"多规合一"体系。

7.5.2 创新配套政策支撑

在城市开发建设承载力的约束下，各地无法以较大的建设增量来同时满足现有物业权利人和市场投资者两方面的利益需求，也难以通过大量人口和产业的外迁以获取土地进行二次开发，导致市场参与城市更新的意愿不足，需要在政策和机制等方面进行针对性的激励和培育，尤其是在微观政策条款方面增加并细化有关土地、规划、财税等政策条款。规划方面对存量建筑改造的功能混合、规模管控、适配存量地区的标准规范予以更多的弹性和灵活性；土地方面也适应市场经营的需要，为存量用地使用权的配置及交易方式、价款年限提供更丰富、多样化的选择，切实降低成本；财税方面，加大专项债券、城市更新专项基金等政府预算的配置，引导金融机构推出支持更新项目的中长期信贷或利率、期限适配的金融产品，建立差异化的税费体系降低资产运营成本，以改造后项目租金、税收增长情况进行资金奖励，鼓励社会资本向低利润、长周期商业模式转变，让社会资本能够"有心""有力"参与城市更新。

7.5.3 科学的计划与时序

经济学家弗里德曼认为，从根本上解决规划实施与规划编制脱节的问题，必须在制定规划时一并考虑规划实施的任务，而不能把规划实施有意识地留待规划过程的"后期"或"后一阶段"来完成。为此，他提出"以行动为中心"的规划模式，把规划编制和规划实施作为一个整体，

在开始编制阶段就着眼规划实施，在规划实施阶段再严格执行规划，并加强监管评估，及时反馈完善。在更新规划的编制过程中，通过科学的计划制订与时序安排，统筹考虑城市作为有机体更新发展的全生命周期、健康循环过程，通过分阶段项目库、年度计划、正负面清单、准入退出机制等模式，在规划阶段谋划实施计划，才能进一步凸显城市更新规划的统筹与协调。

首先，基于城市发展的战略目标与国土空间规划的发展格局，探索建立项目正负面清单，对于纳入全市重点功能平台、十四五重点项目、重要历史地段、门户枢纽、交通干道等类型的城市更新项目，优先开展改造；对于不符合国土空间规划"三区三线"管控要求、不符合历史文化保护规划要求、涉及重要生态廊道、位于不良地质地带等

类型项目，探索以微改造、整治提升等方式实施改造。其次，结合重大产业项目、重要公共设施的落地需要，综合低效用地开发潜力评价，衔接广州市国土空间总体规划的分期发展目标，结合具体项目推进进度、项目实施难度等因素制定近中远期项目库，科学合理论证，动态调整项目库，并制订年度实施计划，确保科学有序、稳步推动。最后，加强更新项目的动态监管，形成项目管理机制，加强城市更新调查研究、规划管理、动态监控信息系统建设，结合规划实施评估，持续跟踪居民需求，动态配置空间资源，保障规划与管理对接。构建城市更新项目准入、退出标准和机制，建立滚动更新的项目清单，调节城市更新项目推进节奏，实现有序更新、动态监测、综合评价、持续推进（图7-1、图7-2）。

图 7-1 珠江两岸城市建设
（资料来源：广州总体城市设计摄影展获奖一等奖《耀眼的南国明珠》，作者：杨艺）

图 7-2 永庆坊荔枝湾涌改造效果

广州城市更新十年：
项目实践

第八章

滨水复兴：
琶醍，工业文化导向的旧厂改造模式

珠江啤酒厂的改造是文脉保护和经济效益双赢的典范。一方面，保留厂区中具有历史文化价值的部分并进行保护性更新利用，实现文脉保护，形成广州的"啤酒文化名片"；另一方面，对地区进行复合功能开发，使工业遗产得到有效保护的同时，融入城市的发展脉搏。通过工业文化要素的保留、业态功能的精准导入与文化产业的协同发展，珠江啤酒厂形成了独特的工业文化地标，增添了广州的国际城市魅力。

8.1 引言: 旧厂改造"政府业主联动、保护发展双赢"模式

在2009年前,广州的旧厂改造主要响应产业"退二进三"工作,以个案方式缓慢推进。在更新的过程中,主要采取政府资金投入的方式,严格限制市场等多元主体参与。而在2009年之后,广州市陆续出台《关于加快推进"三旧"改造工作的意见》(穗府〔2009〕56号)和《关于加快推进三旧改造工作的补充意见》(穗府〔2012〕20号),创立"三旧"改造政策体系,首次对国有旧厂改造提出了自行改造补交地价、公开出让收益分成、公益征收合理补偿三种处置方式,合理分配土地增值收益。

其中,珠江啤酒厂的改造是广州最早采用"政府收储+自主改造"进行旧厂改造的案例之一(图8-1)。在24.3hm² 旧厂用地中,17.4hm² 的土地由政府进行收储,此外6.9hm² 的土地交由珠江啤酒厂自行改造。自行改造的

范围内,改造项目按"自行改造,补交地价"的模式实施,并按照新旧土地用途市场评估价的差价补交土地出让金。通过这种改造方式,政府完善了利益共享机制,减少限制条件,充分调动改造的积极性。

同时,珠江啤酒厂的更新也实现了文脉保护和经济效益的双赢。珠江啤酒厂位于珠江前航道琶洲西区段南岸,这一地区是珠江新城、国际金融城与琶洲商务区围合而成的"黄金三角区",土地价值高,功能业态高端,空间品质控制严格。珠江啤酒厂改造项目通过保留厂区中具有历史文化价值的部分,同时植入创意设计、高端展贸、文化推广等现代产业,使工业遗产融入城市功能系统中的同时得到有效保护;在广州中央商务区"黄金三角区"形成具有工业特色的城市文化地标,增添广州的国际城市魅力。

图8-1 珠江啤酒厂沿江建设效果图
(资料来源:广州珠江啤酒股份有限公司)

8.2 滨水复兴：琶醍，工业老区向文化创意街区的转变

8.2.1 响应"退二进三"城市战略，珠江啤酒厂从原琶洲厂区搬迁

珠江啤酒作为一个富有城市记忆的品牌，伴随几代人的成长，承载老广州的城市记忆。珠江啤酒厂于 1982 年建成投产，率先研制推出全国第一瓶纯生啤酒和白啤酒。同时，珠江啤酒厂作为改革开放后中国第一家全面引进国外先进设备和工艺的现代化啤酒企业，其独具特色的工业建筑物、完整的生产流程都有着较高的保留价值。珠江边上高耸的烟囱和曾经繁忙的货运码头，也在广州人心中留下了深刻的印象。

2006 年广州确定"中调"城市发展战略，关注老城市发展质量的提升；2008 年 3 月出台《关于推进市区产业"退二进三"工作的意见》，要求环城高速以内影响环保类企业和危险化学品类企业分批次向外围郊区腾挪空间，为主城区现代服务业、公共空间提供土地保障。珠江啤酒公司响应"退二进三"的城市战略，兴建珠江啤酒南沙公司，将海珠总部的主要生产职能转移至南沙经济开发区。

2015 年，广州提出"一江两岸三带"的总体布局，"以珠江为天然轴线推进实施沿江布局和开发建设"，"统筹推进沿岸产业发展，加强沿江科技创新资源对接，形成若干产业创新链。"与此同时，随着珠江新城中央商务区建成、琶洲中央商务区和国际金融城的规划定位逐渐被确定，珠江啤酒厂所处区域的土地价值大幅度上升，已不适合进行大规模的啤酒生产。2015 年 12 月底，位于琶洲的珠江啤酒总部已经全面停产。

8.2.2 工业风结合创意文化，琶醍成为珠江旅游休闲"新名片"

珠江啤酒在中国啤酒行业率先实施"品类创新 + 文化创造"的发展新模式。早在珠江啤酒厂搬迁之前的 2009 年 5 月，珠江 - 英博国际啤酒博物馆正式开馆，成为传播啤酒文化的重要窗口。2010 年广州珠江啤酒股份有限公司建设珠江·琶醍啤酒文化创意园区，成为推进啤酒文化、城市文化、国际文化互促互融的重要平台。

2015 年 12 月，广州珠江啤酒总部全面停产后，位于珠江边的旧厂地块共 24.3hm^2。其中，17.4hm^2 的用地交由政府收储，剩余的 6.9hm^2 的用地由珠江啤酒厂自主开发改造。珠江啤酒厂在自主改造的范围内启动了琶醍啤酒文化创意艺术区项目。琶醍共占地 2.7hm^2，2010 年正式动工改造建设，建设项目包括啤酒体验中心（含啤酒参观陈列线）、珠江啤酒厂总部大楼、设计创意区、国际品牌旗舰店、艺术画廊以及啤酒文化特色酒店等，总投资超过 8 亿元。

2011 年年初琶醍开始对外招商，引进了音乐、时尚、运动、展览、餐饮、文化创意、婚庆、商务等综合性业态，聚集了一批现代风格的艺术平台和高端餐饮休闲娱乐场所。目前，琶醍已有 56 家商家入驻，每年举办国际啤酒节、美食节、音乐节、时尚艺术展、商业展会等活动超 100 场，接待宾客 240 余万人次，成为珠江南岸紧邻广州塔的创意文化街区。2019 年，珠江啤酒的文化产业实现利润总额 3667 万元，同比增长 16.32%。

8.3 中央商务区的工业遗产保护：文脉保护和经济效益双赢

目前我国城市工业遗产的保护与再利用工作还存在一些问题，比如法律法规不完善、责任主体缺失、资金投入不足等，使得城市工业遗产的保护与再利用工作效果还不够理想。在这样的背景下，如何处理好中央商务区建设和工业遗产保护的关系，活化利用工业遗产以更好地服务中央商务区发展，成为一个值得关注的问题。

珠江啤酒厂改造规划一方面通过保留厂区中具有历史文化价值的部分、加装现代建筑表皮等方式进行保护性更新利用，实现文脉保护，形成广州的"啤酒名片"；另一方面对地区进行复合功能开发，使工业遗产得到有效保护的同时，可以满足城市发展的综合需求。

8.3.1 补充中央商务区文娱功能，打造"四轴五区"结构，引导游客分流聚散

作为珠江啤酒厂的旧址，改造前的琶醍空间混杂，缺乏完整的步行体系，还不适宜聚集大量的游客。规划形成"四轴五区"的空间结构，通过三条南北向功能轴线打通滨水通廊，一条东西向文化景观轴线联通五大功能区（即总部商务区、设计创意区、高端展贸区、文化推广区和户外休闲区）；充分利用琶醍地区滨水景观，引导游客分流聚散，同时加强区域纵深方向功能的相互联系，实现区域资源的高效共享（图8-2）。

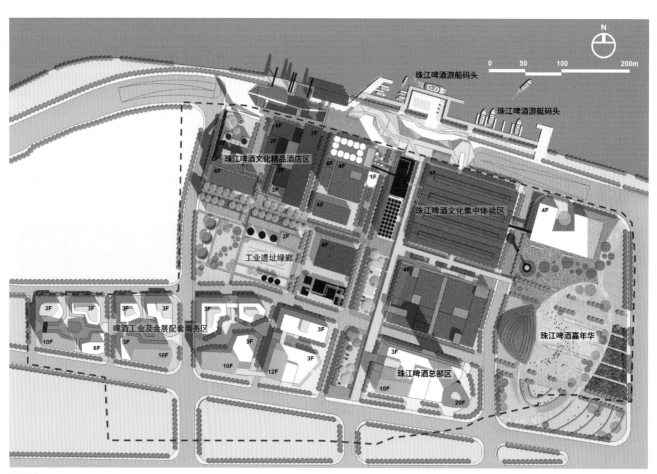

图 8-2 珠江啤酒厂地区改造总平面图
（资料来源：珠江啤酒琶醍国际文化中心概念规划方案）

同时，方案立足于场所改造规划的总体构思，充分考虑地块现状功能结构，在对工业遗产进行保护的前提下，打通多条滨水步行廊道，加强滨江新建的娱乐休闲板块与原有工业更新板块在纵深方向的联系，在保证区域高可达性的同时，塑造具有活力的公共空间。

"四轴"，即在纵向上结合国际啤酒总部大楼等现代建筑与麦芽罐酒店等改造建筑，打造兼具现代商业氛围与历史感的时尚轴线；以诸多具有历史文化与审美价值的工业保留建筑为依托，以底层空间改造及合适的功能配比塑造充满工业时代印记的活力休闲轴线；结合啤酒博物馆、嘉年华和水塔等特色建筑，打造荟萃啤酒文化的历史记忆轴线；在横向上打通烟塔与麦芽罐酒店之间、麦芽罐酒店与啤酒博物馆之间的通道，形成连通各功能区、串联古今文化的游览体验轴线。

琶醍地区内珠江啤酒厂工业遗存保留完好，但因有轨电车在区域内经过而导致滨水公共空间被分割，且区域周边功能类型较为单一。因而规划在保留珠江啤酒厂历史文化遗产建筑的同时协调有轨电车的建设，将分隔开的滨水公共空间有机地组合起来，并加强区域内各地块的功能联系。

8.3.2 啤酒厂特色工业遗存再设计，聚集周边人气

规划通过工业遗产景观再生设计，强化独有工业文化元素，形成烟塔广场、琶醍广场、酒泉广场和水塔广场四大特色广场，并作为承担表演、观演和集散等一定功能需求的公共活动场所（图8-3），吸引周边人流的聚集。

其中，烟塔广场是琶醍文化创意艺术区的西入口广场，规划将原有烟塔嵌入垂直交通体系并安置多层观景平台，加装现代建筑表皮改造后成为烟塔广场的标识符号；广场呈现半围合的状态，一侧为商业及办公建筑，另一侧为广场、珠江，视觉开阔，具有良好的空间开合感。

琶醍广场由加建改造成酒店的原麦芽罐空间和有轨电车琶醍站围合而成，构成了户外休闲区的重要门户景观。广场空间层次丰富，其围合界面具有多年代、多层次的特点，工业遗存与商业业态相结合环绕周围，彰显创意文化街区历史变迁印记。

发酵罐基座作为珠啤工业遗存中最具特色的部分，改造成酒泉广场。发酵罐是啤酒风味形成的最重要场所，也是工艺流程展示的核心。酒泉广场的啤酒发酵罐通过切割、上彩和架空等加工改造后，在其下方引入酒泉水景，结合原装配厂房建筑改造共建酒泉广场，颇具后现代结构主义风格；广场之围合界面皆为原厂房建筑改造而成，具备历史感与故事感。水塔广场保留了原水塔较为纯粹的建筑立面，通过增添环形瀑布、安置观景台等景观升级手段，结合文化推广区厂房建筑的改造，构建水塔广场。

除了发酵罐，珠江啤酒厂保留的工业遗存都具有典型的啤酒工艺流程特征，也具备改造利用潜力。规划将原啤酒生产车间（包括一期糖化车间、麦芽发芽干燥间、原水处理间、冷冻车间等）改造为啤酒体验中心及设计创意区、国际品牌旗舰店、艺术画廊。利用麦芽仓的特殊建筑形体，将其改造成为啤酒文化特色酒店。

图 8-3 琶醍公共空间分布
（资料来源：珠江啤酒琶醍国际文化中心概念规划方案）

8.3.3 契合地区发展方向，打造琶洲会展配套服务区

除了保留的工业遗产，珠江啤酒厂改造也注重与地区发展方向的契合。由于琶醍所在的琶洲商务区定位为"世界级会展城"和互联网电商总部区，但目前周边配套尚待完善，因而酒厂改造规划项目结合地区的发展需求，定位为琶洲会展配套服务区。项目规划结合这一定位对区域进行复合式功能开发，将工业遗产再利用与创意设计、高端展贸、文化推广等现代产业相结合，使工业遗产融入得到有效保护的同时顺应城市发展的需求，提升整个片区的活力和可持续增长动力。同时，规划在周边已有的广州经济地标、产业地标基础上，依托独有的啤酒厂建筑特色及啤酒博物馆文化，提升文化产业品牌，打造文化地标，增添广州的国际城市魅力；依托现有优越的滨水景观环境资源，挖掘旧厂工业景观优势，提升区域环境品质，形成具有工业特色的城市地标（图8-4）。

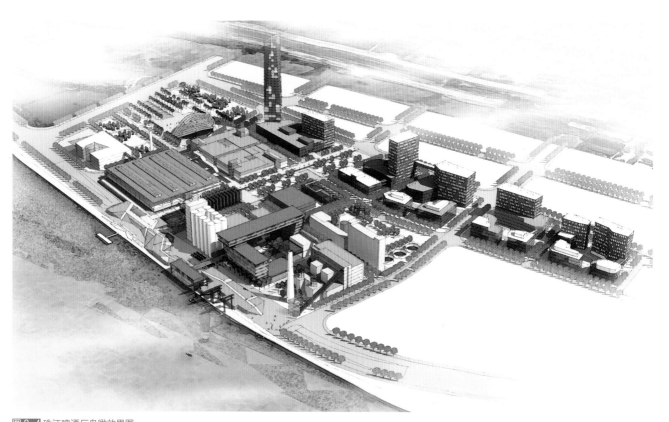

图 8-4 珠江啤酒厂鸟瞰效果图
（资料来源：珠江啤酒琶醍国际文化中心——概念规划方案）

8.4 文化与啤酒产业"双主业"协同发展模式

8.4.1 塑造"啤酒"品牌,推动文化创意与啤酒产业融合

琶醍国际艺术中心,形成了以啤酒为媒、文化为魂、商业为依的价值创新园区,探索出独具企业特色的啤酒酿造产业和啤酒文化产业"双主业"协同发展模式。琶醍通过打造"啤酒厂"(Beer Cube)品牌,推进文化创意与啤酒产业融合发展。

从 2011 年开始,琶醍啤酒文化创意艺术区对外招商,引进了德、法、意、韩、日、泰、墨等国际美食主题餐馆,以及创意工作室、商业机构等,目前入驻商家达 56 家。2013 年起,珠江啤酒公司每年在琶醍举办啤酒文化节,在园区内举办亚洲文化展演、啤酒文化展示、啤酒品牌狂欢和亚洲美食文化节等系列活动。根据 2018 年珠江啤酒公司年报显示,珠江啤酒公司全年营业收入 40.39 亿元,同比增长 7.33%,归属于上市公司股东的净利润为 3.66 亿元,同比增长 97.68%。而作为"双主业"的啤酒酿造产业和啤酒文化产业,2018 年更是实现了营业收入、利润总额分别同比增长 22.12%、1.12%。

借助啤酒节、美食节等啤酒文化活动的举办,琶醍融入广州珠江沿岸重要的经济带、创新带、景观带,通过啤酒文化助力老城市焕发新活力。

8.4.2 中央商务区旧厂保护利用与运营新典范

琶醍围绕啤酒文化这一核心,打造集总部经济、商务办公、休闲娱乐、旅游观光展览于一体的价值创新园区,在时尚、运动、音乐、餐饮等领域开发与啤酒有关的新业态,成为承载城市时尚文化的重要空间载体。2018 年,珠江琶醍啤酒文化创意艺术区被纳入广州市 47 个美食集聚区之一,琶醍以此为契机推出啤酒美食街。同时,区域内原珠江啤酒厂的汽机、锅炉厂房被改造为产业孵化器。孵化器东侧则将建一栋 30 层高的珠江啤酒总部大楼,以及 21 层高的酒店及办公大楼,填补琶醍区域酒店业的空白,进一步满足琶洲区域的商务住宿需求。

目前,规划已逐步实施:有轨电车线路顺利通车;琶醍站按照规划设计已在电车线上盖搭建 300 多米的开阔观景平台,形成与琶醍屋顶连为一体、高低起伏、错落有致的滨水观景天面,汇集诸多酒类及餐饮等业态,成为创意艺术区晚间最具活力的区域之一;各滨水通廊已贯通。三条纵向轴线在空间上皆已打通,连通创意艺术区内各个节点,轴线两侧上下层空间使用率极高,多业态、多层次的商业空间产生了高效益的商业价值,极大地提高了园区活力。

琶洲西区珠江啤酒厂(琶醍)改造规划的项目实践中,可提炼中央商务区工业遗产保护利用的三点经验:一是工业厂房应结合城市公共空间进行适当保留,虽然牺牲部分土地开发价值,但可提高整体空间品质;二是工业厂房更新后的功能应与中央商务区功能互补,既可在日间服务办公人群的商务活动需求,又可在夜间满足人群的休闲需求,从而将中央商务区打造成城市的魅力中心;三是工业厂房布局需与地区开敞空间体系衔接,吸引周边人流聚集,提升区域的活力。

根据收益预算,园区内酒店、展馆部分采用自主经营(40%),部分进行出售(60%)的模式。出售的建筑物包括商务办公、创意办公以及总部办公,计 39022m² 。保留物业的租金收入为 1.8 亿元 / 年,出售建筑物总销售价格为 15.8 亿元。另外,项目后期还有展会门票收入。本项目改造成功后,将会成为琶洲会展中心的分会场之一,每年可举行 40 次人流量约 1 万人次的小型展会、1 次人流量超过 10 万人的大型展会,该部分年收益约为 2500 万元。

第九章

政企合作：
琶洲村，旧改典型的广州模式

作为"政府主导，市场运作"模式的先行者，琶洲村改造实现了城市与村集体、村民的多方共赢。在政府主导下，改造项目由村集体具体组织实施，与企业进行合作开发。依托良好的城市设计与规划控制，琶洲村改造树立珠江前航道门户形象、实现人居环境的高品质营造；通过历史保护的底线控制与激励机制，塑造了富有"琶韵新晖"的高品质公共空间；通过创新收益共享模式，实现了"村民收获土地增值与人居条件改善，政府收获公共利益，企业收获持续利润"的利益共享格局。

9.1 引言：旧村改造"政府主导，市场运作"模式先行先试

琶洲村是广州市"三旧"改造首先启动的九个村落之一，也是"政府主导，市场运作"模式的先行者。改造前的琶洲村是广州最大的城中村之一，城乡二元结构反差强烈——村外是广州的"名片"、著名地标建筑国际会展中心，而村内是规划管理无序的"一线天""握手楼"群，环境卫生、消防安全、治安管理等问题突出。琶洲村采取"城中村整体拆除重建"的全面改造模式，由政府主导，村集体经济组织具体组织实施。项目形成了其独具特色的"政府主导，市场运作，村民自愿，多方共赢"的"琶洲模式"。

2009 年，琶洲村改造方案获得广州市城中村改造工作领导小组会议通过；同年，广州市国土资源和房屋管理局与保利房地产（集团）股份有限公司签订了国有建设用地使用权出让合同。其后，保利地产根据经济联合社委托，具体实施补偿安置工作等事宜。2010 年 9 月 28 日复建安置房动工，2012 年 7 月 8 日首批复建安置房封顶。

琶洲村"政府主导，市场运作"的模式实现了城市与村集体、村民的双赢。首先是村人居环境得到大幅度提升。改造后相关指标"一降三升"，建筑密度由 62% 下降到 18%，绿地率由 4% 提升到 46%，市政用地由 2% 增加到 16%，公建配套面积比例由 0.8% 增加到 6%。琶洲村将更新改造释放出的建设用地部分用于市政道路、滨江绿化带等市政公配建设，部分用于村社物业升级改造、学校等生活配套设施建设。公共服务设施的配套水平大大提高，包括幼儿园、中小学、托儿所、文化室、居民健身场、老人服务站点、社区居委会、肉菜市场等设施一应俱全。村民的生活条件大幅提升，收入大幅增加。

琶洲村改造双赢的另一方是整个城市。琶洲村改造以较低的经济成本快速改善了落后的城乡面貌，显著提升片区城市形象和功能配套水平，增进区域的民生福祉与发展效益。改造后，琶洲村不仅建成广州珠江南岸第一高楼，为广州增加新地标，还配套建设超五星级酒店亚洲旗舰店，提升了区域价值。琶洲村地块按照"一轴四区"的功能结构细分，建设成为商贸与休闲汇集的会展东翼、品质与文化兼具的国际高端城区；同时，琶洲村将改造后的商业运营、房产租赁以及企业进驻交由专门的房地产企业，减轻了政府后期运营需要的精力与投入，并且从长远来看，整个城市都可以分享未来项目开发周期内土地升值和房产销售带来的经济与财政收入增长。

9.2 发展历程：从城中村到国际社区

9.2.1 始建于明朝，承载"琶洲砥柱"余韵

琶洲村建村于琶洲岛上，琶洲岛是个长约 8.5km，宽约 1km 的琵琶状小岛，也因其形似琵琶，而被称为琶洲村。琶洲村自明代建设，紧靠黄埔村，在明清时期也是广州的一个外港，除停泊外国来粤商船外，福建、江浙的不少出海商船也在此停泊。

明代万历二十八年，朝廷在琵琶洲建成琵琶塔，又称海鳌塔，是外来船只进入广州导航的航标。当年琶洲塔下建海鳌寺，此地也成为广州郊区风景胜地。明代，这里被列为羊城八景之一，成为"琶洲砥柱"。尽管海鳌寺已不复存在，但琶洲塔仍屹立珠江之畔。

9.2.2 借广交会展馆建设之机，实现从"农业耕种"向"物业经营"的转变

琶洲村位于海珠区河网地带，土地肥沃，灌溉便利，物产丰富，曾是主要的水果产区和甘蔗种植区，在新中国成立后很长一段时间，村民以农业耕种为主。1998 年该村的乡镇企业"异军突起"，形成了五洲风扇厂、琶洲炼油厂、穗城药用包装厂等知名村办企业。

同年，广交会展馆选址琶洲岛，琶洲村部分土地被征建为广州国际会展中心，琶洲村分享了城市化的红利，经济从过去以农业耕种为主转向以经营村集体物业、出租村民住宅为主，同时伴随产生了空间环境品质不佳、消防安全隐患、与周边城市风貌不协调等问题，亟需通过系统的更新改造提升人居环境。

9.2.3 借亚运契机，成为广州首批"三旧"改造村庄

琶洲村在 1998 年村办工厂兴盛后，在村南面兴建了大批简易厂房、仓库以及批发市场。这些建设占用了大量的土地资源，并且产出效益低，使得村里的经济发展受到了很大限制。另外，广交会落户琶洲后，村民新建的出租楼房和原有的村居混杂。这些楼房拥挤，楼道狭窄，"握手楼""一线天"遍布，琶洲成为脏乱差、安全隐患极大的典型城中村代表。

改造前，村内农业用地和工业用地布局杂乱，宅基地与工业用地混乱交错、互有侵占。村内住宅建筑以 3 层以下建筑居多，建成年代在 1990 年以前，尚有部分为砖混结构，布局较为杂乱，密度高、环境较差；4～8 层建筑建成年代较新，以框架结构为主，质量较好，主要分布在旧村周边。现状物业建筑主要为低层砖混结构，建成年代较久，建筑质量较差，部分建筑已经空置。

琶洲村地区位于滨江一线，毗邻广交会展馆区、珠江新城、大学城等重点城市发展区，其改造与发展方向应适配其关键的区位。2008 年年初，广州市开展"琶洲－员村地区城市设计国际竞赛"及方案深化工作，确立珠江新城—琶洲—员村地区为广州市的中央商务核心区，并以最高的标准进行规划和建设。在深化方案中，涉及琶洲村的 B2 区定位为会展配套服务区，为居住、办公、酒店、购物、娱乐、餐饮和滨水休闲活动等综合功能。

与此同时，广州市政府积极推进城中村改造工作。按照计划，琶洲村被列入 2010 年亚运会前必须改造的城中村之一，并确定利用村集体的存量土地资源进行融资开展整体改造。在保障村民和村集体的合法权益前提下，融资企业参与整村改造，通过成本核算，确定建设总量，达到政府、村和企业共赢，塑造了"规模大、清拆速度快、改造过程和谐、社会效应良好、满意度最高"的"琶洲模式"。

9.3 城市设计：发挥珠江前航道东门门户的区位价值

9.3.1 具有鲜明特色的新城市滨水中心区

琶洲村毗邻环城高速路，位于进入广州核心区的东门门户位置。根据琶洲－员村地区规划，本地区规划兴建的"琶洲眼"与员村创意岛、渔人码头在珠江两岸呈三角形格局，扼守珠江前航道东部，共同构成了珠江的重要景观节点。

琶洲村优越的地理区位决定了在其进行城市更新时要利用琶洲岛区位优势成为广州市对外交流的"窗口"。因而，在改造之初，便提出了坚持"功能优先"的原则，紧紧围绕建设国家中心城市的要求，通过整治改造带动产业结构升级和城市功能转型。

片区城市设计形成"一轴四区"的功能结构。"一轴"为会展配套功能轴，以特色商业步行街为主轴，连接各功能分区。"四区"分别为滨水居住区、村民安置区、SOHO办公区、商业办公休闲区。

滨水居住区着力建设环境品质与文化品位兼具的国际社区，核心功能为滨水住宅、公寓、商业、居住配套。村民安置区着力建设适宜居住与创业的城中村示范社区，核心功能为村安置住宅、商务办公、购物餐饮和居住配套。办公区构建个性化的办公生活一体的综合社区，核心功能主要包括商务办公、公寓、购物餐饮。商业办公休闲区构建会展东翼最具活力的滨水区，核心功能为商务办公、酒店公寓、购物餐饮、休闲娱乐和文化康养等（图9-1）。

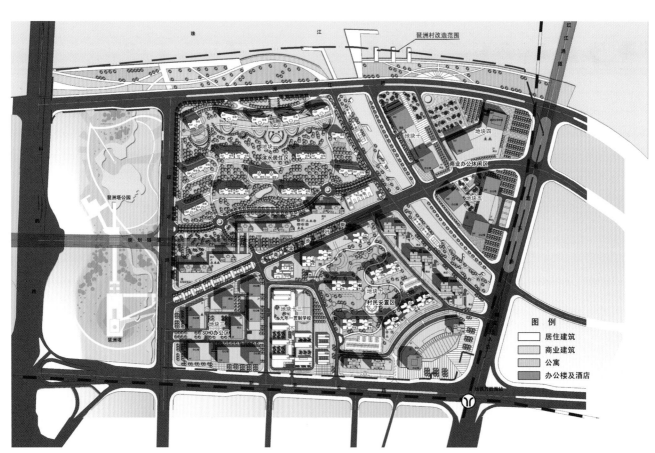

图 9-1 琶洲村改造总平面图
（资料来源：广州市规划和自然资源局、广州市城市规划设计有限公司《琶洲村改造规划方案》）

9.3.2 规划打造"琶洲眼"地标区

"琶洲眼"的概念源自 2008 年琶洲 - 员村地区城市设计国际竞赛，是指这一由珠江和支流形成的酷似人眼睛的滨水地带。2009 年国际竞赛方案深化、2011 年琶洲 - 员村地区控规均延续了"琶洲眼"的设计理念。2022 年，《海珠区琶洲中二区琶洲眼片区（AHO411 规划管理单元）控制性详细规划》通过广州市政府批准并由市规划和自然资源局正式公布实施。琶洲眼片区定位为数字经济与总部经济创新合作区，重点发展数字经济、创新型总部经济以及科技服务、人才服务、咨询设计等专业服务业。城市天际线由片区制高点 310m 地标（保利天幕广场）向东西两侧逐渐下降，整体形成起伏有致、疏密有度、高低渐变的城市天际线。

9.3.3 梯度上升、江景共赏的滨江建筑高度分布

在改造之初，改造主体基于利益最大化的考虑，构想将沿江一线用地全部开发为 100 ~ 120m 高的大户型板式住宅。为使江景向场地内渗透，避免沿江形成"屏风楼"界面，琶洲村改造方案科学系统研究沿江天际线，充分优化对沿江建筑的形态管控。通过分析珠江不同区段景观节点以及两岸视线关系，方案将琶洲村长达 1.2km 的沿江一线建筑高度控制在 60m，二线建筑高度控制在 100m，从而形成梯度上升、江景共赏的高度分布格局；并将江边一线建筑由最初改造方案的板式改为点式，控制面江的建筑面宽在 40m 以内，从而形成多条视线通廊，使江景渗透到社区内部，提升了社区内部的空间品质（图 9-2）。

图 9-2 琶洲村改造全景鸟瞰图
（资料来源：《琶洲村改造规划》）

9.4 文脉保育：塑造富有"琶韵新晖"的高品质公共空间

9.4.1 协同推进历史文化保护和更新

历史上，琶洲塔、莲花塔与赤岗塔，以及海珠、海印、浮丘三石合称"三塔三关锁珠江"。琶洲塔是地区古代商贸繁荣的标志。

随着琶洲村的改造与琶洲会展中心一、二期工程的相继完工，在广州国际会展中心以东，建设了以绿地、古建筑和水面为主体的琶洲塔公园。改造完成后的琶洲古塔公园除了发挥城市公园的功能外，还是广州市一个新的历史文化旅游区。公园采用"山拥秀水"的空间布局形式，体现"古塔巍巍，琶韵新晖"的意境。

同时，为了延续琶洲古塔的历史轴线，项目中强化了琶洲塔至珠江北岸渔人码头的历史人文景观轴，并策划设计了连续的主题步行商业街。在现代的城市风貌中展现出城市历史的印记。与此同时，这条轴线也把居住区分为了南北两个组团，分别为滨水高档居住社区和村民住宅安置社区，避免不同住宅产品的混合，妥善安排了不同类型的居住人群（图9-3）。

9.4.2 重视公共利益，增加高品质公共空间

除了琶洲塔公园外，方案沿珠江设计了丰富的河岸视觉景观与亲水的岸线空间。方案实施中充分抓住周边绿轴、公园、江边、都市绿轴的特征，在琶洲眼西南侧设置大型结构性绿地，成为金融服务和娱乐休闲区与居住公寓生活区之间的共享开敞空间。

方案通过沿裙房打造人性化、多样化的步行环境，为行人提供多重选择以及综合功能，从而形成24h不间断的都市生活。通过步行道自然串联场所、连续的街面增强行人的步行体验，使方案具有人性化的尺度。

另外，改造方案重视对公共设施的布局，针对新老居民对高品质生活的需要，建设各类配套设施。规划方案将控规的一所小学和一所初中合并为一所规模更大的九年一贯制学校，使教学资源更为集中；复建琶洲村的两个宗祠，延续了村宗族的历史，并为村委会办公和村民举办庆典提供了场地；同时，在河涌两侧的带型绿地上设置了咖啡厅、酒吧等滨水休闲设施，适应了不同消费人群的需要。

图 9-3 琶洲村改造鸟瞰图
（资料来源：广州市规划和自然资源局、广州市城市规划设计有限公司《琶洲村改造规划方案》）

9.5 模式创新：实现政府、村民、投资企业等多主体的共享共赢

2014 年，国务院召开的推进新型城镇化建设试点工作座谈会强调："新型城镇化贵在突出'新'字、核心在写好'人'字，要以着力解决好'三个 1 亿人'问题为切入点。"可见，旧改有没有实现参与方，尤其是村民、村集体福祉的改善，是衡量一个旧改项目是否有成效的最重要标准。

琶洲村改造以较低的经济成本快速改善了落后的城乡面貌，优化了片区公服配套及功能业态，惠及村民、村集体乃至周边市民。改造项目释放了较多利用低效的建设用地，所得土地资源将用于市政道路、区域绿化、学校等市政公配建设，让琶洲村民乃至周边居民都获得切身实惠。改建后的琶洲集居住、办公、酒店、购物、娱乐、餐饮和滨水休闲活动等功能为一体，成为商贸与休闲集会、品质与文化兼具的国际一流社区。

在琶洲村的改造中，村民收获土地增值与人居环境条件改善，政府也通过改造收获了意义重大的"综合效益"。首先，琶洲村改造用地规模约 75hm^2，前期总投资接近 200 亿元，政府如果按照传统的征地收储的模式，将带来较大的财政压力。通过社会资本的参与，可以短期内迅速调动资源，释放存量土地，激发市场活力，推动提升区域经济与社会价值。其次，将改造后的商业运营、房产租赁以及企业进驻交由专门的房地产企业，减轻了政府后期运营需要的精力与投入。并且从长远来看，整个城市都可以分享未来项目开发周期内土地升值和房产销售带来的财政增长，有效地规避部分风险，促进城市的长远发展。

对于参与改造的投资企业而言，依托良好的风险控制，琶洲村等旧村改造项目可以实现可观而持续的利润。获取利润的同时，在良好的合作与监管机制之下，改造主体也承担了红线外公共区域的诸多民生工程的建设，如对琶洲村周边的黄埔古港进行综合整治，建设滨江绿化公园等。

"琶洲模式"实现了村民、政府、企业三方的收益共享，激发了后续更多项目改造的动力。由此广州旧改逐渐走出了一条模式创新、多方共赢的道路。

第十章

渐进改造：
恩宁路历史街区的保护利用探索

恩宁路、荔枝湾是广州市 26 片历史文化街区之一，通过"绣花"功夫开展历史文化遗产的微改造探索，以"三位一体"规划（历史街区保护规划、片区试点实施方案和建筑设计）为引领，强调保护修缮与更新活化并进；以"由点及面、分步实施"为策略，通过荔枝湾涌生态修复与粤剧艺术博物馆建设形成触媒，带动永庆坊一、二期的保护修缮与活化利用。同时，改造项目创新性地采用以人为本的社区保护理念和 BOT（"建设－运营－移交"）等多方共同参与更新的模式，不局限于物质空间环境的提升，更关注社区人文氛围的延续和可持续的治理方法。项目最终成功探索出一种基于微改造的历史文化街区发展模式，为广州乃至全国的历史街区改造树立了标杆。

10.1   历史背景：近代以来西关老城的盛衰变迁

10.1.1   近代西关商贸的崛起与繁荣

    荔湾湖与恩宁路历史文化街区均位于广州西关。其中，荔湾湖历史街区，主要指以荔湾湖公园为中心的连片地区，涵盖周边的泮塘村、荔湾民俗博物馆、仁威庙、文塔等历史建筑与传统风貌建筑群，承载了广州重商、开放、市井的文化特质，传达着富有活力的城市意象。恩宁路历史街区则毗邻荔湾湖公园东南侧，街区整体以恩宁路骑楼街为中心轴线，北侧环绕荔枝湾涌，南至蓬莱西街与蓬莱正街，内部保留有永庆坊等诸多西关建筑群和十余处文物古迹，由此也被誉为"广州最美老街"。

    荔枝湾与恩宁路见证了近代以来西关老城的盛衰变迁：自明末清初"一口通商"以来，交通便利的城外西关地区成为广州对外贸易的主要场所，广州经济发展中心也逐步向西关转移。至清末民国时期，西关商贸经济的发展水平达到顶峰，并衍生出以商贸文化为核心特征的西关文化，

西关地区逐渐成为广州经济、文化的重要中心。伴随着经济繁荣，大规模的现代化城市建设活动也开始兴起，包括平整道路、建设高级居住区等。恩宁路两侧的骑楼商住区也正是在这一时期逐渐形成，成为当时西关地区繁盛发展的时代缩影。

10.1.2   当代西关历史街区的发展困境

    从 20 世纪中后期开始，急剧增长的城市人口不断冲击着西关地区的环境承载上限，见缝插针式的扩建改造使西关地区日益拥挤，建筑环境破败、市政基础设施落后、公共环境恶化等问题日益显现（图 10-1）。其中，因水质不断恶化，荔枝湾涌甚至被迫以石板覆盖为道路，西关传统水乡风貌遭到巨大破坏。以荔湾湖与恩宁路为代表的西关地区逐渐失去了往日的风采。

图 10-1 老西关泮塘五约改造前照片

（资料来源：《荔湾区泮塘地区改造（西关广场）地块控制性详细规划修改》，广州市城市规划勘测设计研究院）

10.2　更新历程：城市老城区的活力焕新之路

10.2.1　粤剧艺术博物馆：全面更新转向微更新的见证者

1. 广州历史文化街区更新模式的十年探索

2006年，广州市提出"中调"发展战略，要求以提升人居环境、改善旧城风貌为目标改造连片危破房。同年2月，恩宁路被选入广州第一批危破房试点改造项目，规划进行成片改造、原址回迁。次年，荔湾区政府制定了《恩宁路地段旧城改造规划》，提出在保留骑楼街建筑的基础上，对街区进行整体更新，该阶段全面更新实施过程中，发现恩宁路有很多有价值的文化资源，出现了保护的声音和诉求。在这一背景下，政府开始寻求城市居民、学术专家、企业等社会多方主体参与到恩宁路更新规划中，更新思路也逐渐转变为追求历史文化价值保护、多元利益平衡和社会效益最大化。截至2011年，恩宁路居民联合签署了《恩宁路居民给社会各界的公开信》，表示希望在相关法律法规及保护规划要求的基础上，采用自主更新的模式逐步开展街区保育与整治工作。但由于缺乏统一的意见共识和系统性的更新引导，在紧接的三年中，恩宁路历史文化街区的更新工作始终在摸索中缓慢前行。

在这一背景下，广州市政府开始尝试依托大型文化设施的建设，来带动历史街区的复兴发展。恰逢粤剧被联合国教科文组织列为非物质文化遗产，市政府决定利用恩宁路北部的拆迁闲置用地，谋划粤剧艺术博物馆的建设，希望粤剧文化与高品质的公共空间能够为恩宁路街区发展注入新的活力。由此，粤剧艺术博物馆，无意中成为广州历史文化街区由全面更新阶段向微改造阶段转变的重要见证者。

2. 大型文化休闲设施注入强劲活力

粤剧艺术博物馆紧邻荔枝湾涌三期工程，始建于2013

年，并于2016年竣工开放。场馆占地总面积约2.2hm²，地上建筑面积6406m²，地下面积达到了11030m²，并划分为展示区、表演区、休闲区、教育研讨区、行政管理区、配套设施区及地下停车区等七个功能片区，为粤剧文化全方位展示提供了完善的空间载体。

在设计上，方案以复兴、激活广州两千多年的历史文化与生活空间为目标，在尊重场地历史文脉记忆的原则之下，以岭南传统园林形式与当代非物质文化遗产博物馆公共文化建筑功能需求相结合，设计建造了一座集合展览、演出、教育、研究、公共活动、世俗生活于一身的复合型当代非遗博物馆（图10-2）。

（1）一涌两岸，粤韵风华。粤剧艺术博物馆是荔枝湾涌上的一颗明珠，该段空间是荔枝湾涌游览路线的一个重要空间节点，也是恩宁路与多宝路历史街巷体系的一个重要空间节点，项目设计着眼构建一涌两岸的整体环境，通过公共开放的滨水空间设计和丰富多样的园林景观，激活城市空间。

（2）传统园林，现代功能。为营造多元的空间景观与丰富的游玩体验，设计采用"集中式与分散式"相结合的方式进行园林布局。在主场馆前设置集中式的开阔水面与景观设施，以全面展示主场馆的文化形象与空间氛围；同时，将不同休闲功能融入分散式园林空间之中，为各类活动功能提供差异化的空间体验，最终营造出高低错落的空间轮廓和立体式的庭园空间。

毫无疑问，粤剧艺术博物馆为历史街区提供了难能可贵的开放空间与休闲场所，是推动历史街区有机更新的一次有效尝试。但不可否认的是，单点式的公服设施建设虽能一定程度上提升周边地区的人流活力，但并不能从根本上改善街区设施环境落后的现状，无法成为推动街区长效、持续更新的核心动力，历史文化街区的更新之路仍需探索更加有效、可行的实施路径。

图 10-2 粤剧艺术博物馆庭院
（资料来源：广州市规划和自然资源局）

10.2.2 荔枝湾：生态修复引领的历史街区活化实例

1. 荔枝湾历史河涌景观溯源

在全面推广微改造之前，广州市曾尝试在历史城区的局部地区开展小规模的街区活化工作，荔枝湾及周边社区环境综合整治工程便是一次值得借鉴的更新实践。

荔枝湾位于荔湾湖地区东南侧，自秦汉时起便是岭南园林的聚集之地，其中有唐"荔园"，南汉"昌华苑"，元"御果园"，明"听雪篷"，清"海山仙馆"，以及民国初"荔香园"，其中以清朝巨贾潘仕成的私家宅院"海山仙馆"规模最大，被誉为"岭南第一胜景"。尽管如今名园不再，但仍集中有大量的历史文化遗产，承载着广州西关开放、活力的文化形象。

而自 20 世纪中后期开始，因水质不断恶化，荔枝湾涌被迫以石板覆盖为道路，满载城市记忆的历史河涌被迫转为道路之下的暗渠。加上周边建筑年久失修，市政基础设施落后，荔枝湾及周边社区日益衰败，众多历史文化、民俗传统也随之日渐式微。

2. "揭盖复涌"拉开荔枝湾改造序幕

2009 年，在广州"中调"、"宜居城市"建设和"文化引领"的发展战略与亚运建设的契机下，荔枝湾迎来复兴发展的序幕——荔枝湾及周边社区环境综合整治（一期）工程全面展开。项目以 800m 历史河涌为核心整治对象，同步提升 4.2 万 m^2 历史建筑、360m 龙津路骑楼街及 7 条传统巷道，总体整治面积达到 6.5hm^2，内容涵盖河涌恢复、截污及水环境治理、历史建筑修缮与改造、景观环境整治、园林建筑营造等一系列改造工程（图 10-3）。

在总体策划上，荔枝湾项目依托西关丰厚的商业与人文环境，将该地区定位为具有历史怀旧氛围的文化休闲区，并针对荔湾湖、河涌水系、滨水空间、历史建筑、商业设施等不同要素提出差异化的整治要求。通过揭开盖板，恢复历史河涌，使暗藏于道路之下的历史河涌得以重见阳光，并通过水网梳理疏通，将历史河涌与荔湾湖水系联通，恢复区域历史水网体系。同时，对黑臭水体进行重点整治，通过截污清淤、调水补水、生态植被种植等方式，重现河畅水清的历史河涌风貌（图 10-4）。

图 10-3 荔枝湾涌改造航拍
（资料来源：广州市荔枝湾及周边社区环境综合整治（一期）（二期）工程）

（1）重塑滨水景观序列。根据原有场地特征，将基地分为四个景观空间序列：起、承、转、合，对各区域运用

图 10-4 荔枝湾涌滨水景观序列与河涌修复
（资料来源：广州市荔枝湾及周边社区环境综合整治（一期）（二期）工程）

相宜的改造更新策略，打造活力开放的亲水公共空间。例如，以文塔为"起"点的入口标志，并环绕文塔形成下沉广场空间，与荔枝湾畔特色风景平台相连，为游客提供立体的、曲折变化的步行游览体验。

（2）保存修缮历史建筑。重点保存与活化利用历史建筑，通过立面修缮与改造恢复街区历史风貌，同时通过功能置换等方式赋予老建筑新的使用功能，延续其生命力，为游客提供文化创意、特色商业服务，延续老城市井商业氛围。

（3）活化岭南文化要素特征。借鉴岭南传统园林造景手法，因地制宜设置折廊、楼阁等传统风貌建筑，重现荔枝湾园林文化记忆，同时提取岭南特色建筑元素，并应用于园林景观、小品、种植中，展现岭南特色文化风貌（图 10-5）。

图 10-5 荔枝湾涌沿线岭南风貌恢复
（资料来源：广州市荔枝湾及周边社区环境综合整治（一期）（二期）工程）

通过水系重现与整治，荔枝湾工程重塑了荔湾城市形象，为城市居民寻回了历史记忆。整体项目在 2010 年亚运会召开前顺利完工，开放后的荔枝湾涌吸引了众多参观者，每天接纳游客超 5 万，成为广州亚运会环境整治亮点工程之一，并被誉为新羊城八景，体现了广州在旧城历史保护与更新、水环境整治、人居环境改善等方面的决心与成就。

此后 3 年间，荔枝湾二期、三期工程也陆续开展，使荔枝湾与恩宁路等周边历史文化街区及更新地块联系贯通，进一步促进了非物质文化遗产的弘扬和发展。毫无疑问，以生态修复为引领的荔枝湾工程，是广州推动历史文化街区保护活化的一次成功实践。

10.2.3 永庆坊一期：历史文化街区"企业运营+政府引导"微改造试验

2015 年，在广州市更新局成立的契机之下，荔湾区政府正式提出以微改造的方式推动恩宁路历史文化街区更新。2016 年，市政府颁布了《广州市城市更新办法》，进一步明确了微改造的法规要求、技术方法和实施路径，为恩宁路地区改造扫清了障碍。同年，与粤剧艺术博物馆比邻的永庆坊被率先划定为恩宁路微改造建设起步区，随着《永庆片区危（旧）房修缮和活化利用项目》的公开招标，以广州万科为运营主体、政府为协调引导的永庆坊微改造一期工程徐徐展开序幕。

永庆坊位于恩宁路北部，比邻粤剧艺术博物馆，是恩宁路历史文化街区的重要组成部分（图 10-6）。坊内文化资源丰富，保有浓郁的西关文化特色和岭南文化风情，保留了完整的西关民居风貌和空间肌理，留存了骑楼群、竹筒屋以及李小龙故居等诸多历史建筑。

永庆坊一期项目改造范围约 8000m²，范围包括永庆大街、永庆一巷、永庆二巷、至宝大街等一带。为保护历史街区肌理、推动微更新工作实施，项目首先对原有建筑进行了详细的拍照与建档，并根据现场建筑情况以及各栋具体情况，初步制订不同的修缮策略，以维护建筑安全及片区风貌的统一。经技术检测，街区共留有 90 余栋建筑，其中政府移交房屋共 61 栋建筑，已移交楼栋中有 53 栋属于危房状态，其中 7 栋已坍塌，23 栋严重破损。建筑风格以民国时期为主，局部有晚清时期院落，巷道肌理保存较好，

图 10-6 恩宁路永庆坊一期改造鸟瞰
（资料来源：广州市规划和自然资源局）

整体格局和部分单体建筑仍有较高的保护价值。

在策划设计上，永庆坊项目以"保育历史，活化更新"为设计理念，坚持以"绣花"功夫完成片区微改造。针对物质空间环境，项目提出原样修复、留旧置新、新旧结合、改造提升、景观绿化五项策略，并结合实际情况针对性地提出一系列具体改造措施（图10-7）。例如，对保存状况较好、具有突出历史文化价值的建筑，则应以原样修复为主，

通过维护修缮使其成为街区历史的见证；对于风貌损坏严重、风格与整体迥异的建筑，则以改造提升为主，通过细致的立面重塑、新功能体块置入等措施改造其既有风貌，使建筑协调融入永庆坊片区整体环境中（图10-8）。

除了对建筑外部空间进行风格改造与形象修复外，项目同样注重对建筑内部空间的微改造设计。一方面，方案注重保留砖墙等原有建筑的构件要素，以展示片区独特的西

图 10-7 恩宁路历史文化街区改造前后鸟瞰对比
（资料来源：广州市规划和自然资源局）

图 10-8 恩宁路永庆坊一期建筑改造（左图：改造前；右图：改造后）
（资料来源：广州市规划和自然资源局）

关文化风貌，并保持室内室外空间体验的连续感；另一方面，方案也大胆地裸露了改造所使用的钢结构等现代建筑构件，强化了新旧设施的空间对比，隐示了现代服务功能在传统文化设施中的置入。

此外，项目对街区功能的活化同样有所创新，希望通过业态经营激活旧城发展活力（图10-9）。项目首先依托开发商平台优势，以万科云、万科驿、万科塾三大产业为引领，点穴激发产业活力；其次，项目重点培育孵化一系列文创商户、创客工作坊、小微企业等新兴产业，并通过高品质的设施环境建设为企业发展提供展示平台，保障片区可持续发展。

永庆坊项目凭借微改造的绣花工夫，在品牌效益、社会效益、经济效益等多方面均取得了创造性成果。据统计，永庆坊项目改造建筑达到7200m²，加固危房28栋，新增社区公共空间面积900m²，切实为社区居民的生活品质带来改善。同时，片区发展的经营策略以及大规模的产业扶持资金有效带动了永庆坊的功能活化，累计引进不同类型业态56户，预计间接带动经济产值50亿～80亿元。在全方位的微改造行动下，永庆坊已成为具有全国性影响力

和知名度的广州文化名片，平均吸引客流量达到每日7500人次。可以说，永庆坊项目成功试验了一种基于微改造的历史文化街区发展模式，为广州乃至全国的历史街区改造树立了标杆。

10.2.4　永庆坊二期：从建筑微改造到"三位一体"全流程改造

永庆坊片区一期项目取得了开拓性试验成果，其微改造的更新方式获得了社会各界的一致肯定，项目的成功经验也使恩宁路历史文化街区整体改造项目被提上议程。2018年，永庆坊二期项目（恩宁路历史文化街区改造项目）启动。借鉴一期成功经验，二期项目同样延续了微改造"绣花功夫"，从全流程规划的角度，对广州历史街区的保护及活化利用展开积极实践。

1. 项目推进：分片分步实施，保护更新并进

根据规划方案，恩宁路历史文化街区保护规划保护范围达到16hm²，其中6.6hm²将作为二期项目试点实施方

图 10-9 承办企业负责永庆坊一期招商运营
（资料来源：广州市规划和自然资源局）

案的实施范围。在实施过程中，根据范围内不同片区的文化特色、区位条件及改造难易程度，二期项目将试点范围进一步拆分为示范段、骑楼段、滨河段、粤博东段、粤博西段、吉祥段、金声段，通过分步实施保障项目的有序推进。

由于上位保护规划的缺失，恩宁路项目采用了保护规划与实施方案同时编制的新路径，将两项成果一并提交名城委进行审议。落实到设计理念上，二期方案延续了既有的微改造方针，并提出从人居环境提升、历史资源保护、产业激活、共同缔造四方面同时推动恩宁路历史文化街区的有机更新（图10-10）：

（1）"绣花"功夫推进微改造。落实习近平总书记指示精神，坚持以人民为中心的指导思想，通过微改造改善人居环境，传承历史文脉，重塑街区活力，实现干净整洁、平安有序的小区居住环境，提升老城区品质，缔造幸福社区。

（2）保护与活化利用相结合。坚持城市修补与历史文化保护活化相结合的原则，"修旧如旧"保护原有街巷肌理，在科学合理的活化利用中促进保护，在保护改造中完善片区功能，真正让城市留下记忆，让人们记住乡愁。

（3）产业更新激活历史街区。尊重居民意愿，合理置换、腾挪产业空间，强调产业导入，引入高端现代产业，如创客空间、文化创意、教育等新业态，配套无明火餐饮、青年公寓、文化展览等功能，逐步转变区域业态水平，挖掘、延续历史文化特色，实现文化和产业的双重复兴。

（4）多方参与共同缔造。推广"政府服务、多方参与、共同缔造"的微改造模式，坚持政府搭台，党建引领，通过居民建设管理委员会、居民议事平台、工作坊、社区规划师机制、专家咨询、规划方案竞赛等方式促进社会多方参与改造；探索运用BOT等模式鼓励、吸引社会企业参与，拓宽资金筹措渠道，贯彻落实共同缔造理念，实现老旧小区微改造共建共享。

2. 规划编制：历史街区保护规划、片区试点实施方案和建筑设计"三位一体"

相较于"重点关注建筑单体保护与活化"的永庆坊一期项目，永庆坊二期则探索了"从顶层保护、片区策划到建筑设计实施"的全流程微改造，其本质上可视为由历史街区保护规划、片区试点实施方案和建筑设计共同构成的项目组合。如前文所述，恩宁路历史街区此前并没有出台

图 10-10 恩宁路历史文化街区微改造效果图
（资料来源：广州市规划和自然资源局、广州市城市规划设计有限公司、伍德佳帕塔设计咨询（上海）有限公司《恩宁路历史文化街区试点详细设计及实施方案》）

系统性的保护规划指引，因此其片区试点实施方案与历史文化街区保护规划实际上处于同步编制状态；与此同时，建筑设计方案也在紧密编制中。可以说，"三位一体"规划设计同时推动着恩宁路历史街区的保护利用。

在这一复杂情况下，二期项目的片区实施方案需同时从保护要求和实施更新两个视角切入，在编制过程中与保护规划的底线控制要求和建筑设计的现场条件及施工效果进行实时协调，并及时反馈修正实施方案。通过"三位一体"实时动态协调，三者真正实现了规划设计的互通互鉴，有效保障了历史街区保护利用的可行性与落实性。

（1）历史街区保护规划限定了发展利用底线，明确了72处物质文化遗产保护要素和6项非物质性保护要素，同时采取"修缮、改善、整修、整治、改造"等五类分级保护和整治措施对街区建筑进行统一管理（图10-11）。

（2）片区试点实施方案侧重于街区空间优化和功能提升，包括修补街区肌理、保护并提升传统街巷品质环境、重塑滨水空间景观格局和增补活化公共设施空间等（图10-12），同时通过出具规划设计条件，把城市设计要求与设计成果转化为法定化文件，把控总体效果。

（3）建筑设计方案则聚焦于精准细化实施，在延续上层规划目标定位及规范要求的基础上，以历史研究、材料检测为依据，以现状评估为基础，以入户咨询为向导，进行建筑方案设计，有力推动了保护利用方案的落地实施。

图 10-11 恩宁路历史文化街区骑楼街效果图
（资料来源：广州市规划和自然资源局、广州市城市规划设计有限公司、伍德佳帕塔设计咨询（上海）有限公司《恩宁路历史文化街区试点详细设计及实施方案》）

图 10-12 恩宁路历史文化街区河涌效果图
（资料来源：广州市规划和自然资源局、广州市城市规划设计有限公司、伍德佳帕塔设计咨询（上海）有限公司《恩宁路历史文化街区试点详细设计及实施方案》）

10.3 理念创新：以人为本，留住老城社区氛围

恩宁路微改造项目不仅强调物质要素方面的保护利用，更重点保护了以居民生活为核心的活力环境，突出"留人、留形、留神韵"，力求"见人、见物、见生活"，将以人为本思想贯穿于改造项目始终。

首先，历史街区的居住功能得到充分保留。在早期历史街区活化改造项目中，物质空间的保护与改造、商业娱乐业态的置入与经营成为改造重点，原居民则被牺牲居住权益、被迫集体搬迁，人本需求被经济发展目标所掩盖。而在广州恩宁路微改造项目中，原居民的居住物业与居住

生活得到充分保留与尊重，将居民生活与物质环境共同纳入历史街区保护体系中（图10-13）。

其次，以人为本思想同样体现在人居环境的提升中。一方面，项目以补齐公服设施短板为工作重心，在保留现有居住功能的基础上，活化现有建筑使用功能，同时引入文化、轻餐饮等与整体片区协调发展的新产业，满足居民公服使用需求；另一方面，项目对居民物业品质进行了全面提升与改造，完成街区内私房民宅的修缮工作（二期计划修缮私房64栋），为居民长期生活提供有力保障。

图 10-13 恩宁路历史文化街区巷道修复前后对比
（资料来源：广州市规划和自然资源局）

10.4 主体创新：政府、企业、居民三方共同推动历史街区微改造

在恩宁路改造项目之前，广州市并没有指导历史文化街区微改造的相关规划条例和实施路径，在这一背景下，恩宁路项目创新性地采用了BOT合作模式探索历史街区改造的范式。该项目采用的BOT（Build-Operate-Transfer，即建设–经营–转化）合作模式是一种政府主导、企业承办、居民参与的城市设施建设与经营方式。在这一模式下，政府可规避大规模财政投入的风险和长时经营的不稳定性，专注于历史街区的保护利用规范编制和方案审查；而企业则可发挥创新设计与产业经营的特长，通过承办项目前期的建设与经营，高效推动项目进行，在项目稳定后再移交政府；公众也可通过参与方案公示、私有设施改造出租等方式参与建设与运营的全过程（图10-14）。

（1）政府主要负责项目前期安置补偿，以出租7200m² 公有物业15年为条件，引入企业，由企业负责微改造范围内的公共空间提升及房屋修缮维护、产业引入及商业运营，运营期满后，企业无偿将物业交回区政府。其中，市、区、街道等多级政府分别在项目的政策引导、组织实施、秩序维护中发挥主导作用。

（2）以万科为主体的承办企业则负责出资对地块内的巷道、广场等公共空间环境品质进行提升，修缮建筑外立面，进行建筑内部空间改造，并负责招商运营、推广营销及后续物业管理（图10-15）。

（3）居民享受微改造所带来的环境改善与房屋增值，并且可以自主选择将私有物业出租给企业改造、运营，或自行改造自用或出租。

图 10-14 永庆坊微改造共同缔造活动图
（资料来源：广州市规划和自然资源局、广州市城市规划设计有限公司、伍德佳帕塔设计咨询（上海）有限公司《恩宁路历史文化街区试点详细设计及实施方案》）

图 10-15 永庆坊运营管理实景图

（资料来源：网络，旧城生活的复兴－广州恩宁路永庆片区微改造，竖梁社）

第十一章

储改结合：
路地合作的白云站周边土地整备

白云站周边土地整备项目通过"路地合作"，探索更新片区用地与规划道路用地连片统筹规划、分步腾挪实施的"储改结合"（即"自主 / 合作改造 + 政府收储"）模式。白云站枢纽核心区的综合开发，根据土地权属及建设情况分类处置，一方面节约政府财政投入，另一方面平衡项目间的成本与收益，推动项目整体的开发建设。白云站周边道路等公益性配套工程借助更新政策的创新，利用旧村用地与储备地块置换及设施用地"先行征拆，启动区内复建"的做法降低投资成本，加速枢纽配套的建设。站体周边地区通过整体规划与旧村改造分片施策，发挥枢纽区位价值，提供产业发展新空间，实现站城一体化开发。

11.1 发展历程：从废弃车站到综合交通枢纽

11.1.1 棠溪车站沉寂四十年

白云站（棠溪火车站）前身为西联火车站，始建于民国五年（1916年），为粤汉铁路的车站。民国二十六年（1937年），又成为粤汉铁路与广九铁路的联轨站，改称广州北火车站。1949年以后多次扩建成为广州铁路枢纽内主要编组，1980年铁路部新建编组站。1989年起，随着新广州北编组站（今江村）投入使用，棠溪站改为货运站，广州北站恢复原名棠溪火车站，规模缩减，大部分轨道和设备逐渐拆除，不办理客运业务。

11.1.2 白云（棠溪）站成为广州综合枢纽建设的重中之重

1989年之后，伴随着武广、广深港、贵广、南广等高铁通车，"泛珠三角地区"的交通圈逐渐成形。加上原本广州作为全国对外门户的特殊地位，广州成为国家共建综合交通枢纽示范工程的首批试点城市。

2016年，国家发改委与广东省、广州市政府签署了《国家发展改革委、广东省政府、广州市政府关于共建综合交通枢纽示范工程的合作框架协议》，协议中明确了广州建设综合交通枢纽的四项重点任务，其中包括了实施建设白云（棠溪）站和广州站改造工程。并且，在新建的车站中，广州要探索建立"枢纽＋社区＋产业"的城市规划新模式。

按照协议，白云（棠溪）站将承接由广州站转移的普客业务。新的白云站位于广州白云区的南侧，距离广州站仅4.2km，距离广州东站9.4km，三个站共同构成广州交通枢纽的核心三角区。同时，白云（棠溪）站北部与广州白云机场距离为23.2km，南部与广州南站相距21.8km，将成为广州空铁联运的重要一环。

白云（棠溪）站规模为11台24线，接入广湛客专、京广线、广深线、广茂线、广清城际、广从城际铁路等6条线路。预计到2030年始发客车83对，预测年发送旅客量2731万人次；可承担的普铁日均客流量达12万人次。白云（棠溪）站将成为立体多元的交通枢纽、物流集散中心以及广州北部的产业中心。

针对白云（棠溪）站的更新改造，2017年，广州市组建市长牵头，广州铁投集团负责，市发展改革委、市国土规划委、白云区政府配合的工作组织架构，提出四项工作原则：

（1）先行实施征地拆迁工作；

（2）坚持集约节约用地原则；

（3）储备用地红线范围先行征拆；

（4）用好城市更新政策，市、区在拆迁安置房方面予以积极支持。

11.1.3 "自主／合作改造＋政府收储"保障白云站开工建设

2018年8月，《白云（棠溪）站及广州铁路集装箱中心站周边道路网络建设实施方案》和《白云（棠溪）站综合交通枢纽周边片区城市更新改造规划方案》获市政府常务会议审议通过，白云（棠溪）站配套交通枢纽建设进入开工倒计时，白云（棠溪）站综合交通枢纽周边片区城市更新改造工作也提上了日程。

规划研究范围西侧以石井河为界，北至黄石路，东至机场高速路，南到规划白云一线，面积约745hm²。规划核心区范围西侧以石槎路为界，北至规划白云二线，西至小坪东路南延线，南到棠潭路、德康路，面积约101.4hm²，其中包括了场站综合体范围65.4hm²，外围综合开发36.0hm²。

白云（棠溪）站地处新市街、棠景街和石井街交汇处，这里旧村、旧厂用地混杂。核心区现状用地以村物业用地及空地为主，占总用地的84%。现状用地权属多为集体无证用地，涉及 4 个村庄。车站在建设之前面临着如何节约征地建设成本，加快项目实施进程的问题。

白云站通过"更新 + 收储"的方式，一方面避免完全征收增加政府财政的压力，同时有效调动村民的改造积极性；另一方面也避免全部采用自主更新或合作更新的方式影响白云站的施工建设进度。在更新的过程中，周边白云一线、石槎路北延线、华南快速干线的建设是未来白云站交通枢纽功能的重要支撑，为了保障道路的施工进度，项目采用了道路红线内"先行征拆，启动区内复建"的方法，在平衡建设经济账的同时缩短方案的建设周期（图 11-1）。

① 黑臭河涌城中村污水治理工程
② 黑臭河涌城中村污水治理工程
③ 黑臭河涌流域整治截污支管完善工程
④ 广州市白云区棠景街鱿鱼岭排涝站改建工程
⑤ 新市涌防洪补救与整治项目
⑥ 广州市白云区石井河、新市涌拦河枢纽工程

图 例

━━━ 综合开发范围
─── 场站综合体范围
─── 铁路红线范围
─── 村界
▬▬▬ 棠涌片区范围

图 11-1 白云站综合开发及场站综合体范围
（资料来源：白云（棠溪）站综合交通枢纽周边片区城市更新）

11.2 核心区：政府收储联动自主 / 合作改造，共建共享

11.2.1 通过"更新 + 收储"的方式，减少土地获取成本

白云站核心区建设涉及 1.01km² 土地，项目的建设包括了城际站场工程投资、配套场站工程投资、周边市政道路工程投资、地铁预留工程投资以及土地征收的成本。

若白云站核心区的土地采用全部征收的方式，广州市的成本出资将高达 600 多亿元。其中，土地征拆成本就占总投资额的 70%。为了在保证项目推进的基础上减轻政府的财政压力，项目采用了"自主 / 合作更新 + 政府收储"双管齐下的方式进行土地整备。

具体来说，白云站在选址之时，选择在了小坪村、潭村、棠溪村以及棠涌村四个村交界空地较多的区域。核心区的改造包含了四种类型。

（1）现状保留用地：包括河涌用地和铁路用地，共 11.25hm²。

（2）征收的空地：主要为四村未建的空地，共 30.84hm²。

（3）旧村用地移交后，建设量纳入旧村全面改造复建的用地：枢纽核心区范围内的小坪村建设用地无偿移交政府，其建设量纳入小坪村全面改造项目进行复建，涉及用地共 8.64hm²。

（4）旧村用地移交后，建设量纳入核心区地块复建的用地：枢纽核心区范围内棠涌村、潭村、棠溪村建设用地无偿移交政府，其建设量通过提高核心区容积率的方式，腾挪到核心区范围内、综合站体范围线以外的地块进行复建补偿，涉及用地共 50.87hm²。

通过联动城市更新的方式，政府获得 66hm² 的场站综合体用地，从而可以保障白云站的开工建设。同时，政府获得了包含道路和绿地的城市公益性用地 21hm²，经营性用地 8hm²。村集体获得土地 5.4hm²，实现了枢纽地区的共建共享。

11.2.2 通过枢纽综合开发，反哺枢纽一体化配套工程

除通过"更新 + 收储"的方式降低土地征收成本外，白云站同时通过周边地区综合开发，配套交通场站上盖开发以及铁路红线上盖开发来反哺枢纽站房、线路建设、城市配套交通场站以及衔接道路等一体化工程的建设（图 11-2）。

预计在白云场站综合体范围内的总建设量为 162.1 万 m²，其中上盖开发总建设量 47.9 万 m²（含铁路红线上盖开发），周边综合开发总建设量 114.2 万 m²，居住占比约 8%，产业占比约 92%。根据目前广州市土地出让地价估算，白云站 1.01km² 范围内，综合开发土地收益基本平衡白云站建设的投资成本。

场站综合开发除了直接回笼白云站市级财政投资外，其引入的商务办公、文化休闲、物流商贸等产业功能，还促进了地区现代服务业的发展，形成新的最具活力的中心区。

目前，白云站综合开发区的地块出让进展良好。2021 年 1 月 18 日，广州地铁集团以 10.4 亿元竞得白云站场综合体西地块，计容总建筑面积 12.2 万 m²。预计近几年场站综合体东地块、周边综合开发地块将陆续完成出让。

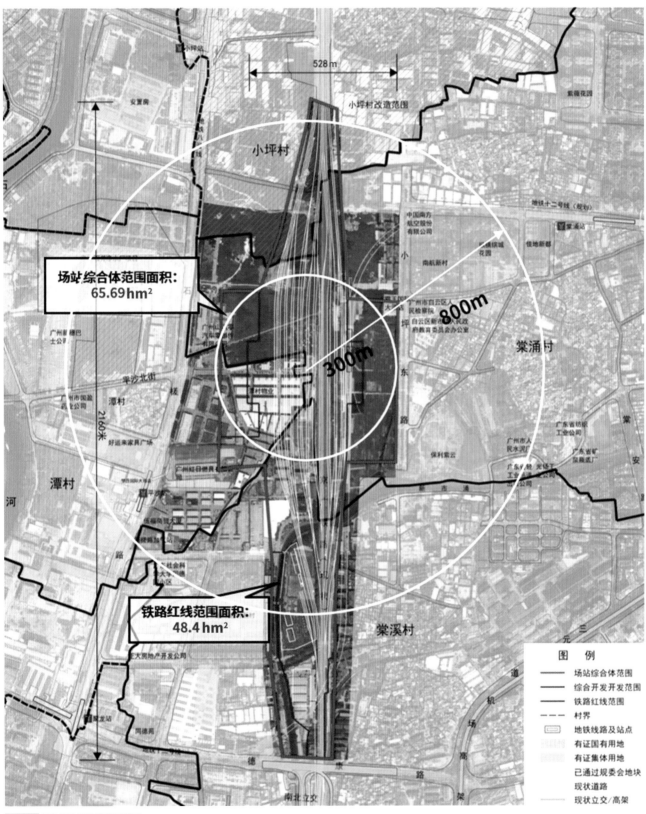

场站综合体范围面积：
65.69hm²

铁路红线范围面积：
48.4hm²

528 m

小坪村改造范围

800m

300m

2160米

图 例
—— 场站综合体范围
—— 综合开发开发范围
—— 铁路红线范围
---- 村界
▱ 地铁线路及站点
▱ 有证国有用地
▱ 有证集体用地
▱ 已通过规委会地块
—— 现状道路
—— 现状立交/高架

图 11-2 场站综合体开发建设范围
（资料来源：白云（棠溪）站综合交通枢纽周边片区城市更新）

11.3　综合发展区：分类、分片、分步更新升级

11.3.1　划分五大片区，分片施策，制订更新改造方案

白云站综合发展区共 6.28km²，改造前厂房货场破旧连片、用地低效；城乡混杂、人居环境差，道路及公服设施缺乏，存在安全隐患。白云站枢纽建设为这一地区的改造提升提供了契机。片区内以集体用地为主，总面积约 370hm²，占总用地的 59%。共涉及小坪村、棠涌村、张村、潭村、马务村、大岗村、棠溪村、横滘村八个城中村。另外，范围内有用地 233hm²，占总用地的 37%。

片区改造方案的核心思路是"政府主导、连片规划、整体改造、分步实施"，发挥规划对地区发展的引领作用。白云站综合发展区确定了五大片区和十大项目，根据片区的实际情况制订更新改造方案，除了白云站片区外，还包括站北、站西、站南以及站东片区（图 11-3）。其中，站北片区，由区政府牵头，加快推进小坪村全面改造、南粤物流及其周边国有旧厂改造项目实施；站东片区，预留棠涌村全面改造条件与指标，待条件成熟后推动改造；站西、南片区，由区政府牵头，采用"三旧改造 + 土地储备"的方式推动实施，包括了潭村、棠溪村改造，横滘村产业园改造以及张村土地收储项目。

项目更新改造过程中，坚持政府主导、多元参与。强化政府主导，充分发挥市场作用，鼓励引导市场主体参与，明确分工，形成多元化、可持续的更新模式。市政府主要负责常态化的工作协调，组织土地报批及供地，并出让范围内的储备经营地。区政府主要负责潭村、棠溪村、棠涌村三村的更新策划编制及改造工作推进，推动范围内河涌水系的改造。市铁投主要负责白云场站及配套工程以及白云站周边三条道路的建设，并通过引入社会资本的方式补充建设资金。

11.3.2　区域错位发展，打造广州西部现代服务中心

枢纽的建设会带来巨大的资源汇集效应和新的经济发展动力。如欧洲、日本等一批城市或地区通过枢纽空间的发展与建设，成功转型成为以现代服务业为主要产业的综合城区。枢纽 2km 以内为核心发展范围，受到的枢纽带动作用较强，产业发展可选择跨越式转型模式；2 ~ 4km 范围受到的枢纽带动作用次之，其产业发展需依托本地产业发展基础；4km 以外范围受到的带动作用较弱。

白云站枢纽地区现状产业是以制衣、五金为主的轻工业，以及以批发市场、专业市场为主的商业，缺乏大型商务办公、娱乐休闲、创意文化等类型产业。白云站枢纽地区位于广佛同城桥头堡"两围一洲"（即同德围、罗冲围、金沙洲）与城市功能区（白云新城）的结合部，是联系白云新城与"两围一洲"的重要节点，未来将会被打造为广州西部的现代服务业中心。规划的功能布局如下。

1. 中部现代服务业综合集聚区

枢纽 500 ~ 1000m 范围内进行高强度开发，形成现代服务业综合集聚区。依托白云（棠溪）站区域进行综合枢纽开发，利用车站带来的巨大人流、物流优势，配套商业、餐饮、娱乐等适合综合枢纽发展的业态，促进枢纽成为地区发展门户节点。依托区位、人流、信息资源优势，发展总部经济，促进金融、法律、网络信息等现代服务业成长。

同时，在地区发展综合办公，为中小型企业或双创产业提供办公场所；建设产业孵化基地，帮助企业进行员工培训、信息教育、创业培训等工作。同时，建设高端酒店，将其建设成为地区标志性建筑，为区域商务办公提供配套餐饮和住宿服务。

2.东部生活、公共服务发展区

东部区域现状以建成居住区为主，可使用的发展用地较少且分布零散，此区域规划以生活、公共服务业为主，发展大型商业、休闲娱乐、酒店住宿、文化教育、医疗卫生等生活服务业，提升居民生活品质，形成一批高端服务业片区，满足更大范围居民的高品质生活需求。

一是，依托现状创意产业发展基础，结合旧城更新政策，建设创意产业园区，发展文创产业。二是，在区域内建设医院、图书馆等公共服务设施，提升片区公共服务质量。三是，通过旧城更新措施，建设一定规模的大型商业休闲综合体，提升片区居民生活品质。四是，将部分质量较差的旧村、旧城区域进行更新，为周边产业人才提供有品质、有特色的居住场所。通过整体布局与单点景观设计，建设一批高质量公共开敞空间，提升区域建设品质。

3.西部生产服务业发展区

西部片区现状主要为工业、批发产业，可使用发展用地较多且分布较为集中，靠近西部产业带。此片区规划以生产性服务业为主，主要发展产业研发、创意设计、仓储物流、大型展贸等业态。

首先，依托片区服装等现状制造业基础进行产业转型，向产业上游发展，目标是成为以设计为主、制造为辅的新型服装产业中心区。其次，针对周边区域产业情况，提供优惠政策和人才政策，吸引国际、国家知名研发机构地区总部入驻，服务广州市产业研发工作。

另外，现状区域中存在部分先进制造业，在近期可通过集聚发展策略形成先进制造业集中片区，提升地方制造业发展综合水平。同时，依托南部专业批发市场进行转型升级，整合发展为以大型展贸为主的现代商贸会展中心，为周边区域提供贸易展示平台。

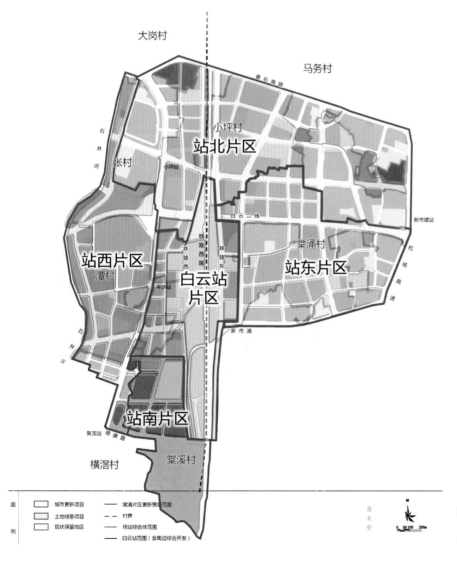

图 11-3 项目划分和五大片区
（资料来源：白云（棠溪）站综合交通枢纽周边片区城市更新）

11.4　枢纽配套工程：更新收储联动模式保障公共设施落地

11.4.1　"先行征拆，提前复建"保证道路建设进度

通过更新联动收储的模式，白云站解决了综合站场的用地与建设成本的问题。而为配合完善区域的交通路网，深化"公铁联运"，白云一线、石槎路北延线、华南快速干线南辅道三条主干道需要先行开通，提高站体与外围地区的交通连接性。

然而，道路建设项目具备社会公共产品的特征，投资期限长、金额高、回收期长，参与部门、单位、人员众多，道路建设成本的控制与管理具有复杂性、多层次性。同时，道路建设成本分为土地与工程建设两个方面。其中，随着土地成本的日益增加，其已远远超出工程成本。

通过测算，三条道路的建设成本高达三百多亿元，其中土地征拆费用占总成本的近 80%。但是先行启动的综合站体 1.01km² 范围的土地收益无法平衡白云站配套建设的三条道路投资且差额巨大，因而道路的建设成本需要通过周边综合开发的土地收益进行平衡。白云站周边综合开发的范围包括 6.29km²，其中集体用地占 6 成，国有用地占 4 成，涉及的土地整备与城市更新项目多达 10 个。通过测算周边旧厂更新改造和国有地块收储后的出让收益，道路的建设与征拆费用问题可以得到有效解决。

尽管道路与征拆费用问题得到了解决，但道路建设无法滞后于周边的地块收储与旧村安置。因而，由市发展改革委、财政局牵头，市城市更新局、国土规划委、国资委、广州铁投集团配合，项目决定采用"先行征拆，提前复建"

的方式来进行。即先行征拆道路经过的 6 个村涉及道路红线的部分，并在启动区范围内选取地块复建范围内的建设量。通过这种方式，可以保证道路建设的进度以及推动白云站"公铁联运"枢纽的快速建设。

11.4.2　借由城市更新，惠民工程得以实施

以白云站枢纽建设和改造为契机，周边小坪、棠涌村已经纳入全面改造范围。借由城市更新，周边居民的生活品质得以提升（图 11-4）。

首先，片区内的惠民工程得以实施，污染整治方面包括了黑臭河涌城中村污水治理工程（涉及潭村、张村、小坪村、棠涌村、棠溪村）和黑臭河涌流域整治截污支管完善工程。除此之外，还开展了市防洪排涝工程建筑补短板项目——棠景街鱿鱼岭排涝站改建工程，以及新市涌防洪补救与整治项目及广州市白云区石井河、新市涌拦河枢纽工程等区重点水利项目。

在交通方面，项目方案中增加公交、停车及慢行设施；规划建设量集中于轨道站点 500m 范围内，提高轨道交通出行比例。在综合开发的区域内，项目倡导以交通引领开发（TOD）的理念，在地铁站周边规划建设连片商业商务用地和服务设施，依托白云站综合交通枢纽与多条周边地铁站点，形成"一枢纽、五发展极"的交通枢纽地区空间结构。

图 11-4 白云站及周边效果图

（资料来源：白云（棠溪）站综合交通枢纽周边片区城市更新）

第十二章

"产业－空间－政策"协同：
民间金融街改造新路径

历史街区的更新活化多以文旅、创意产业为导向，出现一定的同质化现象，且不能完全适配所有历史街区的活化需求。长堤大马路片区（民间金融街）改造摸索出民间金融产业导向的街区更新活化新路径、新模式，实现"产业－空间－政策"三维一体协同。产业植入上，搭建服务平台，吸引中小微金融企业入驻，并提供专业服务；空间活化上，采用"清租腾铺，统一运营"的模式，实现既有空间的渐进置换改造与高效统租统营；政策配套上，面向企业、人才、业主等多方推行建立激励机制，提升各方参与街区更新的信心与行动力。

12.1 发展历程：从商贸批发市场到民间金融一条街

12.1.1 长堤大马路商贸空间的长期衰落

1. 长堤大马路：广州近代"十里洋场"

广州民间金融街位于广州市越秀区西南部的长堤大马路上，毗邻珠江。该街区曾经是广州重要的商贸、金融中心，是广州著名的"十里洋场"，也是广州乃至中国现代金融业的起源之地，更是广州"千年商都"的重要见证。街区始建于清末，采用了现代化的市政标准进行营造，为广州商贸产业发展提供了高品质空间环境，一度成为彰显广州"首善之区"形象的重要城市名片。至今，其街道两侧依然保留着大量极具岭南文化风貌的骑楼建筑，传统城市肌理尚存，与周边地区共同构成了代表广州近代商贸、金融发展的历史风貌保护区，是《广州市历史文化名城保护规划》中的重点保护对象。

2. 传统商贸产业地区的发展转型难题

伴随广州城市发展重心的东移以及现代商贸产业的发展，长堤大马路地区如同诸多历史街区一样，在快速城镇化过程中面临产业停滞、环境恶化、文化湮没等一系列发展转型难题。首先是商业产业发展的停滞，长堤大马路长期以传统批发零售业为主导产业，低端商业占据了大量生产空间，产业转型发展明显受阻；其次是空间环境品质的降级，由于街区建设年代较早、后续物业维护管理缺位等客观因素，长堤大马路出现环境品质恶化、发展腹地不足、交通拥堵、空间失序等一系列空间发展问题；除此以外还有历史文化的日渐湮没，大量历史文化资源被杂乱无序的商业仓储设施所遮掩，加之近年来大量高层高密度建筑的开发建设，传统街区肌理不断受到侵占与压迫，历史文化环境日渐衰败。面临种种现实发展问题，长堤大马路的保护改造工作迫在眉睫。

3. 两次"振兴商贸旅游产业"的改造尝试

广州市政府曾在民间金融街改造前先后出台了一系列优化措施，试图以商贸旅游产业带动街区的转型发展。2002 年，《广州市越秀区沿江商贸旅游总体规划》将长堤大马路定位为"老广州风情街"，通过振兴街内的老字号商家，重塑长堤大马路繁华的商业氛围，并重点发展旅游商贸。2005 年，《广州市越秀区商业发展规划（2004-2010 年）》将长堤大马路定位为"老字号一条街"，长堤大马路改为步行街，全线禁止机动车通行，以激活街区的步行商业活力。最终，"老广州风情街"的理念虽然在一定程度上促进了长堤大马路内酒吧、KTV 等娱乐场所的发展，但同时也带来了消防、治安和噪声等诸多方面的问题。而"老字号步行街"方案也因"长堤一带交通压力实在太大，不适合改步行街"的质疑而搁置。两次实践表明，以旅游开发为导向的更新模式并不适合长堤大马路地区。

12.1.2 以民间金融产业带动传统商贸片区更新

1. 中调战略下的片区产业转型发展契机

2009 年，广州新一轮战略规划提出"中调"战略，老城区存量空间的更新发展逐渐成为城市发展的重点。对于长堤大马路等历史风貌区而言，如何在保护历史空间格局的前提下寻找适宜的改造更新动力，成为保护发展的关键所在。纵观既往的更新改造经验，小修小补式的产业调整与空间整治虽能在一定时间内提升地段形象与发展水平，但无法从根本上形成地段内生发展的原动力。归其根本，寻找契合百年商贸文化和历史空间肌理的业态形式是引领地段持续更新发展的破题思路。

与此同时，民间金融的产业化发展为长堤大马路产业转型带来新的机遇。民间金融特指未纳入"一行三会"及其派出机构监管体系的金融活动，主要包括民间借贷、民间集资等。由于民间金融本身固有的自发性、隐蔽性和不规范性，同时又缺乏监管，使其隐含了较大的金融风险，从而出现了许多问题，扰乱了社会经济秩序。面对民间金融逐渐暴露出来的问题，国家和地方相继采取措施，逐步将民间金融活动纳入政府监管范围，民间金融开始走上正规化、阳光化的发展道路。广东省和广州市两级政府于2011年年底提出要在广州建设民间金融集聚区，以民间金融机构为载体，将投资渠道不畅的民间资本集中起来，同时集聚其他金融服务，为中小微企业提供有针对性的、完善便捷的金融服务，民间金融产业开始在广州寻求空间载体。

2."产城文"全面改造推动民间金融街的更新建设

在上述背景下，2011年广州市政府创新性地提出在长堤地区建设"全国首条民间金融街"，规划用地约41hm^2（图12-1）。改造试图以长堤大马路传统商贸文化引领民间金融产业的嵌入与发展，通过业态升级拉动地段整体更新改造与持续发展。面对长堤大马路现状空间的诸多发展问题，项目始终以产业转型为破题点，灵活应用既有历史

文化和滨水空间资源优势，通过"产城文"综合施策推动民间金融街的更新建设。

（1）产业功能置换：适宜的产业功能是民间金融街保护发展的核心动力。金融与高端商业产业的逐步注入与释放，不仅能够优化产业结构，提振地段发展活力，同时也能加快空间利用方式的转变，置换对历史风貌破坏较大的仓储批发功能，促进对历史文化设施的保护使用。基于此，改造首先明确了需引入的产业类型和发展策略。以民间金融为主要培育对象，依托长堤既有的商务产业组团，腾挪现有的低端商贸产业用地，吸引具有高发展潜力的中小型民营金融机构；同时积极引入与产业关联的会计、法律服务等商务服务和高端酒店、会所、餐饮等商业服务企业，促进民间金融产业链协同发展。其次，以文旅服务为辅，充分利用历史文化设施和滨水景观资源优势，整合周边旅游景点与游憩路线，推动内部文旅服务企业的有序发展。结合功能类型和空间利用方式，最终形成五个功能片区共同支撑民间金融街发展，包括金融核心区、商业配套服务区、商务专业配套服务区、新型民间金融机构集聚区和大型金融机构总部集聚区。

（2）空间品质提升：高品质的空间环境是吸引新产业入驻、保障产业持续发展的关键要素之一。在改造之前，地处广州老城区的长堤大马路如同其他旧城地区一样，面

图 12-1 民间金融街改造效果图
（资料来源：广州民间金融街规划）

185

临着建筑老旧、环境杂乱、交通拥堵和设施不足等诸多问题。对此，政府和入驻企业的共同投入推动了长堤大马路外部环境与内部空间的高品质提升（图12-2）。其中，外部空间由市、区两级政府协同组织规划设计，并通过渐进微改造的方式落实公共空间整治、建筑立面修缮、道路交通梳理与增容等诸多提升措施，避免了大拆大建对传统风貌的破坏，将传统空间与现代功能有机融合，实现了外部空间环境的全面提升。而内部空间则在政府管控的基础上，更多地引入企业进行自主更新改造。基于对空间使用需求和建筑历史价值的综合判断，入驻企业可在政府管控下灵活采用保留、修缮、改造等不同方式更新建筑内部环境，为企业自身发展提供高品质的生产环境。

（3）传统格局复兴：长堤百年商贸文化与传统格局是片区保护发展的核心要素，也是区域竞合发展的根本优势所在，产业置换与空间提升也必须以传统格局复兴为前提。为此，项目提出以"骑楼街—滨水岸线—内街—街巷"的传统空间体系为结构骨架，复兴传统空间格局：一方面，促进商业骑楼街、沿江滨水空间、重要文保单位与历史建筑等传统公共空间的保护利用，通过商业功能置换与内外空间提升，形成金融、商务、旅游观光等差异化功能主题的高品质城市空间；另一方面，通过街巷空间的梳理疏通实现文化景观资源的串联沟通和历史街区内部空间的激活赋能，并重点打造圣心教堂与珠江之间的文化景观轴线，对沿线闲置的仓储与工业用地进行整治，同时置入骑楼特色风貌和商务商业服务功能，推动重塑具有岭南文化风貌的传统空间格局。

改造前

改造后

图 12-2 民间金融街空间品质提升
（资料来源：长堤民间金融街片区整体提升改造方案研究）

12.2 改造路径:"产业－空间－政策"三维一体协同

12.2.1 产业类型精准升级

曾经两次以商贸旅游为契机带动街区更新的尝试均告失败,表明历史街区传统的以旅游开发为导向的更新模式并不适合广州长堤大马路,而以金融转型为核心推动力的更新模式无疑为历史街区保护利用提供了另一条思路。事实上,以文化旅游为核心的更新模式虽一定程度上能改善片区形象、提升片区文化知名度,但也存在同质化发展和过度商业化开发等潜在问题,且可能破坏历史街区的原真性与独特性,并不是一种普适性的开发路径。而以金融转型为引领的发展模式则根植于长堤大马路百年商贸文化特色和既有产业发展特征,通过商贸批发产业的逐步更新置换和金融服务产业的有序置入带动历史街区在产业、设施、公共空间等多方面的保护更新。

目前,产业升级已为长堤地区注入长足的发展动力。截至 2018 年 12 月底,金融街入驻机构达到 616 家,其中核心企业 297 家,集聚资本累计超 500 亿元,已累计为超过 100 万户中小微企业、中低收入者和"三农"提供 200 多种特色化的数字普惠金融产品和超 5000 亿元融资,打通小微企业融资难的最后一公里。2017 年,缴纳税收 8.9 亿元。2012 年建成至 2017 年,累计税收 30 亿元。

12.2.2 产业空间置换腾挪

在保护历史空间格局的前提下,项目没有采用大拆大建的方式增加产业空间,转而使用渐进更新的方式对既有产业空间进行置换与改造。其模式可总结为"清租腾铺"四字,由统一的管理组织或企业机构作为运营主体,搭建产权方与入驻金融机构之间的沟通桥梁,通过终止从事低端经营活动的原物业承租方与业主的房屋租赁合同,原承租方搬离,将房屋物业腾空用以吸引民间金融机构入驻,释放低效利用空间资源的潜在价值。

"清租腾铺"为广州民间金融街带来了可供利用的房屋物业,它们是街区发展的物质载体,是民间金融、高端商业服务产业注入的基础所在。目前,已有近百家金融机构入驻广州民间金融街,其中以小额贷款公司为主体,还包括典当行、融资担保公司等其他民间金融机构。政府主要从政策引导、资金支持和服务平台等三个方面设立政策来吸引民间金融机构入驻,将民间金融的产业功能注入街区已有物业中。据统计,涉及"清租腾铺"的房屋物业之前共有各类承租主体 52 个,注册资本共计约 6300 万元,主要包括仓库、小食店、服装店、宾馆酒店、小卖部、网吧、酒吧和理发店等。而在更新后,共有 89 家金融及相关配套机构进驻,它们的注册资本合计达 120 亿元,约为之前的 190 倍,业态升级显著。而由于环境的改善、产业功能的提升,长堤大马路沿线物业的租金水平也随之提高,约为更新前的 4 倍,土地潜在价值得到有效释放。截至 2020 年底,金融街吸引 12 家世界 500 强、26 家中国 500 强、60 余家国内外上市公司投资入驻,税收贡献从建街之初的 1500 多万元,增长至 2020 年的 16 亿元,增长超 100 倍。

12.2.3 产业政策有效覆盖

为推动街区活化工作的有序实施,政府结合金融产业优惠、楼宇经济奖励等市区两级的政策优惠,面向企业、人才、业主等多方推行建立了产业升级与街区活化的激励机制,通过经济补贴与奖励有效提升了各方参与街区更新建设的信心与行动力。

其中,企业政策精准覆盖中小规模的民间金融企业,提出:①新落户优质企业开办奖励:内资按实缴资本及企业性质最高奖励 300 万元,外资按实缴资本 5‰ 最高奖励 500 万元。②存量优质企业奖励:按新增办公面积,最高可奖励 100 万元;按其对区贡献增量情况最高奖励 400 万元。此外，对产生良好经济效益、社会效益的行业活动最高奖励 200 万元。

人才政策则重点奖励创新产业的四类高端人才：创新创业领军人才根据其项目落户情况最高奖励 1000 万元 /（人·年）；杰出产业人才根据其企业对区贡献情况最高奖励 300 万元 /（人·年）；产业发展创新人才根据其对产业、项目贡献情况最高补贴 10 万元；社会精英人才最高奖励 200 万元、最高经费支持 100 万元。

载体政策与空间腾挪改造相结合，鼓励创新产业载体的改造提质，包括：①创新载体提升：新认定区级、市级、省级和国家级创新载体最高奖励 400 万元。②专业园区创建：省级以上示范园区最高奖励 100 万元；认定专业园区最高奖励 30 万元。③亿元楼政策：首次成为年税收超亿元

的楼宇最高奖励 500 万元；现有亿元楼对区贡献增加最高奖励 200 万元。

总体而言，民间金融街改造项目探寻了一条以产业升级为引领的历史街区更新路径：结合街区自身历史条件与区位特征，精准梳理未来产业发展方向与门类体系，在顶层制定产业引入与发展激励政策，为新兴产业的持续发展保驾护航；在空间上则通过物质环境更新提振地区形象与服务能力，并通过"清租腾铺""公房先行"等措施腾挪产业发展空间，为吸引新兴产业注入扫清障碍。从实施成果上看，以产业为引领的更新路径避免了对政府投资的长期依赖，可依靠自身经济的发展带动周边地区的持续提升，在倡导"老城市新活力"的当下，不失为一种值得参考借鉴的有效更新路径（图 12-3、图 12-4）。

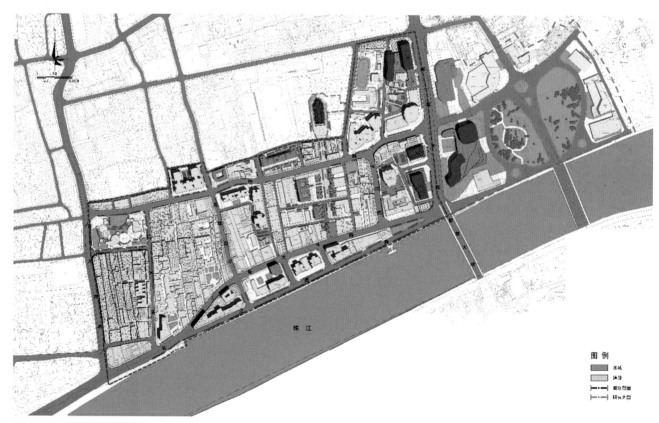

图 12-3 民间金融街规划总平面图
（资料来源：广州市城市规划勘测设计研究院）

188

图 12-4 民间金融街改造效果
（资料来源：网络）

第十三章

整治改造并举：
永泰村组合拳挥出旧改大成效

永泰村旧村更新形成了"集体旧厂改造＋旧村环境整治＋安全隐患整治"联动的综合改造模式，实现政府主导、市场运作、收益共享。政府主导规划编制，将片区安全隐患整治与旧村综合整治，作为地块刚性管控要求与旧厂改造的前提；村集体在旧厂改造中采用合作经营的方式，通过公开交易选定改造建设的合作企业，并将改造后的物业长租给合作企业经营，村集体获取租金，企业获取长期经营收益，从而调动企业积极性；同时，村集体与企业共同将部分收益用于片区安全隐患整治与旧村综合整治，实现旧村低效用地盘活与人居环境改善，形成良性互动模式。

13.1 发展历程：旧厂改造带动旧村环境整治

13.1.1 1990年代末：交通条件改善，村办企业达到鼎盛时期

1990年代初，永泰地区仅有陈太路一条对外通道，其余地方都是大片农田。1994年是永泰地区发展的分水岭。这一年，贯穿永泰地区的新广从路（白云大道）开通，将永泰分割成东、西两大片区（图13-1）。在修建白云大道的过程中，永泰茶山庄为重要取土点之一，原来的土坡被慢慢夷平。为发展集体经济，永泰村借机开发了饮食一条街，茶山庄、大佛口山庄等借此机遇快速发展起来，村庄附近也相继出现不少大型的餐饮酒店。

13.1.2 2009年：缺乏规划引领，更新改造面临困局

进入21世纪后，由于周边居民消费习惯的改变，饮食一条街日渐冷清。面对困境，永泰村积极谋划改造工作，在2009年后陆续拆除掉上盖建筑物约10万㎡。但因片区缺乏控规引导，改造工作多年未能取得实质性突破，集体经济收入受损，一定程度影响了村集体及村民对改造工作的信心。长达六年的"长跑"让村委承受着非常大的压力，村集体承受了数千万元的损失。

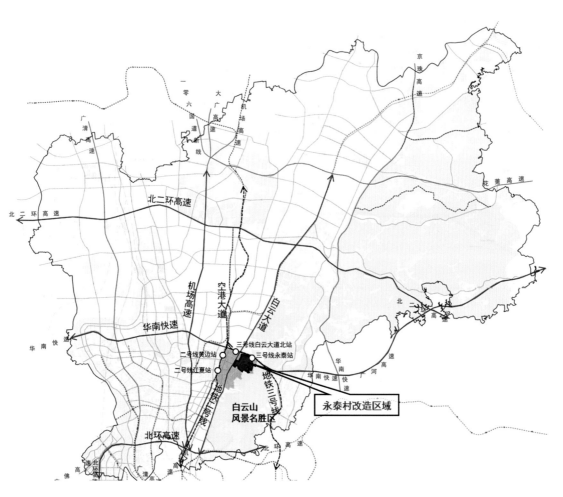

图 13-1 永泰村区位

13.1.3 2014年: 规划引领旧厂改造与旧村综合整治、安全隐患整治同步推进

2014年6月，旧村所在的《陈田永泰片区控制性详细规划优化》通过广州市规委会审议，为更新改造项目的实施创造了有利条件（图13-2）。市规委会同时提出"由白云区政府负责，创新政府主导'三旧'改造的模式，将该片区作为城市更新的典型案例"的工作要求。

2014年12月，区政府常务会议强调，开展永泰村安全隐患整治、永泰旧村综合整治是实施永泰茶山庄旧厂房地块改造的前提，是落实地块规划条件的刚性要求，要做到三个项目同步推进，同步验收。2015年6月，《永泰陈田片区城市更新方案》通过广州市土委会审议。

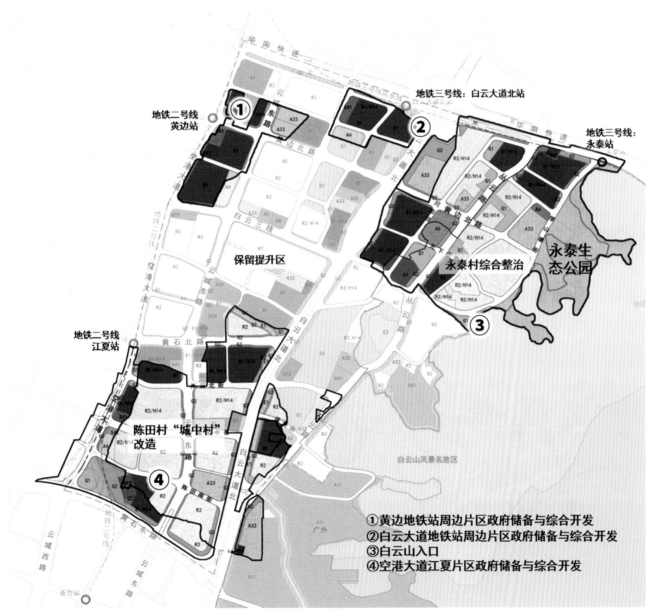

①黄边地铁站周边片区政府储备与综合开发
②白云大道地铁站周边片区政府储备与综合开发
③白云山入口
④空港大道江夏片区政府储备与综合开发

图 13-2 陈田－永泰片区控制性详细规划

13.2 旧厂改造：政府主导、市场运作、收益共享

随着永泰、陈田片区控规获市政府批准实施，市、区两级政府大力支持项目改造，批复了项目改造的实施方案，开始以政府主导、市场运作、收益共享为原则，完善各主体的土地增值收益共享机制。在政策支持下，永泰村改造的资金问题很快迎刃而解。2015 年 4 月，永泰村严格按照公开公平透明原则通过白云区"三资"平台选定茶山庄旧厂房地块合作开发企业广东安华美博集团，成为白云区首个通过"三资"平台公开选择开发企业的"三旧改造"试点项目。根据合作开发协议书，该合作企业将承担商业体项目建设的全部资金。

企业之所以愿意投入 20 亿元的建设资金，是因为永泰村探索出了更灵活的改造方式。此前普遍采用的土地使用权流转方式，因租期短暂，投资方会担心成本收回问题，往往不愿意"大手笔"投资。而通过合作经营公开交易的方式，租期延长至 40 年，充足的租期让投资方愿意进行长远投资经营。企业（安华汇）将村集体的 1.5 万 m^2 厂房改造成了家具城，该业态较为契合本地的社会经济基础。安华汇项目不是独立的载体改造，而是以城市更新改造为突破口，通过旧厂房升级改造带动周边社区全隐患整治和旧村综合整治，引进新型商业综合体，盘活低效利用集体土地，统筹改善人居环境和推动产业转型升级"两手抓"，实现了"城中村安全起来、环境美起来、村民富起来"的目标。

如今已经运营的安华汇致力于打造现代化商业综合体，定位为"智慧型家居生活双核 + Mall 体验之都"和"白云山下的垂直森林与城市客厅"，建材、家具、影视文化娱乐中心、婚庆馆等新业态为地区发展带来了新活力。随着安华汇项目对外营业，"安华汇"已取代"茶山庄"成为永泰村的新名片，也再次成为该村村民平日消费、休憩的好去处。

13.3 安全隐患整治：区、村、企共同落实五项工程

在永泰村微改造过程中，永泰村民强烈要求保留土地所有权。对此，永泰村结合该村的实际情况，遵循"三变"（城市环境要变、产业功能要变、经济效益要变）、"三不变"（集体土地权属不变、集体土地使用性质不变、集体经济物业功能不变）、"三化"（改造主体企业化、物业经营产业化、物业管理专业化）的原则，探索出新的改造合作模式。

永泰村微改造项目由茶山庄旧厂房地块升级改造、旧村安全隐患整治和综合整治三部分组成，总用地面积约95hm²，总建设量约30万m²。根据工作方案，永泰村实施连片规划、分片分类分步改造。其中，茶山庄旧厂房地块改造起到抓手的作用，占地6.8hm²的安华汇项目将带动整个永泰村社会经济环境的整体转变。

根据《广州市白云区人民政府办公室关于印发白云区加快推进永泰茶山庄旧厂房升级改造及旧村整治项目工作方案的通知》（云府办〔2014〕44号）工作要求及任务分工，区建设局结合永泰村实际和"城中村"安全隐患整治工作要求，牵头制定《广州市白云区永平街永泰村安全隐患整治实施方案》，对打通消防通道、市政改造（包括消防整治、管线整治、燃气改造、给水排水改造）、垃圾分类和网格化管理等方面整治改造内容进行全面梳理，细化了各项整治工作内容（包括整治数量、整治标准、整治资金需求、整治工作完成时限等）。

具体来说，通过茶山庄旧厂房升级改造，带动永泰村片区安全隐患整治和旧村综合整治。该模式突破了城中村改造常见的大拆大建惯例，破解了拆迁改造难题。

1. 安全整治第一项：打通消防通道

永泰村原本散布着服饰制衣工厂、公司企业培训基地、汽修部、五金店、餐饮、仓库、厂房出租等各种经济业态，内部道路狭窄，存在着较大的安全隐患。安全整治的第一步是打通消防通道，依托白云大道、同泰路以及现状城中村道路，打通局部瓶颈，形成多个环形路网并作为永泰村

区域的主要消防通道，使得救援力量在发生火情等紧急情况时可以短时间内顺畅到达永泰村核心区域。

消防整治措施还包括整治垃圾杂物乱丢弃、店铺占道经营等阻碍消防车通行的现象。加强车辆乱停乱放整治，在不阻碍消防车辆通行的前提下合理划定停车区域（或划停车线），规范停车秩序，清除通道上的障碍物，保证消防通道畅通。

第二步则是进行隐患场所整治，整治居住区内的"三小"（小档口、小作坊、小娱乐空间）场所，落实居住区和生产经营区分离，不允许在居住区出租屋开办新工厂和不允许新增加"三小"场所。在进行安全整治的过程中，项目也加强了消防基础设施的配件，项目共设置2处消防应急取水平台，包括保利白云山庄附近的水塘及同泰路与永泰路交界的同泰涌边，并在每间商铺、每栋每层配置灭火器。

根据消防安全整治的要求，对已进行给水管网改造的片区，按规划和规范标准增加室外消火栓，满足消防通道要求的道路，安装消火栓221个，布置间隔为120m；对破旧的消火栓进行整改或更换；加强消防的管理制度建设，组建义务消防队，由区防火大队（现役）组织培训，考核合格后上岗执勤，并落实值班备勤制；印制消防宣传手册，加强消防知识宣传。

2. 安全整治第二项：用电管线改造

永泰村内原有电力路线的选择未经过综合考虑，村的进户线与电力线严重交织，部分电缆线路的吊挂线未按照规范选择钢绞线，电缆进入建筑物时没有将电缆外部的导电屏蔽层接地，村民或租客私自架设电力线、通信、有线电视网络，导致乱拉乱挂现象严重，安全隐患较多。整治工程加强了对用电、管线的整治，具体操作包括增加供电容量，更换老化供电设施，推进"公改专"和电力设施改造，合理调整台区供电范围，加强线路、配变台区的管理维护，改善电线、设备长期超载运行的局面，推动用户安装漏电

保护装置，确保供电安全，消除用电隐患。

全面梳理和整治城中村管线乱象，清理老化的电线、电话线和有线电视线路，规范线路架设和布线，实现强弱电分离，弱电进套盒，各种管线整齐有序，符合安全规范，消除强弱电相互搭设引致的安全隐患。为了提高村民的生活质量，项目进行燃气改造，全面摸查城中村敷设燃气管道的可行性，争取实现管道燃气入户，对于不具备敷设条件的，制定安全防范措施，完善配套管理制度；规范瓶装液化气充装、销售的管理。

3. 安全整治第三项：给水排水改造

结合永泰村现状，对已经完成一楼一表改造的给水设施进行摸查，对不达标的设备按照自来水公司的要求进行改造，并由区水务局负责制定具体方案，解决十二岭一带等 2 个水浸黑点，同时加强下水道巡查和疏通，完善排水系统，解决内涝问题，完善截污管道及污水排放口，做到污水收集排放符合规定，防止外溢横流。

4. 安全整治第四项：环卫设施升级改造

永泰村内，部分设施如垃圾压缩站、垃圾堆砌场、加气站位于白云山脚沿线，与白云山景观不协调，对自然环境污染影响很大。因此，整治工程致力于完善城中村环卫设施（垃圾装运点、垃圾压缩站、垃圾收集点），规范垃圾分类和收集。在村内主要道路新设垃圾投放点 36 处，分为果皮箱与垃圾桶两类，另购置 72 个密闭式垃圾桶，放置在各个垃圾投放点；改造现有 2 个垃圾收集站为密闭式垃圾收集站，另外在村西北和西南分别新建 1 处垃圾收集站；村民自行将生活垃圾投放至各垃圾投放点，由环卫工人从各投放点用人力车将垃圾运至垃圾收集站之后，统一装车运往村内垃圾压缩站。同时，整治工程加大环保宣传和推广力度，推进城中村环卫保洁体系建设。

此外，还进行了停车设施的改建，包括在元下田进行停车场整治改建，新建 1 幢六层立体停车场，建筑面积约 12000m²，约 300 个车位；在同泰二街周边建设停车场（不占用规划路网，根据实际情况选址），新增 160 个车位；在元下田三路南侧兴建一个综合服务中心，2～5 楼留作停车场用地，建成后可容纳 90 多个车位。

5. 安全整治第五项：网格化管理模式

永泰村的安全整治工作推行网格化管理模式，按照"网中有格、按格定岗、人在格中、事在网中"的要求，加快推行城中村网格化管理，健全和规范管理制度，明确责任分工，加强城中村专业队伍建设，加强网格内隐患排查，网格责任落实"无死角"，逐步建立城中村公共安全综合防控网络，提升居民的安全感和满意度。

此外，永泰村与合作企业签订的合作开发协议书除了明确 40 年经营期满后项目设施的投资所有权和经营权无偿移交永泰村外，还明确了开发企业将给永泰村经济联社提供公共配套设施面积 15000m²，增加公共绿地面积 7800m²，提供道路用地 11200m²，为永泰村进一步改造提供了支持。

13.4　旧村综合整治：规划引领，街镇与村集体联动，企业租金支持

永泰旧村整治范围内，现状建筑面积合计约 140 万 m^2，包括村居住建设量约 50 万 m^2，村物业建设量约 90 万 m^2。村物业主要集中在永泰茶山庄东侧、永泰地铁站周边并延伸至白云山风景名胜区界限周边。旧村整治范围均在《白云区陈田、永泰片区控制性详细规划优化》的规划范围内。

根据《广州市白云区人民政府办公室关于印发白云区加快推进永泰茶山庄旧厂房升级改造及旧村整治项目工作方案的通知》（云府办〔2014〕44 号）工作要求及任务分工，永平街结合永泰村实际和市规委会审议通过的永泰村整治改造有关要求（图 13-3），梳理完善配套、景观绿化、整饰建筑立面、光亮工程四方面改造内容。

1. 综合整治内容一：完善配套

根据永平街核查结果，永泰旧村整治范围内现状共有公配设施 49251m^2，主要为小学、幼儿园、肉菜市场、社区卫生服务中心、垃圾压缩站及少量的福利、运动设施，设施数量及标准均较低。永平街组织核查永泰村现状公共设施建设情况，与陈田永泰片区控规要求进行对比，保证完成整治后公配数量、标准均不少（低）于片区控规（图 13-4）。

2. 综合整治内容二：景观绿化

整治内容包括建设集中公共绿地 5 处，包括永泰北公园、永泰中心公园和永泰南公园，主要为优化植物配置，增设康体设施、休息亭、座椅等小品，并作为永泰村的防灾空间，共计约 4.96hm^2。该部分建设资金由永泰村统筹解决，按 120 元 /m^2 计，约需 595 万元。

图 13-3 永泰村规划效果图
（资料来源：白云区永泰茶山庄旧厂房改造及旧村整治方案）

3. 综合整治内容三: 整饰建筑立面

整治区域主要为丛云路沿线、黄边北路延伸至学山塘街沿线及永泰地铁站周边。考虑塑造景观道路的要求,丛云路沿线及黄边北路延伸至学山塘街沿线建筑整饰工程内容包括房屋外墙色彩与装饰协调、立体绿化种植以及空调机安装位置、阳台及水管整理,形成和谐的道路界面。为使地铁站点周边形成商业氛围,永泰地铁口周边商业建筑整饰主要考虑统一商业店招的颜色与位置。

4. 综合整治内容四: 光亮工程

整治区域主要为重要道路景观界面及节点,包括丛云路沿线、黄边北路至学山塘街沿线,以及永泰地铁站周边、永泰村牌坊、白云山入口公园。结合建筑立面的整饰与绿化带建设,丛云路沿线、黄边北路至学山塘街沿线光亮工程内容包括:安装统一照明设施,保证景观休闲带的夜间使用功能。永泰地铁站周边、永泰村牌坊及白云山入口公园光亮工程则充分结合节点景观设计与功能主题(图 13-5、图 13-6)。

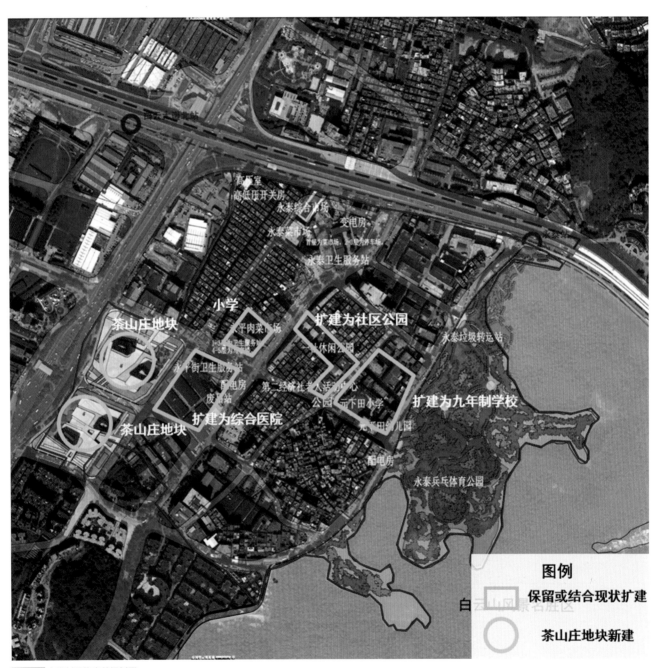

图 13-4 永泰村设施完善规划图
(资料来源:白云区永泰茶山庄旧厂房改造及旧村整治方案)

图 13-5 永泰茶山庄旧厂房地块升级改造项目效果图
（资料来源：广州市城市更新局）

图 13-6 永泰村（白云大道沿线）建筑立面整治效果
（资料来源：金羊网）

第十四章

单元化治理：
大源村更新改造新模式

白云区大源村是广州通过"更新单元"进行旧村改造与治理的一次典型实践。首先，大源村整体作为更新单元，明确风廊、视廊、干道与设施的布局与指标管控；其次，结合现状"人－地－房－业"大数据与党员责任区管理网格划分 20 个更新子单元，明确改造范围、用地功能、用地布局及规划指标。在更新单元及子单元内，大源村探索"政府收储＋综合整治"治理新模式，以子单元为实施分期单元，以资金平衡为原则，同步推进村物业收储与旧村居综合整治；同时，通过空间升级带动产业升级，打通山水廊道与公共空间，围绕城际站点打造种子地块作为启动区，从而协同外围子单元改造，引入新产业空间载体。大源村通过单元化治理，实现人居环境与发展品质持续提升，达成政府、社会、村民多方共赢。

14.1 发展历程："淘宝第一村"的华丽蜕变

14.1.1 以"淘宝村"闻名的大源村

大源村位于白云区大源街道广从路沙田路段，北邻石湖村、和龙村、白山村；西邻永兴村、东平村、永泰村、同和村；南面与京溪村、天河区相接。大源村村域面积共25km²，其中建成面积约8km²。截至2019年，大源村户籍人口与外来人口总数达到17万人，建筑面积共976.6万m²。

大源村以"淘宝村"闻名。2006年开始，该村的产业以水洗厂、印花厂为主；2011年起，村产业逐步转变为低端数码产品及其零部件的生产制造；从2012年开始，大源村的电商产业逐渐兴起。大源村的电商产业发展属于货源依赖型，货源主要是沙河专业市场，沙河服装专业市场每天在全国的服装出货量约为300万件，其中至少有100万件流向大源村。在村里发达的物流业以及制衣业的基础上，淘宝电商迅速集聚，到2015年，大源村的电商产业已经形成一定的规模，进入全国十大"淘宝村"行列。据统计，大源村电商商户有超过5000户，从业人数规模达3万人，平均每天发出快递件300万件。

14.1.2 低端电商的发展，带来了村庄无序蔓延

尽管"淘宝村"的发展模式为大源村带来了巨大的收益，但大源村的电商产业以小型电商经营户和生产作坊为主，无序分散在城中村、村集体物业和小型产业园内，整体呈现出"大而不强、多而不聚、杂而不精"的发展现状。大源村虽然凭借交通优势可直接对接沙河专业市场的服装货源，形成"生产、销售、运输"的完整产业链，但是在这些产业环节上不具备规模优势，且缺乏研发设计、服装展示等高附加值环节。整体上，村内产业发展低效，土地利用粗放，空间形态无序，村集体年收入仅为0.4亿元。

低端电商产业的发展，带来了大源村的无序蔓延。2009年至今总建筑面积增加接近600万m²，十年间增加1倍。大源村现状建设强度较高，现状总建设量1016万m²，可谓是广州"最大城中村"。但无序的村庄建设也严重影响了村里的人居环境品质，自然资源没有得到有效的保护和利用，2.65km长河涌水质受到不同程度污染；公共空间与设施严重不足，人均公园绿地仅0.1m²（远低于国家规范中人均8m²的绿地建设标准），道路网密度仅1.45km/km²（远低于国家规范中8~12km/km²的路网建设标准）。

2019年4月，为贯彻习近平总书记"千村示范、万村整治"的指示精神，以及习近平总书记对广东提出"四个走在全国前列"的要求，大源村被选为重点整治村，根据广州市委市政府要求扎实推进综合整治工作，为全市基层治理改革创新提供经验。

14.2 "党建 + 网格", 推动人居环境提升整治

大源村创新推进"党建 + 网格"服务管理新模式, 带动居民积极参与共建共治共享社会治理, 使得社会治理更高效, 服务更精细。大源村在整治提升中加强基层党组织的组织能力, 设立了村的"大党委", 优化和完善了村党委、23 个经济社党支部、18 个"两新"组织党组织和 3 个社区党组的组织架构设置, 并全部纳入村党委代管, 对未组建支部的"两新"组织实行村党组织兜底覆盖, 全面消除党建空白点和盲区。

14.2.1 111 个基础网格与 212 个党员责任区对应

此外, 大源村按照社区、片区、小区、楼宇、商区等不同区域特点, 在全村科学划分出 111 个基础网格, 111 个基础网格对应着 212 个党员责任区, 党员责任与网格管理相统一。每个网格的工作包括了党建、出租屋管理、市政环卫、综合维稳、综合执法, 有效地把镇、村和经济社三级党员干部、工作人员和资源向网格流动、集中, 发挥

网格党员和工作人员熟悉、掌握网格内的建筑信息与社情民意的优势, 及时处理环境卫生、消防安全上的问题。

14.2.2 "党建 + 网格"模式下, 大源村的"整治"和"提质"工作全面开展

在"党建 + 网格"的治理模式下, 大源村的"整治"和"提质"工作全面开展。在综合考虑生态环境、市政配套、交通等承载力水平下, 大源村开始以网格为单位进行"瘦身", 通过抽疏现状建筑的方式实现旧村有机更新。大源村对 352hm^2 低效集体物业用地及 68hm^2 村居用地进行拆违抽疏, 共拆除 2010 年后新建的违法建筑共计 1517 栋, 总计建筑面积 209 万 m^2。通过违法建筑处置, 大源村盘活存量土地 420hm^2, 其中产业用地 114hm^2, 生态空间 67hm^2, 公共服务设施用地 55hm^2, 用于规划产业、公共服务设施、生态治理等项目建设。规划总建设量较现状减少 266 万 m^2, 接近三分之一, 进而实现"减量提质"(图 14-1)。

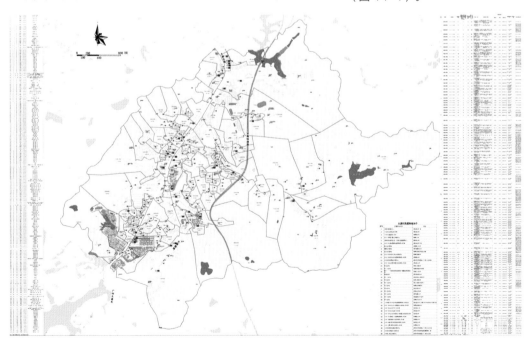

图 14-1 大源村网格化管理示意图

14.3 成熟一片推动一片的分单元提升实施路径

14.3.1 可分可合可平衡原则，划分 20 个提升单元

大源村结合 111 个党员责任区管理网格，按照可分可合可平衡原则，将全村组合划分为 20 个提升单元（图 14-2），成熟一片推动一片，减量提质、滚动实施。在实施过程中，大源村落实市委市政府指示要求以及白云区工作部署，落实规划引领，开展摸底工作，并通过部门协同，整合"四标四实"、三资管理、国土规划等数据，实现快速分析、统计、查询、置换，为后续规划管理、城市治理、土地整备、分类处置提供基础。

14.3.2 低效物业政府收储 + 旧村综合整治提升

选取现状较为成熟片区（容发储备地块及周边区域）作为大源片区提升的启动区单元。启动区范围东至大源南路，西至规划广佛城际线，南至艺福路。启动区内依据"村物业应储尽储、村居及公服设施品质提升"的原则，划定了三类提升项目（图 14-3），其中项目一是容发物流收储项

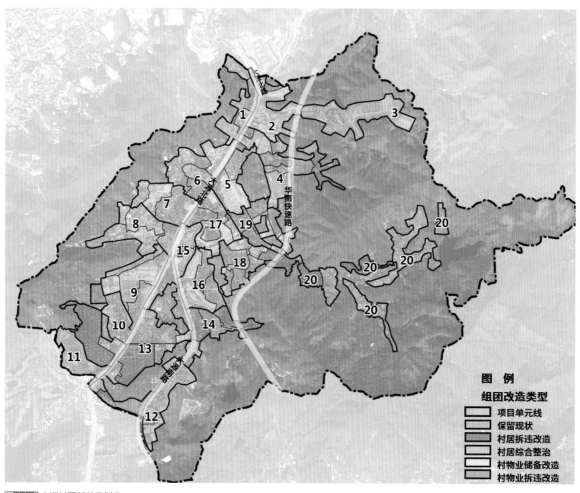

图 14-2 大源村更新单元划分
（资料来源：白云区大源村片区提升启动区控制性详细规划）

目，采用政府收储，统一规划、整体出让的方式；项目二为村居品质提升项目，包括了安全隐患整治、公共配套完善、市政设施升级、人居品质提升、重要建筑整治等五大措施；项目三是山体保护利用。方案通过拉通街巷网格、完善绿地景观体系，改善人居环境，延续地区文脉，推动片区提升。首期启动区总建设量 59.63 万 m^2；在确定首期启动区用地功能、用地布局及规划指标的基础上，规划再向北拓展划定协调区（启动区二期）范围，综合考虑两个范围内道路、公配设施、用地功能的协调对接，保障启动区先期实施。

通过更新改造，大源村集体收入可达现状的 10 倍。净建设用地规模比现状减少 160hm²，建设总量预计比现状减少 266 万 m^2。目前，已制定 16 单元首期启动区更新改造实施方案。采用"低效物业政府收储 + 旧村综合整治提升"同步实施的综合治理模式，推动功能和环境整体升级。

图 14-3 大源村启动区"收储 + 旧村整治"项目分布图

（资料来源：白云区大源村片区提升启动区控制性详细规划）

图例
① 云山康体公园
② 品质提升示范单元
③ 青创基地
④ 配套社区
⑤ 保留友好医院
⑥ 智能创新基地
⑦ 生产性服务中心
⑧ 智慧公寓
⑨ 人才社区

14.4 "生态+交通"的基层治理创新示范区

大源村位于白云山、凤凰山、帽峰山包围之中，山林清幽，溪水潺潺，具有"青山绿水"的良好生态基础。因而，大源村在更新改造过程中注重"守护"山水生态资源，以生态为底线，守望绿水青山、保护"活水之源"。

大源村更新规划方案以国土空间总体规划体系为基础，划定了生态保护红线 605hm^2，永久基本农田 10hm^2，城镇开发边界约 603hm^2。通过底线划定，33.38hm^2 的水资源、1115.49hm^2 的林地资源、12.24hm^2 的耕地资源以及 38.42hm^2 的城市绿地资源将被永久保护。

在守住国土空间底线的前提下，方案打造蓝脉绿网，串联"生态公园—社区公园—口袋公园"的公园绿地系统。规划公园绿地 152hm^2（包含附属绿地），人均 13m^2，满足国家规范人均公园绿地面积不小于 8m^2 的要求。方案在片区层面，打通三条宽度 60～150m 不等的东西向区域生态绿廊，串联山谷两侧山体；在三条区域通廊及河涌沿线规划多处城市公园，实现 300m 半径的公园服务圈。在微观层面，在各个村社内通过品质提升打造多处口袋公园，总面积 73160m^2，形成 50m 半径的口袋公园服务圈，提升村民居住幸福感（图 14-4）。

方案中规划了四条主要风廊和三条通山视廊，以"看得见山、望得见水、记得住乡愁"为原则，打造"路-城-山"的多层次天际线，并预留三条观山景观通廊，严格控制建筑高度，新建建筑除 TOD 核心区局部突破 100m 外，片区整体新建建筑高度在 80m 以下，重要视廊保证 60% 山体可见，使城市景观更好地与山体景观融合（图 14-5）。

发挥大源村区位优势，规划提出系统的交通解决方案与交通导向的更新建设策略。在对外交通上，方案落实广佛环城际线位（设大源站），落实线网规划地铁 26 号线、地铁 18 号线支线及有轨电车 X2 线；预留永石路线位，拓宽大源路，优化关键节点；建设快速路 1 条（现状华南快速干线）、主干道 3 条（大源南路、广州大道北和永石路）。在内部交通上，规划新增了 6 条次干道，划定道路密度不低于 8.5km/km^2 的底线指标；在片区内设 7 处公交首末站，并设地铁接驳巴士线路（总规模要求不小于 14663m^2）；设 7 处公共停车场，总泊位数不少于 910 个。在交通导向更新建设策略上，规划方案将围绕城际铁路大源站 TOD 核心，协同外围的 TOD 综合服务核心片、TOD 都市产业社区片、大源创新孵化片、大源西电商初创小镇片四大片区的更新，利用交通优势优化产业配置，完善产业链条。

通过更新规划与综合整治，大源村的生态本底和交通条件显著提升，大源村新增公共空间 152hm^2，包括新建 9 个生态公园、17 个社区公园和 30 个口袋公园；新增公服设施类 282 处（其中独立占地部分约 55hm^2），包括教育设施、文化设施、体育设施、医疗设施、商业服务设施、行政管理设施等；新增市政设施 5 处，包括变电站、消防站、垃圾压缩站、通信综合局等。人均公园面积从 0.1m^2 增加到 13m^2，道路网密度从 1.45km/km^2 增加到 8.5km/km^2。良好的空间品质为大源村持续的产业升级与高水平治理提供基础与动力。

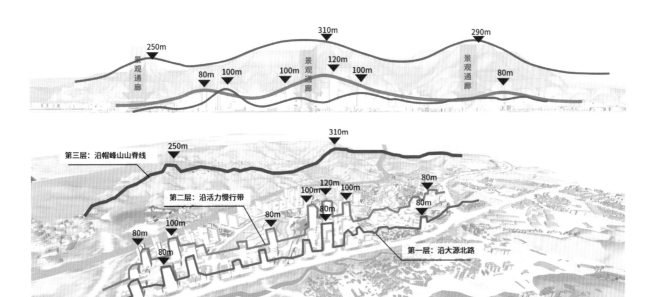

250m
310m
290m

80m 100m 100m 120m 100m 80m

第三层：沿帽峰山山脊线　　　310m
250m

第二层：沿活力慢行带　　　100m 120m 100m
80m 80m 80m
80m 100m 80m
80m
第一层：沿大源北路

图 14-4 大源村天际线管控

（资料来源：白云区大源村片区提升启动区控制性详细规划）

图 14-5 大源村改造效果图

（资料来源：白云区大源村片区提升启动区控制性详细规划）

第十五章

共同缔造：
深井社区古村更新实践

深井村微改造实践坚持共同缔造理念，探索出一种新的公众参与治理模式，成为广东古村活化的新标杆。改造项目构建了由村集体、政府主管部门、专业技术团队等多主体组成的统一工作平台，践行"社区问题共谋划、更新改造共建设、社区环境共管理、规划方案共评价、更新成果共分享"的"五共"方针，构建公众全流程参与机制。在此基础上完成公众参与式规划组织、风貌保护与古建筑活化利用、路径策划与空间节点提升、滨水空间贯通与可达性优化、非物质文化遗产挖掘等五项微改造行动。这些做法使社区治理真正根植于人民利益与人民诉求，为公众有效参与城乡规划与治理提供了新的思路。

15.1 项目历程：以微改造推进传统古村品质提升

15.1.1 当代传统村落所面临的发展困境

1. 深井村：广州百年海上商贸历史的见证者

深井村原名"金鼎村"，位于广州市黄埔区长洲岛上（图15-1）。村庄始建于宋代，至今已有700余年历史。明清时期曾是中西通商交往的重要门户，一度成为法国船员、商人的居住地和采购补给地。如果说广州是海上丝绸之路的发祥地，那么深井村作为与世界连接的端口，则是海上商贸繁荣发展的重要承载者和见证者。

当前，深井村已被选入广东省第一批传统村落，保留着完好的传统空间肌理和建筑风貌。由十字形主街和次级街巷组成传统空间骨架，彰显着岭南古村典型的梳式布局；48处极具岭南文化风貌特色的文保单位、历史建筑和传统风貌建筑分布于街巷之中，时刻体现着深井曾经的"商贸鼎盛、人文荟萃"。

2. 城市近郊村落的"空心化"发展难题

伴随着快速的城镇化进程，深井村不可避免地面临着人口空心化、产业发展停滞等发展难题。面对珠三角工业化发展的浪潮，深井村农业发展停滞，大量青壮年劳动人口或转移至广深港澳等珠三角城市工作定居，或因在广州市中心工作而早出晚归；当地留守居民大多依赖出租田地与房屋维生，村集体年均每人分红不足千元，仅有同为传统村落的石牌村的十分之一。此外，传统手工工商业在现代化工业冲击下已濒临破产，大量具有高超手工纺织技术的女性居民被迫赋闲。经济发展的困顿也外化在人居环境的不断衰败之上。据统计，改造前深井村空置房屋有282栋，达到全村总量的20%，大量极具保护价值的青砖大屋未得到有效的修缮保护而逐渐破败，深井村人居环境亟待优化与提升。

深井村代表了大部分传统古村所面临的发展困境。如

图 15-1 深井村鸟瞰图

（资料来源：《珠江后航道（荔湾－海珠－番禺－黄埔）沿岸地区规划整理与行动计划》）

何在保护利用历史文化遗存的前提下，将文化资源转化为空间发展优势，是深井村未来发展的核心难点。

15.1.2 "共同缔造"微改造计划

1. 多主体，搭建微更新工作团队与沟通平台

面对传统古村的发展困局，"深井共同缔造工作坊"于2016年4月在黄埔区更新局、长洲街道、深井村委的支持下应运而生，由中山大学、广州市城市规划勘测设计研究院、广州市衡信土地房地产评估有限公司、广东城印城市更新研究院作为第三方技术团队共同组成。自2016年10月起，共同缔造工作坊组织了一系列公众参与活动，以古村的社区问题及需求为导向，为推动微改造的空间规划及共建共治搭建了良好的沟通平台。

2. 公众参与，探索"共建共享"更新路径

在改造过程中，工作坊始终坚持以"公众参与""自我更新"为指导理念，探索一种古村有机生长的创新模式。正如深井微改造项目的负责人中山大学李郇教授所言，深井改造并非传统意义上的建设项目，不能套用大拆大建的粗暴模式，而应该依靠市场、政府、居民的协商合作，自下而上地推动古村的共建共享。

这些理念也充分体现在更新设计、实施的全过程中：工作坊摆脱了传统"一言堂"式发展路径，转而积极引入村民与社会的共同智慧，逐渐探索出"共建共治共享"的微改造新路径。一方面，工作坊充分尊重了村民的知情权与决策权，通过日常沟通、大型成果展览与汇报等形式吸纳公众的改造诉求与建议，确保每一轮规划方案得到村民的支持与认同；另一方面，工作坊积极寻求村民的实践参与和文化认同，将村民作为改造主体力量引入至项目实践与管理的全流程中，通过亲身参与的形式提升村民的自我更新意愿与自我文化认同，帮助实现古村的可持续有机生长。

3. 五项工作，全面提升古村风貌品质

结合深井村的资源环境现状，"共同缔造工作坊"与村民达成改造共识，将深井村定位为文创基底、慢生活岛，并以组织"公众参与式"规划、风貌保护与古建筑活化利用、路径策划与空间节点提升、滨水空间贯通与可达性优化、非物质文化遗产挖掘五项工作为引领，全面推进深井古村的有机生长。

（1）组织"公众参与式"规划：不同于以往由政府和规划师主导的蓝图式规划，工作坊提出"人人都是社区规划师"的创新理念，借助大学生、新旧村民的公众智慧共同谋划深井古村的未来发展方案。例如，利用工作坊的教研资源优势，组织古村摄影征文比赛、古村振兴设计课程等一系列公共活动，为深井古村带来年轻活力；组织规划设计方案展览，征集村民对古村的发展畅想与建议，将村民诉求作为改造更新的重要参考方向。

（2）风貌保护与古建筑活化利用：保护古村落传统风貌，是开展一切微更新工作的前提条件。工作坊依托古村优质的历史文化遗产，在保护遗产的前提下有选择性地引入公共活动服务与创新创意产业功能，激活古建空间的使用能效。例如，利用内部空间较为宽阔的肖兰凌公祠作为乡村课堂与大型公共活动的场所，将作为空置管理用房的飞扬阁打造为社区文化中心，为深井村提供多样化的公共服务。

（3）路径策划与空间节点提升：针对深井村内外交通不畅、历史文化资源开发不足等客观问题，工作坊针对性地提出了高架桥底停车场设计、慢行系统策划、古村历史路径及沿线空间改造设计等一系列空间优化措施，以综合规划的力量解决乡村空间的系统性问题。

（4）滨水空间贯通与可达性优化：针对滨水空间连续性差、可达性不佳、景观品质低下等问题，工作坊提出"打通断点，增强滨水空间连续性""水岸提升，改善开放空间可达性"两项提升策略。重点完善沿江步道、垂江通道的设施建设，依托现有滨水景观空间设置亲水节点，提升滨水景观品质。同时，严格保护现有湿地生态，增补本土景观植被，营造韧性绿色的自然生态环境。

（5）非物质文化遗产挖掘：得益于700年的悠远历史，深井村如今依然保留着浓厚的传统文化氛围与大量传统手工技艺，其文化价值仍有待进一步挖掘。基于此，工作坊积极挖掘古村中的手工匠人等社群力量，并收集本土文化素材，通过举办创意市集等一系列活动搭建传统文化交流平台，以传统文化促进古村活化。

15.2 公众自主参与下的城乡社区治理路径

15.2.1 "五共方针"构建乡村自主更新实施框架

在保护传统风貌格局的前提下，如何保障古村未来长期的提升与发展，是"共同缔造工作坊"在工作之初便深入探讨的问题。工作坊认为，依靠政府一次性投资的"输血式"更新虽能在短期内提升乡村环境品质与空间形象，但并不能从根本上解决乡村更新动力不足、缺乏长期维护等现实问题，古村更新仍需寻找更加内生的、可持续的原动力。

因此，工作坊提出"共谋、共建、共管、共评、共享"五大方针，将小微企业、城市居民、非营利团体等多方主体作为微改造的内生力量，探索从"输血式"更新到"造血式"自主更新的实施路径与框架体系。

（1）共谋：以整治提升社区问题为导向，深度挖掘社区的历史文化遗产要素及传承传统技艺的能人巧匠，并通过公众策划方案、村民评价反馈的形式进行社区共同谋划；同时，加强对社区规划师的培训，有效促进改造愿景的实施落地。

（2）共建：在政府引导的基础上，积极引入社会资本与社区居民自身的更新力量，通过多主体参与共同推进深井村产业与空间的高品质建设。例如，依托合作社带动村集体共同发展现代农业，帮助实现共同富裕；发动村民直接参与绿化整治、公用设施美化等微改造过程，在完善人居环境的同时，通过提升地方文化认同感促进社区共同建设。

（3）共管：通过拟定社区共同管理公约，推行社区居民自治，并通过设立巡逻志愿者服务队、居民一对一认领看护公共设施等具体措施保障共同管理机制的有效运行。

（4）共评：通过组织保障和机制激励构建长效评价管理体系，引导社区居民自发讨论、评议共同缔造成效，实现更新在"谋划－反馈－谋划"滚动式发展中前进，推动

建立社区自我更新机制。

（5）共享：通过互动共治使社区居民、城市居民共享改造成果，在物质生活的基准线之上，使居民的生活品质得以优化、生态环境得以改善、文化精神得以形成、法治保障逐渐巩固，社会日益和谐。

15.2.2 构建公众全流程参与机制

如前文所述，社区居民作为共同缔造成果的诉求者、使用者与受益者，是乡村自主更新的重要内生力量。因此，能否切实满足村民的改造诉求，是本次微改造工作成败的关键所在。

在这一认识下，共同缔造工作坊积极倾听社区居民的改造需求、规划评议意见，充分调动社区居民的自主改造行动力，使其作为意见主体和行动主体力量参与古村更新的全流程中。一方面，工作坊通过多次公开征询意见活动和两周例会制度，深入了解社区居民在社区发展、社区环境、基础设施、公共服务设施、社区管理等诸多方面的更新诉求与规划畅想。例如，一些居民认为体育健身场地硬化水平过高，设施落后，不能满足居民日常锻炼游憩需求；村委认为停车设施缺失、道路拥堵等交通问题极大地阻碍了古村与外界的社会经济交往，是古村未来发展所面临的首要难题之一。通过公众评议的参与方式，工作坊进一步归纳总结出古建活化用途、节点公园改造、统一停车设施等多个公众关注的重点难点问题，并就解决方案和设计思路与居民进行深度沟通，使公众作为意见主体真正参与到微改造的全流程、全阶段中（图15-2）。

另一方面，工作坊通过组织建筑活化方案比选、创业竞赛、古村摄影比赛等大型公共活动，积极吸引社会群体和社会资本参与到古村改造中，极大地释放了居民作为行动主体的创造力与行动力。在多次参与工作坊公开活动后，埔衣坊坊主提出可组织古村中的能人巧匠重新开展纺织、

刺绣等传统手工艺活动，复兴深井古村传统工艺文化。最终，在工作坊的配合引导下，埔衣坊不仅扩大了传统手工工艺的生产活动，并进一步通过开班教学、拓展文创商业等创新方式向外界推广了深井古村非物质文化遗产的魅力，为深井古村积聚了大量人气，提升了古村活力。正是通过激活不同社群的创造力与行动力，工作坊摆脱了政府主导的传统更新模式，使居民作为行动主体力量参与微改造的策划、实施、维护的全过程，保障了深井古村的可持续、健康发展。

图 15-2 深井村微改造设计示意图
（资料来源：《珠江后航道（荔湾－海珠－番禺－黄埔）沿岸地区规划整理与行动计划》，广州市城市规划勘测设计研究院）

第十六章

微改造探索：
老旧小区更新指南与实践

作为住房制度和国有建设用地使用权转让制度改革的先行区，广州拥有庞大规模的老旧小区，相关改造工作迫在眉睫。为此，广州市于 2016 年率先提出采用微改造模式全面开展老旧小区改造。在改造过程中，广州一方面总结老旧小区的共性问题，提出改造技术与要素的分类标准化导引，高标准推动老旧小区微改造；另一方面，因地制宜，针对急难问题提出精准改造方案。本章在总结国内外老旧小区更新路径探索的基础上，阐释《广州市老旧小区改造设计导则》对老旧小区高标准微改造的推动作用，并结合东湖新村、旧南海小区、北京路步行商业街等微改造案例，明确老旧小区微改造工作应当因地制宜、精准施策。

16.1　引言：广州老旧小区微改造的探索历程

城市老旧小区是城市发展足迹的记录者，曾经承载着不同时期人们对美好人居环境的向往与追求。从上海里弄等近代传统街巷型社区，到计划经济时期下的北京百万庄等大院，再到改革开放后的广州东湖新村等首批商品房小区，这些老旧小区无不以独特的空间肌理与建筑风貌记录着中国不同时期下的社会经济和建设发展状况，传承了城市千百年更迭所留存的独特人文内涵与文化氛围。

但在过去四十余年的城市快速扩张中，如火如荼的新城新区建设猛然成为城市空间发展的重心，老旧小区的物质与人文环境却在城市快速建设过程中逐渐衰败。相较于现代化商业小区，老旧小区在环境质量、设施配套、建筑功能等方面存在天然的劣势，难以留存、吸引更具活力和创造力的年轻群体，导致老旧小区物质与人文环境固化，与城市现代化发展脱钩，成为城市发展的旁观者。

伴随城市社会经济水平与环境品质的不断提升，老旧小区基础设施老化、配套设施不齐、公共空间衰败等问题日益凸显，这些建设于 20 世纪 80、90 年代甚至更早时期的老旧小区已难以满足居民对美好生活的追求。据统计，全国老旧小区共有近 16 万个，涉及超过 4200 万户居民，老旧小区改造提升工作迫在眉睫。2015 年，中央城市工作会议提出需加快推进老旧住宅小区的综合整治；2017 年，住建部发布《住房城乡建设部关于推进老旧小区改造试点工作的通知》，强调坚持先民生后提升原则，对市政设施、无障碍设施和配套设施、建筑本体和小区环境进行综合改造提升；2019 年，国务院《2019 年政府工作报告》再次提出需大力改造提升城镇老旧小区。老旧小区改造提升已成为高品质发展所面临的重大议题。

广州作为住房制度和土地转让制度改革的先行区，存在近 800 处老旧小区，涉及 260 万城市居民，老旧小区改造工作迫在眉睫。为此，广州市于 2016 年率先提出采用微改造模式全面开展老旧小区改造工作，改善社区人居环境。在改造过程中，根据不同小区的居民诉求和实际条件，针对急难问题提出精准改造方案，实现"一区一策"，完成东湖新村海绵社区改造、旧南海小区文旅街区改造、北京路步行商业街改造提质等一系列工程实践。同时，结合项目经验，广州总结提炼了老旧小区所面临的共性问题，并提出微改造涉及的工作组织路径、设计层级与共性要素，总结切实可行的改造方法与策略，集中展示了老旧小区微改造工作中的广州经验与智慧。

16.2　相关背景：国内外老旧小区更新路径探索

借鉴国内外居住区更新经验，老旧小区改造通常可根据更新规模与重点对象而采用更新重建、环境整治和建筑修缮等不同方式。在过去四十余年的快速发展过程中，我国城镇老旧小区的改造工作出现过这样的现象。一方面，部分土地开发者借"更新改造"之名对老旧小区进行大规模拆除重建，并复建了大批风貌同质的现代化小区，这种"大拆大建"式的改造使城市传统空间肌理与人文氛围受到破坏，影响了城市发展的延续性与独特性。另一方面，诸多老旧小区整治项目局限于城市美化工作，在实践中仅仅强调对建筑立面与环境设施的粉饰装扮，缺乏对环境宜居性与设施便利性的考量，无法真正满足居民对美好人居环境的向往与诉求。综合而言，这些传统改造方式虽能一定程度上改善城市风貌、提升城市功能服务水平，但并未有效改善老旧小区本身的宜居水平，且较高的资金投入与管理成本也使这些方式难以在城市中大规模应用，老旧小区改造亟需创新实施路径。

在这一背景下，"微改造"无疑是一种与老旧小区改造高度适配的更新策略。一般而言，微改造是在基本维持现状空间格局的前提下，通过对局部建筑的拆建改造、功能置换、修缮利用或其他建成环境的提升优化来进行更新的方式。相较于整体改造和风貌整治方法，其具有针对性强、改造规模小、公众参与度高等优点，更加适用于仍具有完好建筑结构、但建设标准较低的一般居住社区。

纵观全球城市建设与治理经验，西欧、美、日等发达国家同样逐步由巴黎大改造的"大拆大建"式更新，到20世纪60年代英国综合社区计划、日本造町运动的"局部整治"式更新，最终转向巴塞罗那城市更新计划的"有机更新""微更新"模式。归其根本，微改造模式凭借小规模、渐进式、多方参与特性，更加顺应城市空间、经济、社会发展规律，契合可持续化、以人为本的城市发展理念，因而成为西方城市旧区更新发展的核心手段与方法。

近年来，随着我国逐步由增量扩张发展转向存量品质建设，旧区旧城的人居环境品质提升成为城市关注的重点。目前，多地已率先展开老旧小区微改造实施工作，并通过设立一系列法律法规、技术标准、设计导则指导微改造工作的规范化开展。以上海为例，2019年上海针对成套改造、厨卫等综合改造、屋面及相关设施改造等微改造项目出台了《上海市三类旧住房综合改造项目技术导则》，详细制定了微改造的工程标准与验收要求。据统计，2016—2019年上海已实施三类旧住房改造约3270万 m^2，微改造经验与成果颇丰。在上海微改造模式中，多级政府扮演了主导角色，在政府引导下，公众有效参与到项目方案评议、项目实施过程中，共同成为推动微改造实施落地的重要内生力量。

总体而言，微改造模式摆脱了传统物质环境更新的粗暴方式，更多地从人本主义视角出发，关注社区居民的美好生活诉求和社会人文环境的传承与优化，是城市旧城旧社区有机发展的重要更新手段。

16.3 广州老旧小区更新导则：全面、高标准推行微改造

广州作为改革开放的前沿阵地，在20世纪80年代率先开展了住房制度和土地有偿使用制度改革，建设了一大批商品房小区。但受限于建设年代早、建设标准偏低等客观因素影响，这些小区普遍存在配套设施不足、公共环境恶化、居住品质较差等一系列问题；加之老旧小区普遍存在产权复杂、建设文件缺失、修缮资金短缺等现实问题，使其长期以来无法获得切实有效的改造提升，逐渐沦为城市品质建设的短板。据文献统计，广州共有1980年后建成的老旧小区550个，加上1980年代之前建设的老旧小区，累计达到779个，涉及260万城市居民，占广州常住人口的18%。如何优化老旧小区人居环境品质、重塑社区人文氛围，成为存量时代下城市高品质发展所面临的重要挑战。

对此，广州于2016年首次将"改善社区人居环境，推动老旧社区更新"要求写入政府报告中，同年，广州市更新局印发了《广州市老旧小区微改造实施方案》，率先提出采用微改造的模式全面铺展老旧小区的改造工作，全面推动城市空间的高质量发展。2018年，广州基于相关技术规范和既有实例经验，进一步制定了《广州市老旧小区改造设计导则》，为老旧小区微改造设计制定了详细统一的技术标准，极大地推动了社区的高品质更新建设。

设计导则提出以"民生""特色""实用"为三大目标，初步界定了老旧小区微改造的重点内容与对象。首先，强调以涉及公共利益和人民福祉的项目板块为改造核心，普及老旧小区的基础性改造，统筹考虑"水、路、电、气、消、垃、车、站"市政与基础配套设施的补齐；其次，强调挖掘小区历史文化、自然环境等方面的特色资源，在基础设施改造提升的前提下进一步打造各具特色、内涵丰富的街区风貌；最后，强调通过制定模块化、菜单式的项目选用体系和完善易用的设计导则，有效指导小区微改造全流程的顺利进行。

在目标统领下，设计导则进一步丰富、完善了老旧小区微改造项目的全要素、全流程指南，并依照流程顺序明确了老旧小区的分类与前期调研策划指引、要素设计导则和特色营造指引三个核心板块内容。

16.3.1 老旧小区的分类与前期调研策划指引

该板块立足宏观视角，提出微改造项目需在方案设计之前对老旧小区状况进行整体判断，在明确改造方向的前提下展开进一步的调研策划。根据空间类型，导则将广州老旧小区划分为街巷型、单位大院型、商品房型三类，对其空间形态特征与普遍问题进行提炼，并从基本思路、一般要求和特殊要求三个层面针对性地提出不同类型小区的设计要点。例如，单位大院型老旧小区普遍难以满足居民的日常生活需求，其基本改造思路应着重于基础民生内容，再结合实地条件增加优化提升类改造内容，包括保障居民的居住安全、消防安全、市政设施需要和公共交往需求等一般要求。此外，针对单位大院熟人网络发达、老年人居多等社会特征，可进一步将增强公共空间交往活力、社区自治管理能力和提升设施环境适老性等特殊要求纳入微改造设计方案中。

同时，该板块详细明确了改造前期所需调查的对象要素和基础数据类型，包括社区基本情况、居民改造意向、社区环境设施、建筑情况和产业情况，为后续微改造工作的精确性与落地性提供充足保障。

16.3.2 要素设计导则

根据既有项目经验和相关技术标准，设计导则以"民生优先"为准则，制定了微改造民生工程的主体要素框架。总体上，基于"先基础，后提升"原则，改造设计要素可划分为基础板块和提升板块两类。前者包括对楼栋设施、建筑修缮、服务设施、小区道路、市政设施和公共环境等

要素的改造提升，后者则涵盖了房屋建筑提升、小区公共空间和公共设施提升等要素。

而在具体要素的设计指引中，导则详细罗列了该要素的总体改造要求、设计依据和参考、设计流程和设计要点等，并通过正面案例清单的形式帮助微改造项目设计方、管理方迅速理解指引意图。以提升板块的口袋公园要素为例，口袋公园具有选址灵活、面积小等特点，是增补公共活动空间的重要抓手。在总体上，口袋公园改造设计需遵循《城市居住区规划设计标准》GB 50180—2018、《民用建筑设计统一标准》GB 50352—2019 及《广州市城乡规划技术规定》等规范要求，着重处理好绿化与居住建筑之间的关系，避免其对采光、通风的影响；同时，需处理好场地高差等问题，做好公众活动安全保障措施。在具体设计上，需注重社区边角空间利用、绿化与建筑关系协调、人车交通流线组织、公共活动设施补足和安全围护等工作。

16.3.3　特色营造导引

在保障民生的基础上，为进一步"延续文脉，留存特色"，设计导则提出可选取小区公共空间节点或者系列公共空间，进行整体化、特色化环境设计。根据小区不同的条件，可从四方面进行提升：

（1）公共空间特色营造：可利用小区大面积闲置绿地或活力低下的硬铺广场，通过移除部分灌木，增设游戏、健身、休憩设施，打造全龄化的综合活动空间，提升小区亲和力。

（2）服务设施特色营造：可根据小区条件，集中或分散设置明亮、舒适的室内活动及交往场所，满足居民餐饮、上网、阅读、健身等多元化需求，打造小区活力中心。

（3）小区建筑特色营造：着力提升建筑入口、外墙和屋面等公共部分，通过整体设计和绿化覆盖，提升小区建筑形象。

（4）文化艺术特色营造：通过挖掘老旧小区的发展历史、地域特点、特色建筑、文化共识等元素，融入老旧小区微改造设计，塑造各具特色的社区文化，增进居民对社区的认同感、归属感和自豪感，形成浓厚的社区文化艺术氛围。对于历史城区老旧小区，可采用还原历史风貌的保护性修缮改造手法，在不破坏历史城区风貌的前提下，对历史城区肌理、街巷界面、公共空间、建筑风貌、城市家具进行提升，以唤醒历史记忆，保护和提升街区的历史文化风貌。

综合而言，《广州市老旧小区改造设计导则》系统阐述了老旧小区微改造的具体流程与对象要素，总结归纳了针对不同改造要素的设计要点与措施方法，为实现广州老旧社区的有机更新提供了一份切实可行的微改造行动指南，极大地推动了城市人居环境品质的整体提升。

16.4　东湖新村：海绵社区改造示范

东湖新村位于广州市越秀区，东侧紧邻东山湖公园，是中国第一个商品房住宅小区、第一个引进外资（港资）建设的小区、第一个引进物业管理的小区，见证了改革开放四十余年来的时代变迁。

由于建设年代较早、设计标准较低，雨水内涝、公共活动场所缺失等弊病日益凸显，东湖新村的人居环境已难以满足居民对美好生活的向往。其中，积雨积水问题尤为显著。由于小区内部花园土壤板结、公共空间硬化过度，积水难以通过地表向四周渗透；加之微地形处理不平整，地面径流难以通过绿地土壤及排水渠快速疏导，最终导致小区东广场绿地及南北入口通道等重要公共空间积雨严重，影响居民日常生活出行。

针对痛点，东湖新村率先开展了海绵社区改造实践，创新性地提出"雨水微坊"理念，即通过市政基础设施建设、自然空间保护修复、公共空间品质提升等措施，恢复社区生态韧性与弹性，同时创造更加适宜的人居环境。

为打造海绵社区改造新示范，该项目提出"导径流、建体系、融体验"三大改造策略。导径流，即通过竖向与场地设计，引导地表雨水径流快速排蓄。重点采用"渗、滞、蓄、净、用、排"等多种技术，布局多类型海绵设施，包括建设 2000m² 下沉式绿地、透水铺装 3100m²、各类旱沟旱溪干池 770m²，从源头缩减、中途转输和末端调蓄全流程控制雨水径流。建体系，即整合建筑平台、道路、绿地等要素，建立完整的雨水收集体系，包括利用统一管道收集建筑平台雨水、通过生物滞留池采集道路雨水、通过台地式分区干渗和收集绿地雨水，实现雨水径流量由 217L/s 缩减至 139L/s。融体验，即结合海绵设施完善布局景观小品、休闲活动设施，重点打造一条慢行建设路径，串联党建文化区、海绵景观区、儿童游戏区、健身器材区、共享种植区、休憩交往区等多功能场所，创造舒适共享、宜居宜游的高品质家园（图 16-1）。

东湖新村已于 2016 年完成进行一期微改造。通过海绵社区改造与建设，在保障生态韧性的同时，提升了社区风貌品质与公共空间活力，切实改善了社区人居环境品质，使老旧小区改造作为党和政府为民办实事的重点民生工程，福泽于民、惠及百姓。

 图 16-1 东湖新村雨水公园改造成果

16.5 六榕街旧南海小区：中西合璧的文旅街区

六榕街旧南海县社区位于广州市越秀区，东至六榕路，南至中山六路，西至旧南海县街，北至福泉一街。旧南海县社区历史文化悠远，其名源于明朝初期南海县衙迁于此处，之后，虽南海县衙多次异址，"旧南海县街"仍延用至今。

深厚的历史记忆同样反映在社区独特的风貌肌理与多样化的文化资源要素上。社区中惠吉东、西路街区格局规整，街道两旁以20世纪二三十年代二至四层的西式或中西合璧楼房为主，是广州市保存状况较为完好的民国初期建筑群。同时，社区内及周边文化景观资源丰富，内有大公报旧址及民国"南天王"陈济棠公馆；周围有宗教博物馆，北边有六榕寺，西北边有光孝寺，南边有伊斯兰教怀圣寺。整体街区格局规整、建筑风貌统一。

但伴随着现代生活水平的日益提高，旧南海县社区商住混杂、品质低下、设施老旧、配套不全等弊病逐渐显现。为切实提升人居环境品质、激活社区活力，2018年，旧南海县社区被纳入国家住建部老旧小区改造试点，是广州5个改造示范社区之一。微改造项目面积4.28hm²，总投资达2980万元。

微改造项目立足"共同缔造"理念，以绣花功夫雕琢老社区，全过程坚持"三个充分"原则，确保微改造切中群众心声。一是充分尊重意愿，要不要改，要改哪些群众说了算。充分发挥社区党委桥梁纽带作用，以网格党支部为单位，形成党员、居民代表、楼长、辖区单位、社区组织各界代表广泛参与的社区议事平台，征得居民群众26条改造建议并纳入微改造方案。二是充分满足群众需求，激发群众的积极性，解决群众的操心事、烦心事和揪心事。对于群众提出的"希望消除房屋安全隐患、在楼道和梯级增加扶手方便长者出行、增加照明方便群众夜晚出行"等诉求，立行立改。三是充分发动群众参与，实现"人人都是参与者，人人都是受益人"。重点优化公共服务资源，结合党建设施融入长者公益食堂、志愿服务、文化服务健康咨询等综合功能，补齐社区公共服务设施短板。

此外，针对文商旅居功能复合的特性，微改造兼顾了街区风貌特色打造与业态活力提升等发展需求，以打造开放共享的文旅居街区为导向，重点推动历史街区与普通老旧小区相融、商业与居住功能混合。通过修缮沿街建筑界面、改造提升底商产业空间品质，吸引新消费产业入驻；整治社区公园、广场、步行通道环境，以良好的慢行网络系统进一步吸引人气聚集，延续商住活力氛围（图16-2）。

 图16-2 旧南海县社区微改造成效

16.6 北京路步行街：千年城脉的活力复兴

北京路步行街位于广州历史中轴片区，自古以来便是广州政治、经济、文化中心，浓缩了广州2200多年不断代、不迁址的古城历史底蕴，是中国最古老的城市中轴线之一。北京路主街长度约1100m，东侧设有连续的骑楼街，西侧各式岭南特色建筑与现代建筑沿线排布，各式零售、休闲、娱乐商业店铺布局其间，整体空间尺度宜人、文化风貌独特、商业氛围浓厚[1]。

北京路步行化改造始于20世纪90年代末，并于2002年正式实施全日制步行，自此北京路步行商业街进入快速发展时期。但历经十余年的蓬勃发展，历史街区"发展与保护"的矛盾日益显现，岭南风貌建筑被广告招牌等商业元素遮挡，岭南特色要素在商业化改造与建设中泯灭不见，北京街"千年城脉"特色蒙尘。此外，商业业态同质化、缺乏地域化特色等问题日益凸显，北京路步行街发展亟需提质升级。

2018年，商务部提出利用3年左右时间，在直辖市、省会城市、计划单列市重点培育30～50条环境优美、商业繁华、文化浓厚、管理规范的国家级步行街，指导各地培育一批代表本地特色的步行街。在此背景下，凝结千年商都城脉及繁华基因的北京路中轴线迎来系统改造提升。改造规划方案选取古代中轴线与近代传统中轴线两侧街区进行微改造，北至越华路，南至天字码头，西至起义路－教育路－解放路一线，东至文德路，范围共计1.7km^2。

针对北京路"有历史缺氛围、有店铺缺精品"等现状问题，微改造方案提出"划底线、设街区、人本化"三大策略，[2]对街道与街区空间进行全面微改造。划底线，即以"底线保护、文化驱动"为原则，重点恢复街区历史建筑风貌。通过对历史照片及材质工艺的对比分析，制定一栋一册保护与改造方案（图16-3），完善建筑保护机制，并分级分类对历史建筑与现代建筑进行修复、修缮及精细化改造提升，形成古今融合、和谐统一的街区风貌（图16-4）。设街区，即促进街道到街区的蔓延生长。微改造方案将周边5个街坊共同纳入改造范围，串联盘活周边街区资源，打造全域休闲慢区，为主街的业态外溢和创新业态引入提供空间载体。人本化，即从人本空间感受出发，筹划多元体验式业态服务与文化景观，包括提供沉浸式非遗文化展厅与体验馆、复原千年各朝各代的古道肌理、艺术灯光展示千年文化底蕴等。

北京路步行街微改造项目，以文化复兴为抓手，将单一的线性街道空间纵向拓展为文化深厚、多元复合、可游可赏的休闲慢街区，在突显了地域文化特色的同时，为外来游客与本地居民提供了多样化的功能服务，已成为广州"老城市新活力"的重要示范之一。

① 邱红艳，黄信妮，郑森萍等.粤港澳大湾区步行街"沉浸式体验"的分析与打造——以广州北京路为例[J].现代营销(上旬刊)，2022(06)：141-143. DOI：10.19921/j.cnki.1009-2994.2022-06-0141-047.
② 朱颖，袁学松，庄智刚等.历史文化步行街区更新实践——以广州市北京路商业步行街改造为例[J].城乡建设，2020(24)：32-36.

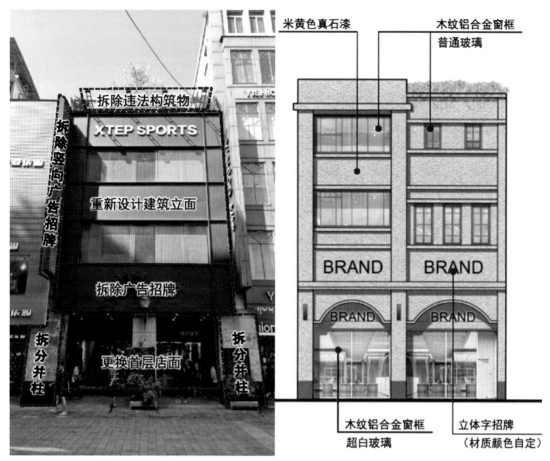

图 16-3 一栋一册保护和改造方案示意

（资料来源：《北京路步行街改造提升总体规划》广州市岭南建筑研究中心、第一太平

戴维斯物业顾问（广州）有限公司）

图 16-4 大南路微改造方案示意

（资料来源：《北京路步行街改造提升总体规划》广州市岭南建筑研究中心、第一太平

戴维斯物业顾问（广州）有限公司）

参考文献

[1] P. 霍尔. 城市和区域规划 [M]. 邹德慈, 金经元, 译. 北京: 中国建筑工业出版社, 1985.

[2] 鲍海君, 叶群英. 城中村改造的人本尺度与福利平衡: 基于森的可行能力理论 [J]. 中国土地科学, 2015, 29(11): 25-31.

[3] 曹双全, 朱俊峰. 20 世纪后城市规划理论中自然生态概念演进 [C/OL]// 中国城市规划学会. 面向高质量发展的空间治理: 2021 中国城市规划年会论文集 (04 城市规划历史与理论). 北京: 中国建筑工业出版社, 2021: 14-23. DOI: 10.26914/c.cnkihy.2021.023806.

[4] 陈培阳. 西方绅士化研究进展 [J]. 城市规划, 2021, 45(1): 94-104.

[5] 陈群弟. 国土空间规划体系下城市更新规划编制探讨 [J/OL]. 中国国土资源经济, 2022, 35(5): 55-62, 69, DOI: 10.19676/j.cnki.1672-6995.000687.

[6] 陈易. 转型期中国城市更新的空间治理研究: 机制与模式 [D]. 南京: 南京大学, 2016.

[7] 陈章喜, 吴振帮. 粤港澳大湾区城市群土地利用结构与效率评价 [J]. 城市问题, 2019(4): 29-35.

[8] 程慧, 赖亚妮. 深圳市存量发展背景下的城市更新决策机制研究: 基于空间治理的视角 [J]. 城市规划学刊, 2021(6): 61-69. DOI: 10.16361/j.upf.202106008.

[9] 仇保兴. 19 世纪以来西方城市规划理论演变的六次转折 [J]. 规划师, 2003(11): 5-10.

[10] 仇保兴. 复兴城市历史文化特色的基本策略 [J]. 规划师, 2002(6): 5-8.

[11] 邓化媛, 张京祥. 新马克思主义理论视角下的城市更新 [J/OL]. 河南师范大学学报 (哲学社会科学版), 2008(1): 175-177. DOI: 10.16366/j.cnki.1000-2359.2008.01.050.

[12] 翟斌庆, 伍美琴. 城市更新理念与中国城市现实 [J]. 城市规划学刊, 2009(2): 75-82.

[13] 丁强, 邹兵, 戴垠澍. 存量发展背景下深圳市国土空间规划的探索和思考 [J]. 城乡规划, 2021(Z1): 27-30.

[14] 董奇, 戴晓玲. 英国"文化引导"型城市更新政策的实践和反思 [J]. 城市规划, 2007(4): 59-64.

[15] 董祚继. 新时代国土空间规划的十大关系 [J]. 资源科学, 2019, 41(9): 1589-1599.

[16] 杜家元. 广州"村改居"面临的主要问题及解决思路 [J]. 城市观察, 2014(6): 143-154.

[17] 高学成, 盛况, 高祥, 等. 从市场主导走向多方合作: 城市更新中多元主体参与模式分析 [J]. 未来城市设计与运营, 2022(6): 7-12.

[18] 顾朝林, 谭纵波, 刘宛, 等. 气候变化、碳排放与低碳城市规划研究进展 [J]. 城市规划学刊, 2009(3): 38-45.

[19] 郭旭, 严雅琦, 田莉. 法团主义视角下珠三角存量建设用地治理研究: 以广州市番禺区为例 [J]. 国际城市规划, 2018,

33(2): 82-87.

[20] 郭友良, 李郇, 张丞国. 广州"城中村"改造之谜: 基于增长机器理论视角的案例分析 [J]. 现代城市研究, 2017(5): 44-50.

[21] 郭友良, 李郇. 转型期城市居住用地更新的空间加密化研究: 广州市金花街改造再考 [J]. 地理科学, 2018, 38(2): 161-167.

[22] 郭友良. 基于增长机器理论视角的"三旧"改造机制研究: 以广州市为例 [D]. 广州: 中山大学, 2017.

[23] 韩文静, 邱泽元, 王梅, 等. 国土空间规划体系下美国区划管制实践对我国控制性详细规划改革的启示 [J/OL]. 国际城市规划, 2020, 35(4): 89-95. DOI: 10.19830/j.upi.2019.210.

[24] 郝晓斌, 章明卓. 沙里宁有机疏散理论研究综述 [J/OL]. 山西建筑, 2014, 40(35): 21-22. DOI: 10.13719/j.cnki.cn14-1279/tu.2014.35.011.

[25] 何冬华. 生态空间的"多规融合"思维: 邻避、博弈与共赢: 对广州生态控制线"图"与"则"的思考 [J]. 规划师, 2017, 33(8): 57-63.

[26] 何镜堂, 刘宇波, 等. 广州市越秀区解放中路旧城改造项目一期工程 [J]. 城市环境设计, 2013(10): 108-109.

[27] 何深静, 刘玉亭. 房地产开发导向的城市更新: 我国现行城市再发展的认识和思考 [J]. 人文地理, 2008(4): 6-11.

[28] 何元斌, 林泉. 城中村改造中的主体利益分析与应对措施: 基于土地发展权视角 [J]. 地域研究与开发, 2012, 31(4): 124-127, 133.

[29] 胡小武, 何平. 从"绅士化"到"超级绅士化": 大城市中心城区空间更新"奢侈化"趋势研究 [J]. 河北学刊, 2021, 41(2): 190-197.

[30] 黄慧明, SAM CASELLA, FAICPP P. 美国"精明增长"的策略、案例及在中国应用的思考 [J]. 现代城市研究, 2007(5): 19-28.

[31] 黄慧明, 赖寿华. 产权重组与空间重塑: 土地产权地块视角下广州旧城形态更新研究 [J]. 规划师, 2013, 29(7): 90-96.

[32] 黄慧明. 1949 年以来广州旧城的形态演变特征与机制研究 [D]. 广州: 华南理工大学, 2013.

[33] 黄倩, 耿宏兵, 阳建强. 绿色城市更新理念及其内涵初探 [C/OL]// 中国城市规划学会. 活力城乡 美好人居: 2019 中国城市规划年会论文集 (02 城市更新). 北京: 中国建筑工业出版社, 2019: 1767-1775. DOI: 10.26914/c.cnkihy.2019.005327.

[34] 黄幸, 刘玉亭. 中国绅士化研究的本土实践: 特征、议题与展望 [J]. 人文地理, 2021, 36(3): 5-14, 36. DOI: 10.13959/j.issn.1003-2398.2021.03.002.

[35] 姜华, 张京祥. 从回忆到回归: 城市更新中的文化解读与传承 [J]. 城市规划, 2005(5): 77-82.

[36] 蒋奕奕. 生态承载力视角下城镇低效用地研究 [D/OL]. 南京: 南京林业大学, 2021. DOI: 10.27242/d.cnki.gnjlu.2021.000220.

[37] 赖寿华, 吴军. 速度与效益: 新型城市化背景下广州"三旧"改造政策探讨 [J]. 规划师, 2013, 29(5): 36-41.

[38] 蓝素雯. 广州市城市改造的历史研究 (1918-2015 年) [D]. 广州: 华南理工大学, 2018.

[39] 梁颖仪. 广州旧城危旧房改造研究 [D]. 广州: 华南理工大学, 2007.

[40] 廖远涛, 代欣召. 城中村改造的政策及实施评价研究: 以广州为例 [J]. 现代城市研究, 2012, 27(3): 53-59.

[41] 林坚, 叶子君. 绿色城市更新: 新时代城市发展的重要方向 [J]. 城市规划, 2019, 43(11): 9-12.

[42] 林隽, 吴军. 存量型规划编制思路与策略探索: 广钢新城规划的实践 [J]. 华中建筑, 2015, 33(2): 96-102.

[43] 刘铭秋. 城市更新中的社会排斥及其治理研究 [D/OL]. 上海: 华东政法大学, 2021.DOI: 10.27150/d.cnki.ghdzc. 2021.000029.

[44] 刘文文, 吕霞. 社区更新的合作治理机制研究: 以广州市泮塘五约社区微改造为例 [J]. 新经济, 2022(3): 27-32.

[45] 刘昕. 深圳城市更新中的政府角色与作为: 从利益共享走向责任共担 [J]. 国际城市规划, 2011, 26(1): 41-45.

[46] 刘易斯·芒福德, 宋俊岭, 宋一然. 城市发展史: 起源、演变与前景 [J]. 书城, 2019(2): 68.

[47] 刘云亚, 韩文超, 闫永涛, 等. 资本、权力与空间的生产: 珠三角战略地区发展路径及展望 [J/OL]. 城市规划学刊, 2016(5): 46-53.DOI: 10.16361/j.upf.201605007.

[48] 刘长松. 欧洲绿色城市主义: 理论、实践与借鉴 [J/OL]. 环境保护, 2017, 45(9): 73-77.DOI: 10.14026/j.cnki.0253-9705. 2017.09.017.

[49] 尼格尔·泰勒, 李白玉, 陈贞. 1945 年后西方城市规划理论的流变 [J]. 广西城镇建设, 2013(12): 91.

[50] 潘安. 商都往事: 广州城市历史研究手记 [M]. 北京: 中国建筑工业出版社, 2010.

[51] 潘海霞, 赵民. 关于国土空间规划体系建构的若干辨析及技术难点探讨 [J/OL]. 城市规划学刊, 2020(1): 17-22.DOI: 10.16361/j.upf.202001002.

[52] 琼·希利尔, 曹康. 绘制青龙: 面向中国战略空间规划的后结构主义理论与方法论 [J]. 国际城市规划, 2010, 25(5): 1, 88-95.

[53] 任荣荣, 高洪玮. 美英日城市更新的投融资模式特点与经验启示 [J/OL]. 宏观经济研究, 2021(8): 168-175.DOI: 10.16304/j.cnki.11-3952/f.2021.08.015.

[54] 茹晓琳, 线实, 顾忠华. 基于列斐伏尔空间生产理论的城市更新空间异化研究: 以广州市恩宁路为例 [J]. 现代城市研究, 2020(11): 101-109.

[55] 阮仪三. 旧城更新和历史名城保护 [J]. 城市发展研究, 1996(5): 22-24.

[56] 芮光晔. 基于行动者的社区参与式规划"转译"模式探讨: 以广州市泮塘五约微改造为例 [J]. 城市规划, 2019, 43(12): 88-96.

[57] 沈爽婷, 王世福, 吴国亮. 走向善治型城市更新路径的广州思考 [J/OL]. 城市规划学刊, 2022(2): 96-102.DOI: 10.16361/ j.upf.202202014.

[58] 司婧平. 空间治理视角下城市更新中的政府角色研究 [D/OL]. 大连: 大连理工大学, 2019.DOI: 10.26991/d.cnki.gdllu. 2019.003396.

[59] 孙彦青. 绿色城市设计及其地域主义维度 [D]. 上海: 同济大学, 2007.

[60] 谭丽萍, 李勇. 基于生态产品价值实现机制的城市更新思路研究 [J]. 国土资源情报, 2021(9): 3-8.

[61] 唐婧娴. 城市更新治理模式政策利弊及原因分析: 基于广州、深圳、佛山三地城市更新制度的比较 [J]. 规划师, 2016, 32(5): 47-53.

[62] 唐相龙. "精明增长"研究综述 [J]. 城市问题, 2009(8): 98-102.

[63] 唐燕, 黄鹤. 政府主导集群发展模式下的创意城市建设: 北京"文化创意产业聚集区"的形成与发展 [J]. 现代城市研究, 2013(11): 15-21.

[64] 唐燕. 我国城市更新制度建设的关键维度与策略解析 [J/OL]. 国际城市规划, 2021: 1-13[2021-12-24]. DOI: 10.19830/ j.upi.2021.163.

[65] 田莉, 郭旭. "三旧改造"推动的广州城乡更新: 基于新自由主义的视角 [J]. 南方建筑, 2017(4): 9-14.

[66] 田莉, 夏菁. 土地发展权与国土空间规划: 治理逻辑、政策工具与实践应用 [J/OL]. 城市规划学刊, 2021(6): 12-19.DOI: 10.16361/j.upf.202106002.

[67] 田莉. 摇摆之间: 三旧改造中个体、集体与公众利益平衡 [J]. 城市规划, 2018, 42(2): 78-84.

[68] 万玲. 广州城市更新的政策演变与路径优化 [J/OL]. 探求, 2022(4): 32-39.DOI: 10.13996/j.cnki.taqu.2022.04.002.

[69] 王朝宇, 朱国鸣, 相阵迎, 等. 从增量扩张到存量调整的国土空间规划模式转变研究: 基于珠三角高强度开发地区的实践探索 [J]. 中国土地科学, 2021, 35(2): 1-11.

[70] 王丹, 王士君. 美国"新城市主义"与"精明增长"发展观解读 [J]. 国际城市规划, 2007(2): 61-66.

[71] 王兰, 刘刚. 20 世纪下半叶美国城市更新中的角色关系变迁 [J]. 国际城市规划, 2007(4): 21-26.

[72] 王霖. 广州历史文化街区保护与活化研究 [D]. 广州: 华南理工大学, 2017.

[73] 王世福, 张晓阳, 费彦. 广州城市更新与空间创新实践及策略 [J]. 规划师, 2019, 35(20): 46-52.

[74] 王世仁. 保护文物古迹的新视角: 简评澳大利亚《巴拉宪

章》[J/OL]. 世 界 建 筑, 1999(5): 21-22.DOI: 10.16414/j.wa.1999.05.002.

[75] 翁超, 庄宇 . 美国容积率银行调控城市更新的运作模式研究: 以西雅图及纽约市为例 [J]. 国际城市规划, 2023(3): 22-20.

[76] 吴良镛 . 历史文化名城的规划结构、旧城更新与城市设计 [J]. 城市规划, 1983(6): 2-12, 35.

[77] 吴婷婷, 杨廉 . 保护或开发: 历史地区城市更新的"破局"思考: 以深圳沙井地区城市更新为例 [J]. 城市建筑空间, 2022, 29(8): 132-134.

[78] 吴晓庆, 张京祥 . 从新天地到老门东: 城市更新中历史文化价值的异化与回归 [J]. 现代城市研究, 2015(3): 86-92.

[79] 徐建 . 社会排斥视角的城市更新与弱势群体 [D]. 上海: 复旦大学, 2008.

[80] 薛德升 . 西方绅士化研究对我国城市社会空间研究的启示 [J]. 规划师, 1999(3): 109-112.

[81] 严若谷, 周素红, 闫小培 . 城市更新之研究 [J]. 地理科学进展, 2011, 30(8): 947-955.

[82] 阳建强 . 走向持续的城市更新: 基于价值取向与复杂系统的理性思考 [J]. 城市规划, 2018, 42(6): 68-78.

[83] 杨东 . 城市更新制度建设的三地比较: 广州、深圳、上海 [D/OL]. 北京: 清华大学, 2018.DOI: 10.27266/d.cnki.gqhau.2018.000486.

[84] 杨俭波, 李凡, 黄维 . 历史文化名城改造中城市更新概念的衍生、想象和认知局限性: 以佛山岭南天地"三旧"改造为案例 [J]. 热带地理, 2015, 35(2): 170-178.DOI: 10.13284/j.cnki.rddl.002674.

[85] 杨沛儒 . 国外生态城市的规划历程 1900-1990[J]. 现代城市研究, 2005(Z1): 27-37.

[86] 杨小舟 . 解读《巴拉宪章》的现实意义引发的辩证思考 [J]. 建筑与文化, 2014(6): 162-164.

[87] 杨正, 肖遥 . 为何要引入公众参与科学: 公众参与科学的三种逻辑: 规范性、工具性与实质性 [J/OL]. 科学与社会, 2021, 11(1): 115-136.DOI: 10.19524/j.cnki.10-1009/g3.2021.01.115.

[88] 姚之浩, 田莉 .21 世纪以来广州城市更新模式的变迁及管治转型研究 [J]. 上海城市规划, 2017(5): 29-34.

[89] 叶裕民, 张理政, 孙玥, 等 . 破解城中村更新和新市民住房"孪生难题"的联动机制研究: 以广州市为例 [J]. 中国人民大学学报, 2020, 34(2): 14-28.

[90] 叶裕民 . 特大城市包容性城中村改造理论架构与机制创新: 来自北京和广州的考察与思考 [J]. 城市规划, 2015, 39(8): 9-23.

[91] 易志勇 . 城市更新效益评价与合作治理研究 [D]. 重庆: 重庆大学, 2018.

[92] 阴劼, 司南, 张文佳 . 租隙理论视角下的中国城市更新模式研究: 基于深圳市的实证 [J]. 城市规划, 2021, 45(1): 39-45.

[93] 张更立 . 走向三方合作的伙伴关系: 西方城市更新政策的演变及其对中国的启示 [J]. 城市发展研究, 2004(4): 26-32.

[94] 张海, 卢松, 饶小芳 . 西方绅士化研究进展及其对我国城市建设的启示 [J]. 地理与地理信息科学, 2020, 36(1): 121-128.

[95] 张洪波 . 低碳城市的空间结构组织与协同规划研究 [D]. 哈尔滨: 哈尔滨工业大学, 2012.

[96] 张杰, 霍晓卫, 张飏, 等 . 广州历史文化名城保护规划的创新和实践探索 [J]. 城乡规划, 2017(1): 51-61.

[97] 张京祥 . 西方城市规划思想史纲 [M]. 南京: 东南大学出版社, 2005.

[98] 张京祥, 胡毅 . 基于社会空间正义的转型期中国城市更新批判 [J]. 规划师, 2012, 28(12): 5-9.

[99] 张磊 ."新常态"下城市更新治理模式比较与转型路径 [J]. 城市发展研究, 2015, 22(12): 57-62.

[100] 张庭伟, RICHARD L G. 后新自由主义时代中国规划理论的范式转变 [J]. 城市规划学刊, 2009(5): 1-13.

[101] 张庭伟 . 从城市更新理论看理论溯源及范式转移 [J/OL]. 城市规划学刊, 2020(1): 9-16.DOI: 10.16361/j.upf. 202001001.

[102] 张伟 . 西方城市更新推动下的文化产业发展研究 [D]. 济南: 山东大学, 2013.

[103] 张兴, 姚震 . 新时代自然资源生态产品价值实现机制 [J/OL]. 中国国土资源经济, 2020, 33(1): 62-69.DOI: 10.19676/j.cnki.1672-6995.000374.

[104] 张泽宇, 李贵才, 龚岳, 等 . 深圳城中村改造中土地增值收益的社会认知及其演变 [J/OL]. 城市问题, 2019(12): 31-40.DOI: 10.13239/j.bjsshkxy.cswt.191204.

[105] 赵中枢 . 从文物保护到历史文化名城保护: 概念的扩大与保护方法的多样化 [J]. 城市规划, 2001(10): 33-36.

[106] 郑国 . 基于城市治理的中国城市战略规划解析与转型 [J/OL]. 城市规划学刊, 2016(5): 42-45.DOI: 10.16361/j.upf.201605006.

[107] 周显坤 . 城市更新区规划制度之研究 [D]. 北京: 清华大学, 2017.

[108] 周新宏 . 城中村问题: 形成、存续与改造的经济学分析 [D]. 上海: 复旦大学, 2007.

[109] 朱喜钢, 周强, 金俭 . 城市绅士化与城市更新: 以南京为例 [J]. 城市发展研究, 2004(4): 33-37.

[110] 左为, 吴晓, 汤林浩 . 博弈与方向: 面向城中村改造的规划决策刍议: 以经济平衡为核心驱动的理论梳理与实践操作 [J]. 城市规划, 2015, 39(8): 29-38.

[111]ANDY T, 于泓 . 面向城市竞争的战略规划 [J]. 国外城市规划, 2004(2): 7-12.

[112]MOSTERT E. The challenge of public participation[J]. Water policy, 2003, 5(2): 179-197.